湘味

高等职业学校烹调工艺与营养专业教材

湘菜非物质文化遗产概论

AN INTRODUCTION TO INTANGIBLE CULTURAL HERITAGE OF HUNAN CUISINE

彭军炜　谷金星 / 主编

中国轻工业出版社

图书在版编目（CIP）数据

湘菜非物质文化遗产概论 / 彭军炜，谷金星主编. —北京：中国轻工业出版社，2024.6

高等职业学校烹调工艺与营养专业教材

ISBN 978-7-5184-3147-2

Ⅰ. ①湘… Ⅱ. ①彭… ②谷… Ⅲ. ①湘菜—非物质文化遗产—高等职业教育—教材 Ⅳ. ①TS971.202.64

中国版本图书馆CIP数据核字（2020）第153127号

责任编辑：史祖福　贺晓琴　　责任终审：劳国强　　设计制作：锋尚设计

策划编辑：史祖福　　责任校对：朱燕春　　责任监印：张　可

出版发行：中国轻工业出版社（北京鲁谷东街5号，邮编：100040）

印　　刷：三河市国英印务有限公司

经　　销：各地新华书店

版　　次：2024年6月第1版第2次印刷

开　　本：787×1092　1/16　印张：14.5

字　　数：324千字

书　　号：ISBN 978-7-5184-3147-2　定价：49.00元

邮购电话：010-85119873

发行电话：010-85119832　010-85119912

网　　址：http://www.chlip.com.cn

Email：club@chlip.com.cn

240960J2C102ZBW

序一

历史与自然眷顾湖湘大地，因此给湖湘饮食留下了太多的历史人文与自然物产。

在湖南永州道县玉蟾岩遗址中发现了距今已有1.2万～1.4万年历史的稻谷，在湖南澧县彭头山等发现了距今8000年的人工栽培稻，这些考古充分证明了湖南地区是我国稻作文明最早的发源地。

在战国时期，爱国诗人屈原被贬逐于湖南境内的湘江流域，正是在此地，屈原完成了《楚辞·招魂》和《楚辞·大招》两篇不朽之作，这些作品不仅在中国文学史上获得了极高的赞誉，也留下了湘人最初的饮食记忆，文中大量描绘了湘人如何祈天地、礼鬼神、祭先祖、宴宾客的民风民俗，并详细列举了当时湘人上流社会的饮宴情况，罗列出的各种肴馔组合正是我国历史上最早的宴席菜单。

在《吕氏春秋·本味篇》中就已经有“云梦之芹”“洞庭之鲋”“醴水之鳖”等湖湘食材的记载，这说明在当时，这些湘菜中常见的食材就已经具有一定的社会影响力与知名度。

在西汉时期，长沙成为封建王朝政治、经济和文化较集中的一个主要城市，该地域物产丰富，经济发达，烹饪技术已发展到一定的水平，严格来讲，从西汉开始，湘菜就已经从“楚国”的饮食区域中真正脱离出来，并开始逐步形成了具有鲜明特征的湖湘饮食。

在湘菜文化界，最具震撼力与影响力的当数1972年至1974年间出土的长沙马王堆汉墓。在马王堆三号汉墓中出土的一批帛书和简书当中，有一半的文字是关于食物、养生与医学的记载。在马王堆一号汉墓中出土了312枚遣策，其中记载了近150种食物，10余种烹调方法及橘皮、花椒、姜、豆豉、葱等湘菜中常用的调味料，在这些记载中，关于菜肴品种就多达77款。1999年5月出土的沅陵县虎溪山一号汉墓（墓主人为长沙王吴臣之子、汉初所封沅陵侯吴阳）中，又发掘出千余支竹简，共计3万余字，其中的文字内容有三分之一是记载湖湘饮食的，共收录了148份菜谱，有近百种美馔佳肴，仅羹品就有30余种。因此，这些竹简被后人命名为《美食方》。

唐代，湖湘大地成为文人墨客“不到潇湘岂有诗”的精神圣地。在宋代、元代、明代时期，随着湘菜饮食行业的兴起，湘菜行业发展迈入了黄金时代。清代、民国时期，湘军的兴起使湖湘饮食迎来了全盛时期。现如今，人们更愿意将湖南菜称之为“湘菜”，湘菜成为当今国内最受欢迎的地方风味菜之一，甚至有人讲，在中国只要有餐饮的地方，就有湘菜馆。

回顾湘菜的发展历史，我们发现，在岁月长河中，湘菜一路前行，历经了平淡、起伏、变革与沉淀，至今，湘菜依然熠熠生辉，光耀照人。探其原因，可能是湘菜的这种热烈、刺激的味觉特点早已与湘人骨头里的不畏艰难、勇往直前、敢为人先、豪放不羁的精神性格相融合，这说明了湘菜不仅停留在湘人的舌尖，也烙在了湘人的心里，不论湘人到何地，湘菜始终是湘人心中无法忘却的乡愁。

湘菜到底有什么魅力，能让消费者如此青睐？我想，无外乎是湘菜味道具有的强大的味蕾征服力，湘菜讲究入味，尤重酸辣、咸香、清香、浓鲜，让人食前，垂涎三尺，食欲大开，食后回味悠长，流连忘返。

湘菜相对于其他地方菜，其最大特色是什么？乃为“辣”“腊”二字。饮食界泰斗聂凤乔先生曾精辟地指出，湖南的厨师擅长驾驭酸辣，根据市肆、筵宴服务对象、地域、季节、菜式等诸多因素，能使酸辣分清浓层次，使它们恰到好处，湖南厨师善于掌握辣椒“盖味而不抢味”的特性，在辣味的掩盖下品尝百味。开放的辣与收敛的酸相互制约、相互协调，成为湖湘人民获取养生保健的一种方式，这就是酸辣风味的科学解释，也是湖湘饮食文化的内涵之一。

弘扬湖湘饮食文化，传承湘菜传统技艺，离不开湘菜职业教育。1974年，湖南省株洲市在省内率先开办了湘菜职业教育，创办了株洲市饮食技工学校（湖南省商业技师学院前身），这里成为我省湘菜职业教育的发源地。湖南省商业技师学院历经45年的积累沉淀，通过几代教职工数年如一日的严谨治学、辛勤耕耘，学校在湘菜职业教育领域中取得了丰硕的成果，培育了数以万计的湘菜高技能人才，被行业誉为“湘菜教育的黄埔军校”“烹饪大师的摇篮”。

湘菜文化源远流长，但是很多优秀的湘菜文化还一直缺乏系统的挖掘与整理，喜闻湖南省商业技师学院从2017年开始组织人员，精心编写一整套“湘菜”系列教材，历经两年多时间，众多教师的辛勤付出，《湖湘饮食文化概论》《湖湘特色食材》《湘菜非物质文化遗产概论》《湖南味道》《湘菜烹调一体化教程》《湘菜宴席设计与实务》《湖湘食疗药膳》《湘点一体化教程》等多部书籍问世，这些“湘字”号的饮食文化书籍，不仅填补了湘菜文化领域的空白，而且对系统挖掘、整理、传承、弘扬湖湘饮食文化具有里程碑式的意义，作为老一辈湘菜人，我对此深感欣慰。希望这些研究成果能成为新一代湘菜人去深入了解、学习湘菜文化的宝贵资料，也期盼湖南省商业技师学院能不忘初心，一如既往的担负起弘扬湘菜文化、传承湘菜传统技艺的使命，为湘菜产业培养更多更优秀的人才。

是为序。

全国五一劳动奖章获得者

中国烹饪协会副会长

中国湘菜大师

许菊云

2019.6.18.

序二

《礼记·礼运》中有云："夫礼之初，始诸饮食"，饮食文化是伴随人类社会的出现而产生，又随着人类物质文明和精神文明的发展而使自身内涵不断丰富。历经岁月的洗礼，五千年的饮食与烹饪文化从未间断，通过世代的传承，不仅大量与饮食文化相关的烹饪器具、文献古籍等文物实体得以保存，而且许多有历史文化价值、有地方特色的饮食流传至今而不衰。

湘菜非物质文化遗产是受湖湘大地上长期的自然环境和当地的传统文化、饮食习俗等因素相互影响而发展的，它是湘菜优秀传统文化的集中体现，追寻其历史的传承轨迹，当今很多湘菜传统技艺与名菜名点都可以在文献古籍中找到源流，可以说，湘菜文化的因子，在一代又一代湘人的努力下，得以传承与发展，它已经融入湖湘人民生活与生产的方方面面、点点滴滴，如湘人日常一日三餐的饮食方式与习惯，湘人岁令时节、婚丧嫁娶等食俗与食礼等。

2016年湖南省文化旅游厅（原湖南省文化厅）公布的第四批省级非物质文化遗产代表性项目名录，湘菜烹饪技艺被列选其中，从湖南省政府层面而言，对湘菜产业的肯定与支持力度无可厚非，但是，湘菜烹饪技艺是一项系统、涉及面广泛的技艺，几乎没有一人能够全面的掌握湘菜烹饪所有技艺，在落实湘菜烹饪技艺省级非物质文化遗产项目的保护与传承工作中，则应该具体到湘菜非物质文化遗产的每一个子项。

湘菜非物质文化遗产的主要研究内容是什么？

第一，湘菜传统烹饪技艺的传承与创新。传承与创新的内容包含三点，一是已经评定的各级湘菜非物质文化遗产代表性名录；二是未被政府部门评定列入的湘菜非物质文化，但其性质的确属于非物质文化遗产的湘菜传统烹饪技艺，包括代表性湘菜、湘点烹饪技法、湘菜特色调味品、特色食材的加工技艺等；三是已经面临传承危机或濒临消亡的湘菜非物质文化遗产。

第二，湘菜传统文化的挖掘与整理。主要内容涉及湘菜传统文化的历代古籍文献、饮食器皿等，以及湘菜非物质文化遗产背后的思维方式、情感、哲学、精神内涵等。

第三，湘菜非物质文化遗产传承与保护机制的建立与完善。主要包括湘菜非物质文化遗产传承人的遴选、培养、保护与发展机制；湘菜非物质文化遗产生产性保护、湘菜非物质文化遗产职业教育传承；湘菜非物质文化遗产的搜集、记录、分类、整理、确认、申报、评定、建档、宣传、展示、弘扬、振兴等相关方面研究工作。

湘菜非物质文化遗产研究的主要方法是什么?

湘菜非物质文化遗产包括系统的湘菜烹饪技艺及烹饪理论知识，其中涉及农学、历史学、考古学、民俗学、风味化学、物理学、食品科学、工艺美学等众多边缘学科知识，湘菜非物质文化遗产传承人作为湘菜非物质文化遗产的保护对象与核心，必须理清湘菜代表传承人的档案资料。湘菜非物质文化遗产的研究方法主要有以下三种：一是田野调查法，对湘菜非物质文化遗产传承人进行口述记录；二是文献研究方法，对涉及湘菜文化的古籍、地方志、民族志等文献资料进行搜集与整理；三是现场调查、确认方法，通过文字、图片、录音、录像、数字化多媒体等多种方式，对湘菜非物质文化遗产所涉及原料、文本、工具设备、场地、餐具器皿、非物质文化遗产传承人技艺流程、成品特征等内容进行真实、系统和全面地记录。

湘菜非物质文化遗产保护有什么意义?

湘菜非物质文化遗产大都是普通民众日常生活的一部分，与人们的关系十分紧密，很少会引起社会过多的重视与关注，许多人持有这样的观点，譬如，有人认为饮食应该遵循适者生存、不适者淘汰的自然规律，即人们喜欢食用的美食，它们自然会发展，人们不喜欢食用的饮食，它们会自生自灭，况且好的食物不用保护也能经久不衰而传承下来；还有人认为，饮食不就是家中煮饭烧菜的技术吗? 似乎人人都会，这样一来，造成烹饪技艺的外界印象没有像工艺美术、表演艺术那样的阳春白雪，于是，很多人从内心对烹饪技术非物质文化遗产产生了不在乎的态度，从这一角度讲，湘菜非物质文化遗产的保护相对于其他类别的非物质文化遗产，往往得不到社会的足够重视。

以上见解其实不然，首先，饮食不仅是舌尖上的食物，还是精神上的食物，一方水土养一方人，一个地方的饮食与当地的气候、环境、物产、经济、食俗、风土人情、性格、思想、情感、审美等方面有着千丝万缕的联系，挖掘饮食文化，是可以更好地去理解社会与生活文化的。

其次，舌尖对食物既有适应性，又有厌倦性，舌尖可以习惯一种食物，也能厌倦一种食物，这是由时间的更迭变化引起的，再美味的食物，如果天天享受，也会有疲倦之时，如果一旦对一款食物不感兴趣了，就开始摒弃，那么，其背后的饮食文化也会悄然而去。烹饪技艺作为非物质文化遗产，活态传承是根本，一旦传承出现间断，要想重新将原来的烹饪技术复制出来的可能性几乎没有，例如古代的菜谱文献中，记载的菜肴数量成千上万，如果能传承下来就会成为非物质文化遗产美食，如果不能传承下来，菜谱就只能成为文物。

然后，很多湘菜非物质文化遗产受外界的冲击力与影响力是极其复杂的，由于现代食品工业快速发展，城镇化发展迅速，人们的生活水平显著提高，各地域菜系的相互交融，新原料、新工艺、新味型的不断涌现等众多因素的影响，如果湘菜非物质文化遗产不加以保护措施，任其在大浪中淘沙，那么，只会加速湘菜非物质文化遗产的消亡，要知道，每一项湘菜非物质文化背后都是当地最具有代表性的饮食品牌、文化品牌，一旦消失，就只能成为历史，例如，长沙的马明德堂卤味店，曾在民国时期红极一时，每日来购买的市民均要排成长龙队形等候，但因长沙文夕之火而被迫关店，这项马明德堂卤水制作技艺之后再也没有传承下来，不失为湘菜的一大损失。

“民以食为天”。饮食文化博大精深，在文化的字典中，饮食文化与表演艺术、工艺美术等其他非物质文化遗产一样，同属非物质文化遗产，我们看得见的文物似乎更容易保管，而看不见的、无形的精神财富，保护起来只会更难。希望随着社会的发展进步，饮食文化会更加繁荣，人们也会因饮食非物质文化遗产带来更多的幸福感。

编　者

2019年8月

前言

湘菜非物质文化遗产是湖湘饮食文化中的精髓部分，也是湖湘文化重要的载体。湘菜是在湖湘大地上历经千年的文化交融发展而来的，它与湖湘民众日常生活血脉相连，现如今，吃湘菜、用湘瓷、喝湘酒、品湘茶、赏湘绣，成为湖湘文化中的鲜活名片。深入挖掘中华优秀传统文化蕴含的思想观念、人文精神、道德规范，推动湘菜非物质文化遗产传承与保护工作，结合时代要求继承创新，让湖湘文化展现出永久魅力和时代风采，也是弘扬湖湘饮食文化、增强湖湘民众的文化认同感和凝聚力的重要举措。

目前，《湘菜非物质文化遗产概论》是国内第一本以地方饮食非物质文化遗产为研究对象的书籍，本书对湖南省各市州已经被评选列入非物质文化遗产的湘菜传统烹饪技艺进行挖掘、整理，由于各州市非物质文化遗产保护项目申报的时间、数量有较大差异，所以本书很难将省内湘菜非物质文化遗产项目全部整理出来，其编写的是绝大多数或有代表性的湘菜非物质文化遗产项目。本书从非物质文化遗产的视角，提出了湘菜非物质文化遗产保护与传承中的问题与思路。本书主要从非物质文化遗产概论、湘菜非物质文化遗产概述、湘菜非物质文化遗产传承人概述、湘菜非物质文化遗产的传承与保护方式、湘菜非物质文化遗产保护项目五个章节进行阐述、解读，进一步加深读者对湘菜非物质文化遗产的了解，感受湘菜非物质文化遗产的魅力。

本书由湖南省商业技师学院讲师彭军炜和高级讲师谷金星担任主编，负责制订编写提纲及审稿。本书第一章、第二章、第三章和第四章由彭军炜和谷金星编写；第五章第一节、第五节及附录由彭军炜、陈新欣、何彬、肖冰、周婷、王庆编写；第五章第二节、第三节由戴梦洁、李红编写；第五章第四节由朱柳岸（邵阳市商业技工学校）、凌琳、温潜、王飞、蔡鲁峰、黄政编写。戴梦洁、李红参与了本书的试题审稿、编写、图片整理工作。本书在编写过程中，得到了烹饪旅游学院湘菜非物质文化传承与研究中心团队的全力配合，得到了湖南省商业技师学院各位领导、同事和中国轻工业出版社有关领导、编辑的大力支持，在此一并致以衷心的感谢！

由于本人知识水平和学术研究能力有限，书中难免有疏漏之处，恳请广大读者提出宝贵意见，并予以批评指正！

编 者

2019年9月

目录

第一章 非物质文化遗产概论

内容概述

本章介绍了物质文化遗产与非物质文化遗产的概念，物质文化遗产与非物质文化遗产的区别与联系，非物质文化遗产的特征和分类方法，并通过非物质文化遗产实例解读，让读者对物质文化遗产与非物质文化遗产的概念有一个初步了解，并熟悉非物质文化遗产具体的分类方法与内容。

学习目标

（1）了解物质文化遗产与非物质文化遗产的概念。

（2）掌握物质文化遗产与非物质文化遗产的区别与联系。

（3）掌握非物质文化遗产的特征。

（4）掌握非物质文化遗产的分类方法与内容。

我国是历史悠久的文明古国，在漫长的社会历史发展进程中，我国人民创造了绚丽多彩的物质文化遗产和非物质文化遗产。物质文化遗产主要包括历史文物、历史建筑（群）和人类文化遗址，是人类在历史发展过程中遗留下来的遗物、遗迹；非物质文化遗产蕴含着民族特有的思维方式、精神价值，不仅保留着民族的传统文化，还体现出民族的独特的创造力和审美情趣。我国的非物质文化遗产绚丽多姿，主要体现在非物质文化遗产种类繁多、形式多样、内容丰富等方面，不仅包括了各种民族民俗民间文化、丰富的传统知识、医药和科技，还涵盖了传统和民间的口头文学、民间和传统表演艺术、传统手工制作技艺等。

非物质文化遗产是我国传统文化的重要组成部分，加强对非物质文化遗产的保护，要坚持“保护为主、抢救第一、合理利用、传承发展”的指导方针，坚持政府主导、全民参与的原则，让非物质文化遗产动起来、美起来、活起来、传下去，让优秀传统文化得到更好的传承与弘扬。

第一节　非物质文化遗产的概念与特征

一、非物质文化遗产的相关概念

（一）“遗产”

狭义的“遗产”是指先人遗留或遗存的物质属性的财产、财物。广义的“遗产”是指人类历史上遗留下来的物质与精神财富的总和，涉及自然、科学技术、民俗等方面的遗产。

（二）“文化遗产”

联合国教育科学及文化组织与中国民间文化遗产抢救委员会对“文化遗产”的定义均进行了描述。1972年11月16日，联合国教育科学及文化组织（简称：联合国教科文组织）在巴黎通过了《保护世界文化和自然遗产公约》。该公约规定保护的对象是自然遗产和文化遗产。其中“文化遗产”主要包括“文物”“建筑群”和“遗址”三类。2002年启动的中国民间文化遗产抢救委员会对文化遗产的界定进行了完善与补充，普遍认为“文化遗产”既包括有形的物质文化遗产，如文物、旧器、建筑物和遗址，也包括无形的非物质文化遗产，如传统表演艺术、口头文学、民俗礼仪及节庆、传统手工技艺等。

世界文化遗产又划分为物质文化遗产与非物质文化遗产。中国非物质文化遗产和中国文化遗产的标志如表1-1所示。

表 1-1　中国非物质文化遗产和中国文化遗产标志

序号	名称	标志
1	中国非物质文化遗产	
2	中国文化遗产	

（三）“物质文化”与“非物质文化”

“物质文化”又称为“有形文化”，是指为了满足人类生存和发展需要所创造的物质形态实物及其表现的文化，其侧重点在于“物质类”与“物质形态”的文化遗产。

“非物质文化”又称为“无形文化”，是人类在社会历史实践过程中，依靠传承人口传心授的传统文化的表现形式。非物质文化遗产强调的不是这些物质层面的载体，主要侧重点是非物质形式或是以物质为载体表现出的精神与情感，如口头文学、传统表演艺术、传统技艺等方面。如中国古琴艺术，非物质文化遗产不是强调古琴本身的这个乐器，而是强调古琴的制作技艺、古琴弹奏技巧与仪式、古琴琴谱的编写及表现出的思想内涵。

（四）物质文化遗产与非物质文化遗产

物质文化遗产，指以有形的物质形式世代传承下来的，以物质形态为载体的文化遗产，又称为“固态文化遗产”，如古籍文献、文物旧器、古代建筑等物质文化遗产。

非物质文化遗产是与物质文化遗产相对应的一个概念，它的提出与使用是一个演化的过程。根据有关资料记录，1982年，联合国教科文组织内部就已经设置了一个管理部门，即“非物质遗产”部门，于此之后“非物质遗产”的概念才开始出现。后来，慢慢演变成“非物质遗产”“无形文化遗产”“口传与非物质遗产”“口述与无形遗产”“口头和非物质遗产”“民族民间文化遗产”等多种提法。直到2003年，联合国教科文组织在第32届大会上通过了《保护非物质文化遗产公约》，公约正式提出了“非物质文化遗产”的概念。此后，2005年，在我国国务院及国务院办公厅发布的官方文件《关于加强我国非物质文化遗产保护工作的意见》的附件《国家级非物质文化遗产代表作申报评定暂行办法》中界定了非物质文化遗产的概念，基本与《保护非物质文化遗产公约》中的提法保持一致。

何为“非物质文化遗产”？公认的有两种提法。

第一种是2003年联合国教科文组织《保护非物质文化遗产公约》中定义的：“非物质文化遗产”指被各群体、团体、有时为个人所视为其文化遗产的各种实践、表演、表现形式、知识体系和技能及其有关的工具、实物、工艺品和文化场所。

第二种是根据《中华人民共和国非物质文化遗产法》第二条，将“非物质文化遗产”定义为：指各族人民世代相传并视为其文化遗产组成部分的各种传统文化表现形式，以及与传统文化表现形式相关的实物与场所。

知识链接

※ 口传心授

所谓“口传心授”，比如民间的一些文学，是通过长辈或师傅等讲给我们听到的，有一些民间的技艺和技能，是通过别人手把手来教给我们的。

※ 世代相传

所谓“世代相传”，指的不是由我们现在刚刚创造的，它是由我们的上一辈或者再上一辈，是由我们祖先创造并世代相传给后代的，之间没有断续。我国在非物质文化遗产的实际工作中，认定的非物质文化遗产的标准是由父子（家庭）、师徒或学堂等形式传承三代以上，传承时间超过100年，且要求谱系清楚、明确。

※ 传承人

所谓“传承人”，是直接参与非物质文化遗产传承，使非物质文化遗产能够沿袭的个人、团体或群体，是非物质文化遗产最重要的活态载体。传承人是非物质文化遗产的重要承载者和传递者。

（五）物质文化遗产与非物质文化遗产的区别与联系

“非物质文化遗产”概念中的“非物质”并不是与物质形态完全区分开来，而是处于分界状态，有些“非物质”文化遗产没有物质的因素，非物质文化遗产保护的重点是物质因素所承载的非物质的、精神的因素。但是，在有些非物质文化遗产中确实需要有形物质作为载体来呈现，需要以物质为媒介或载体，才能反映其精神、价值和意义，如木刻美术工艺，这种传统手工技艺要通过传承人与木刻工具载体才能呈现出来。

因此，非物质文化遗产所强调的传承和保护的重点不是物质层面的载体和呈现形式，而是蕴藏在物化形式背后的精湛技艺、思维方式、精神蕴涵等非物质形态的内容。这些无形的精神因子是非物质文化遗产的宝贵财富。

二、非物质文化遗产的特征

与物质文化遗产相比较，非物质文化遗产则具有明显的独特性。非物质文化遗产种类多、内容杂，为加深对非物质文化遗产的认识，需要了解非物质文化遗产共同存在的特点，而具体到每一类或每一项非物质文化遗产，又会表现出一定的差异性。例如非遗传承人，既有个人传承的，又有团体传承、群体传承的，虽然传承人的保护与传承有一定规律性，但也要根据非遗项目传承人的具体情况来实施，非物质文化遗产是各个时代人们生活方式与生产方式的有机组成部分，它是在一定社会环境、文化和时代精神下的产物，它与人们的生活紧密联系。非物质文化遗产的特点一般概括为传承性、活态流变性、独特性和多元性。

（一）传承性

所谓传承性，是指非物质文化遗产所具有的被传承人以团体、群体或个体的方式，通过世代继承或发展的性质。非物质文化遗产最大的特点是不脱离民族特殊的生活生产方式，是民族个性、民族审美习惯的“活”的显现。它依托于人本身而存在，以声音、形象和技艺为表现手段，并以身口相传作为文化链而得以延续，是“活”的文化及其传统中最脆弱的部分。因此对于非物质文化遗产传承的过程来说，人的传承就显得尤为重要。

非物质文化遗产的特殊载体是“传承人”，传承人是非物质文化遗产的传承核心，从历史的角度来看，非物质文化遗产的传承主要依靠传承人的代代相传，一旦传承人停止了传承活动，也就意味着消亡。因此，非物质文化遗产的传承方式主要体现在民族传承与家庭传承方式上，传承人对象的选择和确定依据，主要在于与传承人之间的亲密关系。传承人之间主要通过口传心授、亲身示范等方式使这些非遗技艺流传下来，正是这种方式才使非物质文化遗产的可持续性传承有了可能。

（二）活态流变性

非物质文化遗产是一个地区、一个族群内，一代又一代传承人通过口传心授延续至今的活态文化遗产，活态流变性主要体现在“活态”与“流变”上，它不是凝固静止不动的，也不是永不变化的，其活态流变性主要表现为两点：第一，非物质文化遗产既然是传统文化的表现形式，其传承与传播都需要借助语言和行为才能展示出来，其本身就是动态的过程；第二，非物质文化遗产在传承、传播的过程中，为了更好地融入当代人们的生活方式与生产方式，常常会与当地的历史、文化、民族特色和社会发展环境相互融合，从而出现在继承中发展、在发展中创新的过程，符合非物质文化遗产自身的传承规律。如果故步自封，一成不变，不能与时俱进，非物质文化遗产就会脱离社会需求，与民间大众的需求渐行渐远，直到消亡，相比之下，物质文化遗产则更多地表现为固化的物质呈现形态。

（三）独特性

非物质文化遗产的独特性体现在不同民族、国家或地域内的人民所具有的独特的创造力，其表现形式主要在于具体的行为方式、礼仪、习俗、工艺等，这些都具备各自的独特性、唯一性和不可再生性。非物质文化遗产经过世代传承与不断演化，已经与当地民众的习俗、生活方式、生产方式融入一起，其传统文化表现的形式、方式均已经形成习惯。首先，非物质文化遗产必须是动态传承，一旦停止或间断传承，非物质文化遗产就很难或无法恢复到最初状态；再次，由于民族不同、地域不同，其信仰、思维方式、价值观、民族文化、审美生活方式、语言、饮食习惯和生产方式有一定的差异性，这些差异经过长时间的形成，表现出较强的稳定性，即使同一种非物质文化遗产，在不同的文化背景下有着不同的面貌，传播到不同地域、不同民族会产生变异与发展。

不同民族的非物质文化遗产在一定区域内经过产生、流传、发展，或者同一种非物质文化遗产在不同区域有着各不相同的演化，因此，民族性、地域性既体现又强化了非物质文化遗产的独特性。

（四）多元性

所谓多元性，是根据非物质文化遗产的存在形态而言的。不同的非物质文化遗产有不同的存在形态。非物质文化遗产存在的多元性，是由非物质文化遗产的内容决定的，非物质文化遗产的内容包括：口头传统和表现形式，传统表演艺术，传统手工艺，有关自然界和宇宙的知识和实践，社会实践、仪式、节庆活动等。例如传统手工艺，包含的品类就非常多，有民族乐器、各种工具、器皿、食品、刺绣、陶瓷等，其中每一项传统制作技艺均呈现完全不同的形态，非物质文化遗产体现了不同地区、民族、信仰的群体、个体的精神继承和发展过程，因而，不同时间、不同地域、不同民族的非物质文化遗产具有不同的形态。

第二节　非物质文化遗产的分类方法

我国非物质文化遗产的分类方法主要以联合国教科文组织的《保护非物质文化遗产公约》的分类方法为参考，以《中华人民共和国非物质文化遗产法》中关于非物质文化遗产的分类方法以及我国国务院于2006年5月20日公示的第一批国家级非物质文化遗产名录中的分类方法为依据。

2003年10月17日第32届联合国教科文组织大会通过的《保护非物质文化遗产公约》，其中“非物质文化遗产”所涵盖的内容包括如下几方面。

（1）口头传统和表现形式，包括作为非物质文化遗产媒介的语言；

（2）表演艺术；

（3）社会实践、礼仪、节庆活动；

（4）有关自然界和宇宙的知识和实践；

（5）传统手工艺。

2011年6月1日正式实施的《中华人民共和国非物质文化遗产法》中，“非物质文化遗产”所涵盖的内容包括如下几方面。

（1）传统口头文学以及作为其载体的语言；

（2）传统美术、书法、音乐、舞蹈、戏剧、曲艺和杂技；

（3）传统技艺、医药和历法；

（4）传统礼仪、节庆等民俗；

（5）传统体育和游艺；

（6）其他非物质文化遗产。

2006年至2016年间，国务院先后公布四批国家级非物质文化遗产代表性名录名单，名单中将非物质文化遗产分为民间文学，传统音乐，民间舞蹈，传统戏剧，曲艺，传统体育、游艺与杂技，传统美术，传统手工技艺，传统医药，民俗十大门类。其涵盖、涉及的范围由以前的单项的、项目性的保护走上了整体性的、全面性的系统保护阶段。

（一）民间文学

民间文学（口头文学）是中国非物质文化遗产中最基本的门类和领域，是民众口传心授、世代相传、集体创作、集体享用的口头传统与语言艺术。文学大体可分为散文体民间文学和韵文体民间文学，散文体民间文学包括神话、传说、故事、寓言、笑话等，韵文体民间文学包括史诗、叙事诗、歌谣、谚语等。民间文学是我国重要的传统文化，约有2000多年的历史，而且，民间文学蕴藏量十分丰富，例如“牛郎织女传说”“孟姜女传说”“梁祝传说”均是家喻户晓的民间文学。在国务院正式公布的前四批1836项国家级非物质文化遗产代表

民间文学 牛郎织女传说

名录中，民间文学占155项，约占总数8.4%。

（二）传统音乐

传统音乐是最能体现百姓心声的部分，在塑造民族精神方面起到了重要作用，民间传统音乐主要以民歌和器乐为代表，其中包括民间歌曲、舞蹈音乐、戏曲音乐、民间器乐曲、曲艺音乐和民间祭祀仪式音乐等。经过数千年的传承，56个民族积累了丰富的音乐品种。目前，联合国教科文组织已宣布的“人类口头和非物质文化遗产代表作”名录中，中国的“古琴艺术”“新疆维吾尔木卡姆艺术”等名列其中。在国务院正式公布的前四批1836项国家级非物质文化遗产代表名录中，传统音乐占172项，约占总数9.3%。

传统音乐　古琴

（三）民间舞蹈

民间舞蹈历史悠久、题材广泛、内容丰富、形式多样，作为非物质文化遗产研究对象，主要是以传统民间舞蹈为主，传统民间舞蹈是由各族人民所创造并世代相传的表演舞蹈，是民族民间文化的重要组成部分。传统民间舞蹈以它异彩纷呈的艺术表现形式，体现了各地区、各民族人民独特的文化传统和民情风俗。传统舞蹈有的是对日常劳动生活的写照，有的是对民族历史和传说的演绎，有的是对爱情的讴歌或是对丰收、婚礼的欢庆等，其表演形式灵活多样，常用于礼仪活动和节庆活动之中。在国务院正式公布的前四批1836项国家级非物质文化遗产代表名录中，民间舞蹈占131项，约占总数7.1%。

民间舞蹈

（四）传统戏剧

传统戏剧包括戏曲和话剧，中国戏曲主要是由民间歌舞、说唱和滑稽戏三种不同艺术形式综合而成。它起源于原始歌舞，是一种历史悠久的综合舞台艺术样式，经过汉代、唐代、宋代、金代后才形成比较完整的戏曲艺术。戏剧作为综合艺术，它综合了歌舞、文学、音乐、美术、杂技、武术等元素，我国戏剧历经千年的发展，其中许多剧种在剧目、表演技法、声乐和乐器方面，都体现出独特的民族艺术风格，常见的表演形式有粤剧、京剧、昆剧等大型传统戏剧和木偶戏、皮影戏等民间小戏。昆曲艺术是中国传统戏曲中最具代表性的剧种，2001年入选联合国教科文组织公布的“人类口头和非物质文化遗产代表作”名录。

传统戏剧　京昆折子戏白蛇传

据20世纪50年代调查，中国共有367个戏剧剧种，但由于现代化进程的加快，社会结构和人们生活环境的改变，使得方言为重要特征的地方戏曲出现前所未有的生存危机。在国务院正式公布的前四批1836项国家级非物质文化遗产代表名录中，传统戏剧占162项，约占总数8.8%。

（五）曲艺

曲艺是通过口头“说唱”来叙述故事、塑造人物、表达思想感情并反映社会生活的一门说唱形式的表演艺术，有两千年左右的历史。曲艺的体裁具有浓郁的地域性色彩，它源于民间、发展于民间、兴盛于民间、扎根于民间。在相当长的一段历史时间内，曲艺都是人们茶社饭店中的主选娱乐方式，也是老百姓获取知识信息的一个主要的渠道。据不完全统计，中国各地、各民族的曲艺品种数量达500个以上，目前，能演出的品种有300种左右。

直至今日，曲艺仍具有较强的艺术生命力，在当代民众的文化生活中发挥着重要作用，如相声、评书、苏州评弹、京韵大鼓、山东快板、二人转、河南坠子、粤曲、乌力格尔等曲种。在国务院正式公布的前四批1836项国家级非物质文化遗产代表名录中，曲艺占195项，约占总数10.6%。

（六）传统体育、游艺与杂技

传统体育、游艺与杂技包含了传统武术、竞技、游艺、杂技、杂耍等，这些历史悠久的传统文化，根植于民间且深受人民欢迎，是民众重要的娱乐、健身活动方式，传统体育还具有广泛的社会基础。传统体育、游艺与杂技文化一般分成两大类：一种是游戏种类，它的特征是社会性强，参与人数多，一般不用专门训练，如各种儿戏、秋千、赛龙舟等；另一种是在游戏种类的基础上演化而来的，此类传统体育有较高的难度与技巧，由少数传承人传授，如武术、杂技等，它们虽然已经不再是群众性文化活动，却有着较高的艺术表现力与感染力，依然在民众中有着深远的影响。在国务院正式公布的前四批1836项国家级非物质文化遗产代表名录中，传统体育、游艺与杂技占82项，约占总数4.4%。

传统体育　赛龙舟

（七）传统美术

人们习惯于将各种文化的造型艺术，称之“民间美术”或“民间工艺美术”。民间美术是相对于古代的宫廷美术、士大夫的文人美术而言，它是以民间匠师、艺人为主，流行于普通人民之中的美术形式，主要有剪纸、农民画、刺绣、印染、年画等，民间美术具有装饰、美化、丰富社会生活和表达人民群众的愿望、信仰等意义。各地各族的民间美术的类型风格不一，但都具有实用价值与审美价值相统一的特点。民间美术品种繁多，有绘画、雕塑、玩具、刺绣染织、服饰、家具器皿、剪纸、食品造型等。在国务院正式公布的前四批1836项国家级非物质文化遗产代表名录中，传统美术占122项，约占总数6.6%。

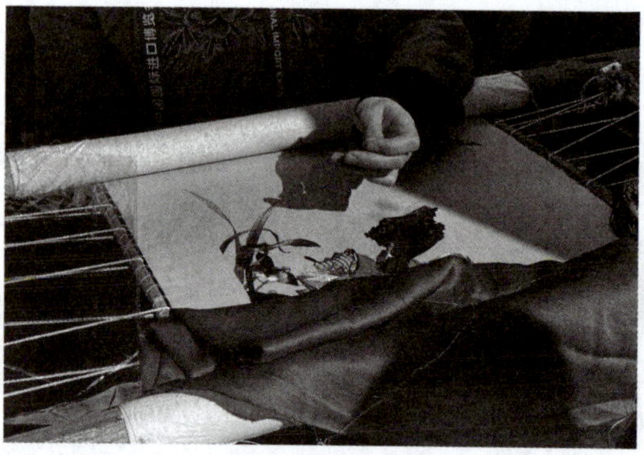

传统美术　刺绣

传统美术　年画

（八）传统手工技艺

传统手工技艺是指以手工劳动的方式对某种材料（或多种材料）施以某种手段（或多种手段）使之改变形态的过程及其结果。中国的传统手工技艺源远流长、品类众多，与人民的衣食住行等日常生活和社会生产劳动密切相关，包括丝绸织染、生铁冶铸、制瓷、造纸、印刷、火药、紫砂、湖笔、宣纸、制药、酿酒、制茶、银饰、烹饪、食

传统手工技艺　吹糖人

品、吹糖人等传统制作技艺，这些传统手工制作技艺既具有明显的实用价值和经济价值，又具有较高的审美艺术价值和科学人文价值及历史价值。在国务院正式公布的前四批1836项国家级非物质文化遗产代表名录中，传统手工技艺占293项，约占总数16%。

（九）传统医药

中国的传统医药，主要指中医中药以及一些少数民族的传统医学药学，如藏族的藏医藏药、蒙古族的蒙医蒙药、苗族的苗医苗药、瑶族的瑶医瑶药等，各民族传统的医学药学具有很高的科学认识和实践价值。中国医药堪称中国的“国粹”，传统的中医药在长期的发展中，形成了自己独特的医学体系，包括阴阳五行、经络、病因病理等学说，其基本特点是以整体观念为指导思想，以辨证施治为原则。中药学作为中医学的重要组成部分，对中药的采集、炮制、药性、药量、配方、服用等的分析，都建立在对植物学的深入认识上，具有很高的科学价值。在国家级非物质文化遗产名录中的“传统医药”项目中，包括了中医生命与疾病认知方法、中医诊法、中药炮制技术、中医传统制剂方法、针灸、刮痧和中医正骨疗法等传统医药技术。在国务院正式公布的前四批1836项国家级非物质文化遗产代表名录中，传统医药占23项，约占总数1.67%。

（十）民俗

民俗又称“民间文化”，是指一个民族或一个社会群体在长期的生产实践和社会生活中逐渐形成并世代相传、较为稳定的文化习俗，民俗所包括的范围十分广泛，比如生产商贸习俗、消费习俗、人生礼俗、岁时节令、民间知识和民间信仰等。民俗是广大民众生活的重要组成部分，它贯穿了人的一生，影响着人们生产、生活的方方面面，可谓是非物质文化遗产中分布最广、存在最普遍、影响最深刻的一个种类。民俗具有民族性、模式化、地域性、历史传承性、变异性和群体性等特点。由于中国历史悠久、地域广大、民族众多，中国民俗的表现形式也是丰富多彩，如过年写春联。在国务院正式公布的前四批1836项国家级非物质文化遗产代表名录中，民俗占219项，约占总数12%。

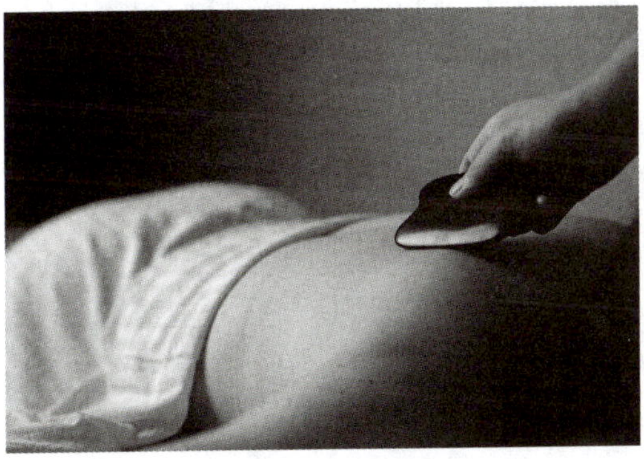

传统医药　刮痧

民俗　过年写春联

第三节　非物质文化遗产的价值及评定原则

一、非物质文化遗产的价值

随着社会的进步，人们对非物质文化遗产的价值认知也在不断深化，衡量和评价非物质文化遗产的标准也随时代的发展而处于不断完善之中。非物质文化遗产反映的是当时社会的生产力发展水平与状况，在认知和评价非物质文化遗产价值的具体过程中，要考虑到当时的生产力发展水平，尤其是科学技术水平的影响因素。

非物质文化遗产是世代传承的精神财富，具体体现在历史价值、文化价值、精神价值、科学价值、艺术价值、教育价值和经济价值等方面，这些价值是评定非物质文化是否具有非物质文化遗产资质的重要指标。非物质文化遗产的价值表现并不是单一存在的，有的是综合体现出来的。而在具体评价过程中，应根据各项非物质文化遗产价值的重要程度，例如，自身品质上的优秀度、历史时间的跨越度、社会上的知名度与存量上的濒危度加以权衡，根据价值的程度将它们细分为国家级、省级、市级、县级四个等级并对其施以非物质文化遗产保护。

（一）历史价值

非物质文化遗产承载着丰富的历史，是世代流传下来的历史财富，其蓄积了不同历史时代的精粹和民族特征，通过研究非物质文化遗产的历史发展，可以反映特定的历史时期的生产发展水平、生活方式、生产方式、思维方式、精神信仰等问题。

非物质文化遗产具有重要的历史价值，它以其民间的、口传的、活态的形式存在于人们生活与生产的方方面面，在一定程度上，可以弥补正史典籍的不足和遗漏之处，非物质文化遗产有利于人们更真实地接近历史，可称之为活态历史。在非物质文化遗产价值实际评估过程中，其历史年代是否悠久，成为非物质文化遗产价值评估的一个重要标准，一般可以理解为，在非物质文化遗产的文化价值、艺术价值、科学价值以及社会价值大致相同的情况下，历史悠久的非物质文化遗产会得到优先保护。应当说明的是，并不是具有重要历史价值的就一定可以评定为非物质文化遗产，对于“物质文化遗产”的历史观而言，无论该遗产所反映的是正面的，还是负面的，都可以作为遗产受到不同程度的保护，但非物质文化遗产是以活态的方式在民间社会进行传承的，它在为社会提供历史认识价值的同时，也会继续影响社会价值观。因此，非物质文化遗产所提供的历史认识价值只能是“正面”的而不能是负面的。

（二）文化价值

非物质文化遗产包含丰富的文化资源，任何一种文化遗产都应具有文化价值。每一项非物质文化遗产经过长期的社会发展，积累形成的技术、科学、艺术以及以非遗物质形态为基础延伸形成的习俗、思想和哲学等文化因子都属于文化价值。“物质文化遗产”的文化价值是通过固态的文物形式体现出来的，而非物质文化遗产的文化价值则是通过知识、技术与技艺、民俗、表演艺术等民间知识与经验体现出来的。非物质文化遗产作为我国传统文化重要组成部分，这里所指“文化”，也应该是积极的、有正能量的优秀传统文化，对于其本质不利于社会文化进步的，如古代妇女缠脚、近亲结婚等陋习，就不应该列入非物质文化遗产保护范围。通过保护非物质文化遗产，就可以保持不同民族的文化独特性，从而保持世界文化的多样性。

（三）精神价值

非物质文化遗产保护的重点就是物质形态背后的精神层次，其较好的保留和体现民族特有的思维方式、意识形态、生产方式和生活习俗等精神价值。许多民间文学、民俗文化、表演艺术、传统手工艺能够经久不衰，世代相传，是因为非物质文化遗产表现出了较强的艺术性、科学性、文化性，它们融入了人们的精神与情感，如大公无私、舍生取义、诚信待人、尊老爱幼、自强不息、不骄不馁、与人为善的美德，又有众志成城、万众一心的爱国主义、集体主义、奉献精神、工匠精神的品格，这些精神财富融入民众的心中，成为积极向上的价值观，成为增强民族凝聚力与亲和力、维系社会秩序的重要源泉，对于引导社会形成正确的道德观念起到了积极作用。

（四）艺术价值

非物质文化遗产的艺术价值，是指帮助人类认识不同历史时期以及不同地域间的审美规律与演变规律过程中所呈现出来的价值。非物质文化遗产中的精美工艺作品、表演艺术、文学作品等，都具极高的艺术审美价值，是进行艺术审美研究的宝贵资源。

艺术价值不一定为所有非物质文化遗产所共有的基本价值，但在通常情况下，绝大多数涉及美学的非物质文化遗产如传统建筑装饰技术、绘画艺术、雕刻艺术、书法艺术、传统音乐、民间舞蹈、戏曲艺术、陶瓷艺术、刺绣艺术等，均具有高超的艺术价值。如果非物质文化遗产所反映的民族性和地域性越典型，其艺术价值和欣赏价值就会越高。艺术价值的评选标准的设定，反映出社会对于审美价值的追求，而代表不同时代、不同地域的非物质文化遗产项目，也应当充分考虑当时的社会背景下人们的审美观念及随着时代变迁，审美观念而随之发生的变化。

（五）科学价值

非物质文化遗产的科学价值指某些非物质文化遗产具有相当高的科学因素和成分，具有科学研究的价值。与物质文化遗产相比，非物质文化遗产具有更多的、更鲜明的跨学科、跨领域的知识属性，例如，民族传统医学药学、民族传统历法以及其他民俗、民间禁忌等。从另一方面讲，科学价值强调了非物质文化遗产应是科学而非迷信愚昧。

在人类文明发展历程中，绝大多传统手工艺制作品具有该时代、该地区的最高科技水平。许多艺术精品之所以价值连城，不仅仅是因为取材珍贵、稀有，更为重要的是工艺水平，高水准的制作工艺不但可以清晰地了解各个时代、各个地域的审美情趣，而且可以从中了解当时当地社会的科技发展水平。毫无疑问，非物质文化遗产科学价值含量高低可以反映出非物质文化遗产价值的高低，在实际的评估中，应该将非物质文化遗产放在当时的社会背景中进行考虑，如果在当时的历史社会中，其科技含量越高，技术明显处于领先优势，则非物质文化遗产的价值也会越大。

（六）经济价值

非物质文化遗产的保护原则是“保护为主、抢救第一、合理利用、传承发展。”在做好保护与抢救的前提下，对非物质文化遗产进行合理开发利用，将非物质文化遗产中的文化资源、品牌资源转化为经济价值，带来经济效益，会对非物质文化遗产传承人提供非常有利的物质保障。

经济价值不作为衡量、评定非物质文化遗产价值的硬性指标，但是有一定经济价值潜力的非物质文化遗产项目，是可以进行非物质文化遗产生产性保护的。许多如传统工艺、工艺美术、表演艺术等非物质文化遗产项目，古往今来其本身就是一直从事生产经营的，其在经营中传承，在传承中发展，通过对这些非物质文化遗产进行生产性保护，可以产生一定的经济效益，保障传承人的正常生活。这些非物质文化遗产在市场中参与竞争，工艺与品质就会与时代结合更加紧密，传承人就能拥有固定、稳定的经济收入，非物质文化遗产才能持续传承下来。

不是所有非物质文化遗产都能被开发成为商品，但是大多数非物质文化遗产是可以被开发利用的，在开发非物质文化遗产经济价值的同时，不能只注重眼前的经济效益，而忽视了非物质文化遗产的传承价值与意义。

（七）教育价值

非物质文化遗产的传承性决定了其教育价值，其一是指非物质文化遗产中除了包含丰富的历史文化知识、大量的科学知识与精神财富，还有许多具有艺术审美价值的文化艺术精品，这些是学校与社会教育中用来弘扬民族优秀传统文化、弘扬社会主义核心价值观的优秀教学资源与内容。其二是对代表性非物质文化遗产项目进行多种途径的教育传承，如通过非遗传承人进校园、建立非遗传承人工作室、非遗学习基地等形式与措施，不断加深年轻人及广大学生对非物质文化遗产价值的正确认识，帮助他们树立科学的非物质文化遗产的价值观。此外，非遗教育也成为非物质文化遗产保护、传承的重要途径。

二、非物质文化遗产的价值评定原则

我国非物质文化遗产内容丰富，类别多样，不同类别的非物质文化遗产的特征差异性明显。2005年国务院办公厅颁布的《关于加强我国非物质文化遗产保护工作的意见》的附件《国家级非物质文化遗产代表作申报评定暂行办法》中说明了建立名录体系的目的，规定了国家级非物质文化遗产代表作的具体评审标准、申报审批程序等。国家对非物质文化遗产的保护中，依据非物质文化遗产的重要程度、代表性及优秀程度，分别设置为国家级、省级、市级、县级四个层次保护名录体系。从国家进行的前四次非物质文化遗产评选中可以发现，对国家级非物质文化遗产的评价标准越加严格，前两次评选的数量均有500余项，后两次数量则少许多，每次评选不到200项，随着我国非物质文化遗产保护工作越来越系统化、精准化、非物质文化遗产项目的评选标准与侧重点也在不断发生变化。

目前，国家级通用的评选标准是以《中华人民共和国非物质文化遗产法》为依据，其第十八条：国务院建立国家级非物质文化遗产代表性项目名录，将体现中华民族优秀传统文化，具有重大历史、文学、艺术、科学价值的非物质文化遗产项目列入名录予以保护。省、自治区、直辖市人民政府建立地方非物质文化遗产代表性项目名录，将本行政区域内体现中华民族优秀传统文化，具有历史、文学、艺术、科学价值的非物质文化遗产项目列入名录予以保护。

本法规定了列入非物质文化遗产代表性项目名录的两个条件。其中列入国家级名录的项目必须是具有“重大”的历史、文学、艺术、科学价值的非物质文化遗产项目，以与地方非遗代表性项目相区分。推荐参评国家级非遗代表性项目名录的，必须是从省级名录中，优中选优。

因此，对非物质文化遗产进行价值评定时应当从以下两方面考虑。

（一）用一定的价值尺度评判，认定它具有的特殊价值

《中华人民共和国非物质文化遗产法》对采取传承、传播的措施予以保护的非物质文化遗产范围规定为：“体现中华民族优秀传统文化，具有历史、文学、艺术、科学价值的非物质文化遗产。”根据这一规定，作为保护对象的非物质文化遗产，必须具备两个条件：一是具有历史价值、文学价值、艺术价值、科学价值。这四个价值中至少具备一项，即符合这一条件；二是能够体现中华民族优秀传统文化。这两个条件缺一不可。在审视和研究的非物质文化遗产，只要具备这两个方面的条件，就可以成为抢救与保护的对象，此外，相同优秀度情况下，濒危项目优先评选。

目前，各个省市在《中华人民共和国非物质文化遗产法》的基础上都出台了相应的各省市的非物质文化遗产法管理条例，其中也详细描述了非物质文化遗产评选的要求，以及非物质文化遗产传承人的评选要求和职责。

（二）国家级、省级、市级、县级四个级别目录，进行层层选优

一般来说，参与国家级非物质文化遗产名录评选的，必须从省级非物质文化遗产名录中选优，参与省级非物质文化遗产名录的评选，必须从市级非物质文化遗产名录中选优，以此类推到县级。推荐时应当提交有助于说明项目的材料，材料中明确规定了四个方面的内容：一是项目介绍包括名称、历史、现状和价值；二是传承情况介绍；三是保护要求；四是有助于说明项目的视频影像材料。专家评审团会对申报资料进行核查，并实地考证，在比较中选择最优。

课后练习题

一、选择题

1. 非物质文化遗产所强调的传承和保护的重点不是物质层面的载体和呈现形式，而是蕴藏在物化形式背后的（　）、精神蕴涵等非物质形态的内容。

   A. 历史价值、文化价值　　B. 精湛技艺、思维方式

   C. 传承载体、手工技艺　　D. 意识形态、生产方式

2. 传承人是直接参与非物质文化遗产传承，使非物质文化遗产能够沿袭的个人、团体或群体，是非物质文化遗产最重要的（　）。

   A. 承载者　　B. 活态载体

   C. 活性载体　　D. 传播者

3. 非物质文化遗产具有（　）等特征。

   A. 传承性、物质性、独特性、多元性

   B. 一般性、传承性、物质性、活态流变性

   C. 独特性、新颖性、多元性、物质性

   D. 传承性、独特性、多元性、活态流变性

4. 传统手工技艺是指以（　）的方式对某种材料（或多种材料）施以某种手段（或多种手段）使之改变形态的过程及其结果。

   A. 机械生产　　B. 小作坊生产

   C. 手工劳动　　D. 单件生产

5. 非物质文化遗产是世代传承的精神财富，具体体现在（ ）、精神价值、科学价值、艺术价值、教育价值和经济价值等方面，这些价值是评定非物质文化是否具有非物质文化遗产资质的重要指标。

A. 物质价值、文化价值　　B. 物质价值、历史价值

C. 个人价值、历史价值　　D. 历史价值、文化价值

6. 非物质文化遗产在传承、传播的过程中，为了更好地融入当代人们的生活方式与生产方式，常常会与当地的历史、文化、民族特色和（ ）相互融合，从而出现在继承中发展、在发展中创新的过程，符合非物质文化遗产自身的传承规律。

A. 社会发展环境　　B. 地理位置

C. 自然环境　　D. 自身特点

二、思考题

1. 简述物质文化遗产与非物质文化遗产的概念。
2. 简述非物质文化遗产与物质文化遗产的区别与联系。
3. 我国非物质文化遗产具有哪些特征?
4. 简述非物质文化遗产的价值。
5. 曲艺类非物质文化遗产主要包含哪些?
6. 简述我国国务院公布的国家级非物质文化遗产代表名录的分类方法。
7. 通过检索资料，试找出10个湖南省被列入国家级非物质文化遗产名录体系的非遗项目。
8. 入选国家级非物质文化遗产名录的原则是什么?

第二章 湘菜非物质文化遗产概述

内容概述

本章介绍了湘菜物质文化遗产与湘菜非物质文化遗产的概念以及二者之间的区别与联系，讲述了影响湘菜非物质文化遗产的形成因素，并且对湘菜非物质文化遗产的研究意义与内容进行了介绍。

学习目标

（1）掌握湘菜物质文化遗产与湘菜非物质文化遗产的概念。
（2）掌握湘菜物质文化遗产与湘菜非物质文化遗产的区别与联系。
（3）掌握湘菜非物质文化遗产的研究意义。
（4）掌握湘菜非物质文化遗产的研究内容。

《礼记·礼运》中说："夫礼之初，始诸饮食。"意思是人类最早的礼仪，是从饮食礼仪开始的。饮食文化伴随人类社会的出现而产生，又随着人类物质文明和精神文明的发展其内涵不断丰富。源远流长、长盛不衰的中国饮食文化，不仅给后人留下了大量与饮食文化相关的器具、文献古籍等宝贵财富，而且在人们一日三餐的餐桌上，留下了许许多多有着悠久历史、文化底蕴的传统美食，这些美食有的是一代人或几代人共同的舌尖记忆，有的则年月更长，传承了上百年甚至上千年。探寻美食传承的足迹与规律，可以发现，任何一道经典美食都离不开烹饪技艺的支撑，烹饪技艺是实现美食的手段与方法，美食则是烹饪技艺的表达或呈现。

烹饪技艺与美食之间的关系其实就是非物质与物质之间的关系，它们互为表里，相互影响，一道美食能成为经典传承下来，凭借的是其背后的烹饪技艺。烹饪技艺作为一项传统技艺，一直依靠着传承人以口传心授的方式得以传承和延续。从烹饪技艺的传承方式及特征来看，它与传统节庆、礼仪、民俗等学科一样，同属于非物质文化遗产。

湘菜是有着浓郁地方风味特色的地方菜系，历史文化底蕴深厚。湘菜非物质文化遗产是湖湘民众在长期的社会实践中，受当地自然环境、传统文化与饮食习俗的影响，形成的以代表性湘菜、湘点、风味食品为表现形式的传统烹饪技艺。湘菜非物质文化遗产的内涵是极其丰富的，既有高端湘菜、湘点的传统烹饪技艺非物质文化遗产，又有分散在民间的乡土风味的传统烹饪技艺非物质文化遗产。

湘菜非物质文化遗产绝不是放在博物馆进行保护的珍贵文物，而应该是随处可见的，与湖湘民众饮食生活紧密联系的普遍饮食享受，在湖南，人们吃湘菜、用湘瓷、喝湘酒、品湘茶、赏湘绣，反映了湘人的生活情趣，显然，它们成了湖湘重要的文化载体与城市名片。由于现代食品工业的快速发展、居民生活水平的显著提高、各地方菜系的相互交融以及新原料、新工艺、新味型的不断涌现等诸多因素的影响与制约，湘菜非物质文化遗产在传承和保护方面存在着严重不足，部分具有代表性、历史文化底蕴的传统湘菜如"子龙脱袍""龟羊汤""祖庵菜"等传统烹饪技艺都濒临失传。

第一节　湘菜非物质文化遗产概念

2011年6月实施的《中华人民共和国非物质文化遗产法》中将非物质文化遗产分为民间文学、传统音乐、传统手工技艺、传统医药、民俗等十大门类，"饮食类传统烹饪技艺”非物质文化遗产被划分在传统技艺门类（属于第八类）。而《中华人民共和国非物质文化遗产法》是国家文化领域颁布的第二部法律，第一部则是1982年11月19日通过并实施的《中华人民共和国文物保护法》，两部法律出台实施有相隔近三十年时间，说明我国非物质文化遗产法律建设起步是较晚的，但是，作为国家第二部文化领域颁布出来的法律，这个举措表明了国家重视并保护非物质文化遗产的决心与力度。

湘菜非物质文化遗产作为中华饮食类非物质文化遗产的组成部分，与其他地方菜系非物质文化遗产相比较，在烹饪技艺、调味技艺、饮食习俗等方面有较大的差异性，每一项湘菜非物质文化遗产都有着自身的独特性，这些独特性不仅是表层结构的不同，更在于其深层次的原因，它受湖湘自然环境、地理环境、传统文化等方面影响较大。湘菜非物质文化遗产还具有一般性和代表性，一般性是泛指一切湘菜传统烹饪技艺，它是实现所有湘式菜点风味特色的手段与技术；代表性是在一般性的基础上，其涵盖范围要大幅度缩小，在湘菜非物质文化遗产的历史价值、文化价值、教育价值、社会价值等方面更具有影响力和独特性。湘菜非物质文化遗产在历史的发展历程中并不是一直不变的，饮食类非物质文化遗产的载体是饮食，湘菜非物质文化遗产的载体当然是湘式的菜肴、点心、风味小吃、调辅料等，这些美食伴随着人们的饮食消费需求而不断创新，不断改良，唯此，才能更好地传承下去。

一、湘菜物质文化遗产与湘菜非物质文化遗产

湘菜物质文化遗产是指湘菜“有形文化遗产”，既包括湘菜的历史文物、湘菜生产有关的历史建筑、遗址，还包括湘菜文化的书籍、文献、器皿、餐具、工具等物质形态保护体系。湘菜物质文化遗产强调的是实物文化遗产保护层面，因此，对于湘菜物质文化遗产最好的保护方式是静态保护法，将湘菜物质文化遗产以文字、音像、声音的形式转化成书籍、图片、音像、视频资料形式进行保存，或是将实物原封不动地放置在博物馆、展示馆中进行保存。湘菜物质文化遗产的保护原则是进行静态保护，即本来的物件不能做任何的改变。

湘菜非物质文化是指湘菜传统烹饪技艺，而湘菜非物质文化遗产是湖湘人民依靠口传心授、世代传承的、以湘式菜点为载体所表现出的传统烹饪技艺，它是看不见、摸不着的“无形文化遗产”。湘菜非物质文化遗产保护方式不是实物的保存，因为湘菜非物质文化遗产属于传统技艺非物质文化遗产，它依靠传承人口传心授的方式进行传承，一旦传承人出现断层，湘菜传统烹饪技艺就无法恢复，湘菜非物质文化遗产就成了湘菜的文化历史，言外之意就是，既然认定某项湘菜传统烹饪技艺是湘菜非物质文化遗产，那么，这项湘菜传统烹饪技艺一定是活态传承状态的，因为非物质文化遗产的特征是动态的传承。

湘菜非物质文化是以“有形的”湘式菜点为载体所表现出来的技艺、精神与价值，而湘菜非物质文化遗产更多强调的是知识技艺及精神的意义和价值。

狭义的湘菜非物质文化遗产是指湘式菜肴传统烹饪技艺非物质文化遗产；广义的湘菜非物质文化遗产一般是指湘式菜肴、面点、风味小吃、调味料、加工食品等传统烹饪技艺非物质文化遗产，当然也包括湘酒、湘茶、饮食习俗等非物质文化遗产。目前作为研究对象的湘菜非物质文化遗产（以下简称湘菜非遗）是指已经被政府部门评定，并列为各级非物质文化遗产代表性名录体系的湘菜非物质文化遗产，因为经过专家与政府部门评定的各级湘菜非物质文化遗产更具有代表性。

二、影响湘菜非物质文化遗产形成的因素

从大量的湘菜文献记录资料、湘菜考古有关的文物与湖湘地域的自然环境、传统文化等方面考证研究，影响湘菜非物质文化遗产形成的因素主要分为表层因素与内在因素，表层因素主要是影响湘菜传统烹饪技艺及湘菜风味特色等，如湘菜特色食材、烹饪技法、调味技法等；内在因素主要是隐性而稳定的因素，涉及湖湘区域的自然环境、湖湘传统文化、湖湘饮食习俗等方面。

（一）影响湘菜非物质文化遗产形成的表层因素

湖湘特色食材是形成湘菜非物质文化遗产风味特色的重要资源，富足的物产资源为湘菜在选料方面提供了源源不断的条件保障，一项湘菜非物质文化遗产之所以成为当地有较高知名度的饮食非物质文化遗产，都是有品质优良的食材原料做支撑的，而烹饪技艺与调味技术则是展现湘菜菜肴的技术手段，直接影响湘菜非物质文化遗产的风味特色形成。

1. 湖湘食材资源的丰富与发展

湖湘食材的相关文献资料较为丰富，在春秋战国时期，湖湘以“其畜宜鸟兽，其谷宜稻”著称于世，如先秦史籍《逸周书》中记载着，早在西周成王时代，楚王将长沙鳖作为贡品进献给周王，爱国诗人屈原在《楚辞·招魂》和《楚辞·大招》两篇文学作品中详细地列举了当时湘人上流社会的饮宴情况，其中就记录有牛、羔、狗、鳖、鹄、凫、鸿、鸡、鸧、鸹、鹑、雀等近20种食材，谷物主要有稻、稷、早麦和黄粱，菜肴有清炖肥牛筋、红烧甲鱼、

马王堆竹简

叉烧羊羔、肉拌甜酱、烩水鸭、卤鸡、焖鳖、油煎面饼、米饼渍蜂糖、甜酒、酸梅汤等达30多种。在《吕氏春秋·本味篇》中有“云梦之芹”“洞庭之鲋”“醴水之鳖”等湖湘食材的记载，这些湘菜中常见的食材在战国时期就已经具有一定的影响力与知名度。

马王堆博物馆漆器

西汉时期，湖南地区菜肴逐渐从楚国饮食中独立出来，最具代表性的是马王堆一号汉墓出土实物及312枚遣策中记录的随葬食品，其中一半以上都是记载食物的，包括肉食类、调味品、饮料、主食、果品、菜肴六类，品种有近150种之多，主食非常丰富，主要为饭和粥，用稻、麦、粟烹成，饭分熟饭和黏饭，熟饭有稻米饭、麦米饭、黍米饭、黄粟饭、白粟饭；小食有蜜糖荸荠米糕、蜜米饼、油饼、鸡蛋小米饼等；果品有枣、梨、梅、笋、元梅、杨梅等；肉羹类有大羹、白羹、巾羹、逢羹、苦羹，大羹为不调味的淡羹；调味品有橘皮、花椒、豆豉、茱萸、葱等。

据史料记载，六朝时期，长沙成为全国重要的粮食生产地和供应地，由于当时湖南农业的发展，粮食产量增多，促进了湖南牲畜饲养业的发展。从长沙六朝墓所出土大量陶制牛、马、狗、猪、羊圈、鸭、鸡、鹅等可以看出当时物产的丰盛，这一时期，常德石门土鸡开始大量养殖，同时也促进了湖南酿酒业的快速发展，《晋书·武帝纪》中有“荐酃渌于太庙”的记载，“酃”即今衡州府所出之酒，渌则今长沙府醴陵县所酿造的酒。北魏末年贾思勰的农书《齐民要术》其卷八至卷十之第六十四至八十九篇中，对湖南地区的“长沙鱼鲊法”“脯腊”“酃酒”等做法也有详细的记载。

两宋时期，湖湘地区物产更加系统而全面，这一时期的湖南地方物产与现代湖南日常饮食的食材较为接近，以果蔬、水产、家禽家畜为主要食材结构，特色食材资源有新晃黄牛肉、龙牙百合、雪峰山鱼腥草、临澧黄花鱼等，水产品主要为湖鲜与河鲜，有鲤鱼、鲢鱼、鲫鱼、银鱼、白鱼、河虾、蟹、鳅、鳝等，蔬菜原料较为全面，有白萝卜、胡萝卜、莴笋、芋头、山药、荸荠、笋、藕、白菜、芥菜、菠菜、苋菜、茼蒿、茄子、菌类、丝瓜、瓠瓜等，果品类有银杏、杨梅、板栗、樱桃、桃子、梨子、李子、橘子、甘蔗、荔枝、龙眼、柑、柚子、莲子、西瓜、甜瓜等。

明清时期，湘菜在官府衙门内颇为盛行，湘菜厨师开始从沿海的福建、广东引进海鲜干货，用湘菜传统烹饪技艺进行制作，湖南许多特色食材被当地政府官员作为贡品进贡朝廷，如茶陵生姜、辣椒、湘潭矮脚白、桑植萝卜、汉寿玉臂藕、攸县豆腐、富田桥游浆豆腐、汝城香菇、张家界大松菌、湘莲、浏阳黑山羊、武冈卤菜、宁乡花猪、湘西黄牛、洞溪七姊妹辣椒、岩耳等。清乾隆时，社会上就开始流传“湖南熟，天下足”的说法，因为当时包括长沙在内的整个湘北地区是全国重要的粮食产地，在清朝时期，又有一大批湖湘特色食材涌现出来，如祁东黄花菜、桂东花豆、桑植盐豆腐干、白溪水豆腐、临澧杂柑、纹山珍珠枣、靖州杨梅、灰汤鸭、湘黄鸡、溆浦鹅、芷江鸭、洪江雪峰乌骨鸡、汝城板鸭、米粉鹅、沙子岭猪、大合坪黑猪、玉和醋、龙牌酱油、永丰辣酱等，许多湖湘名菜都是利用这些特色食材烹制出来的。值得一提的是，在清初时期，湖南湘西地区就已经开始食用辣椒，属于全国最早食辣地区之一，在清道光年间所修《宝庆府志》就有朝天椒的记载，这种辣椒辣度非常强，说明湖南人食辣的程度之大，到清末，湖南人养成了终年吃辣椒的习惯，三餐吃辣，无菜不辣，几乎达到没有辣就吃不下饭的程度，湘菜地方风味特色进一步凸显。

2．湘菜传统烹饪技艺的成熟与创新

先秦时期，从《楚辞·招魂》和《楚辞·大招》中记载的菜名“炖乌龟”“煎鲫鱼”“烹野鸭”可以看出，湖南饮食中已有烧、烤、焖、煎、煮、蒸、炖、醋烹、卤、酱等十余种烹调方法。在马王堆一号汉墓中出土的竹简上记载的食物，根据菜名可以判断出使用的烹调方法有氽、涮、炙、蒸、煮、濯、煎、熬、脍、脯、腊、醢、炮、腌、串、炒等，其中出现了羹类菜肴制作方法，腌、脯、酱制食品的制作方法，在《五十二病房》中还记有多款食疗药膳的制作方法，《齐民要术》中介绍了长沙蒲鲊法和酸羹、咸菹、腊肉、酃酒的制作方法。可以说，当今许多湘菜传统烹饪技法都是从湖湘历史名菜中继承下来，而且具有浓郁的地方特色，如东安醋鸡、五圆蒸鸡、红煨方肉、酸辣笔筒鱿鱼、荤杂烩、龟羊汤、一鸭四吃、腊味合蒸、麻辣仔鸡、红煨甲鱼裙爪、桂花蹄筋、花菇无黄蛋、剁椒鱼头等，现在常用的湘菜烹调技法将近20种，有红烧、小炒、滑炒、软炒、熟炒、爆炒、红煨、炖、干烹、烩、粉蒸、清蒸、湘卤、熏腊、煮、煎、炸等，其中又以熏腊、炒、煨、炖、蒸最为著名，湘菜剁椒蒸鱼头、辣椒炒肉更是闻名世界。

3．湘菜调味技术的不断丰富与彰显

调味技术是湘菜传统烹饪技艺的核心，是形成湘菜色、香、味等风味特色的关键环节，湘菜的调味技术是在不断地发展与完善的。在《楚辞·招魂》和《楚辞·大招》中，便有了盐、梅、醋、酒、椒、饴、蜜等制成的咸、酸、苦、辛、甘等味道；在马王堆汉墓出土的竹简上记载着多种调味品，此时湘菜的调味品种类进一步完善，有橘皮、花椒、茱萸、豆豉、葱、姜、盐、酱、曲、糖、蜜、韭、梅、桂皮、花椒、香菜等；宋朝开始，湘菜的烹调用油种类较多，有鸡油、猪油、芝麻油、菜籽油、花生油、茶油等；清初开始，湖南湘西、湘

干辣椒

东、湘南地区开始种植与食用辣椒，从此，“辣味”融入了湘菜的灵魂。辣椒在湘菜中的运用变化无穷，辣椒可为主料，为配料、调料，可加工成剁辣椒、干辣椒、白辣椒、酱辣椒、泡辣椒等，湘菜可谓是在辣味中追求与其他味型的完美融合。湘菜常用的传统味型达二十多种，很多味型是其他地方菜系中没有或少见的，例如，鲊香、酸辣、咸酸、咸辣、腊香、豉香、咸鲜、紫苏、蒜香、酱香、椒盐、孜然、香辣、酸香、山胡椒、苦鲜、姜辣等味型。湘菜讲究原料入味，以鲜辣、酸辣味型最为出名，湘人最擅长调和辣味，特别是许多湘菜炒菜技法中，会同时具备“香、辣、鲜”三个味觉特点，能极大地促进食者的胃液分泌，使之食欲大开。

（二）影响湘菜非物质文化遗产形成的内在因素

1. 湖湘区域的自然环境与地理环境

湖南属于亚热带地区，气候温和，四季分明，土地肥沃，春夏多雨，秋冬干旱，冬寒期短，无霜期长。境域内东、南、西三面环山，西有武陵山脉、雪峰山脉，东有幕阜山脉、罗霄山脉，南有五岭山脉，湘北紧邻洞庭湖，地势低平，水面广阔，湘中多丘陵、盆地，有湘、资、沅、澧四水贯穿湖南全境，被誉为“鱼米之乡”。得天独厚的自然环境使湖南物产极为丰富，山区盛产山珍，江河湖泊盛产水产与水禽，平原盛产稻米果蔬，家畜养殖业也较发达。湖南大部分地区地势较低，气候多雨潮湿，古称“卑湿之地”，湖南人喜食“酸”“辣”的饮食习惯与这种地理环境有关，因为湿气太重，人的机体会感觉疲惫，没有食欲，辣椒有御寒祛风湿的功效，酸味可以打开食欲，可以说这是湖南人的养生方式。

湖南各市州在地理位置上有一定差异性，所以在饮食风味上也分为了多个流派，不同的流派其风味特色也不一样，这也是造成不同湘菜非物质文化遗产独特性的重要原因。目前主要分为以下五个区域：一是长株潭区域，以长沙、湘潭、衡阳为中心，是湘菜的大本营，代表着湘菜最流行、最创新的技艺，特点是用料广泛，制作精细，特别注重刀功火候，所烹制的菜肴浓淡分明，色彩清晰，烹饪常用煨、炖、腊、蒸、炒、熘、烧、爆等烹调技法，品味则多以酸辣、软嫩、香鲜、清淡、浓香为主；二是湘北洞庭湖区域，以常德、益阳、岳阳等地为中心，素称“鱼米之乡”，水产品资源特别丰富，以烹制家（水）禽、河（湖）鲜最为擅长。民间也素有“无鱼不成席”的俗语，湘北的烹制惯用

东安鸡条

炖、烧、腊、煨、蒸、煮、氽（烫）的烹调方法，菜肴微辣，讲究鲜香入味；三是大湘西山区域，以湘西州、怀化、张家界等地为中心。物产多为山珍，民间习惯制作各种烟熏腊肉和腌制肉品，主要的烹调方法为蒸、炖、煨、煮、炒、炸等。少数民族以土家族、苗族、侗族、瑶族为主，喜食酸辣，酸食文化十分浓郁，烹饪方法淳朴；四是大湘南区域，主要包含郴州、永州、衡阳，物产丰盈，以烹制家禽、家畜、山珍见长，主要的烹调方法为炒、酿、蒸、炖、焖，口味以辣为主，酸味做辅料，湖湘名菜很多如嘉禾血肠、临武鸭、东安仔鸡、永州血鸭、南岳斋菜、衡东脆肚等；五是梅山区域，主要包括娄底、邵阳、益阳等地方，调味品以盐为主，注重香鲜、酸辣、软嫩，菜要带汤汁较多，擅长用砂罐子炖菜，喜好熏腌腊制食物。新化三合汤、猪血丸子、鲊埠牛肉等就是其中的代表名菜。

2．湖湘传统文化对湘菜非物质文化遗产的影响

敢为人先的创新精神、经世致用的处世哲学是湖南文化精神特质，湘菜之所以能够成为特色鲜明的地方菜系，与这种精神是密不可分的。正是由于这种敢为人先、经世致用的创新精神，湘菜始终保持着传承不守旧，不拘泥于现状，不断地与时俱进，使湘菜成为全国最受欢迎的地方菜之一，湘菜传统烹饪技艺在食材选料、烹饪技艺、调味技术上推陈出新，历经了一次又一次的改良与蜕变，使湖南味道紧接地气，极具味蕾征服力。最具代表性的技艺便是湘菜的小炒菜的兴起，湘菜小炒菜，分量要少，旺火速成，中途不加水，讲究火候一气呵成，味型以“香、鲜、辣”为标准，体现菜肴“热、快、干、香”四个口感特点，原料搭配可以变化无穷，质地鲜嫩的原料直接小炒，质地老韧的原料先进行初熟处理，再改刀回锅小炒，小炒菜成为湘菜烹饪技艺最重要的创新源泉。湘菜讲究质朴，讲究味道，不太注重菜肴的外加装饰，这与湖南人勤勉务实的作风有关，湖南人饮食喜欢热辣、咸辣，这种过瘾的味觉刺激与湖南人热烈不羁的性格浑然一体。

3．湖南人饮食习俗对湘菜非物质文化遗产的影响

食俗是一个地方民众长期以来的饮食风俗或者饮食习惯，饮食习俗一旦形成，会表现出一定的稳定性，反过来又会制约着湘菜非物质文化遗产风味特色的形成，湘人在口味上注重香鲜、酸辣、软嫩，讲究原料入味，因为这个饮食喜好，所以在烹调方法上，湘菜传统烹饪技艺以煨、炖、腊、蒸、炒诸法著称，湘菜注重菜肴的“鲜”，就要充分考虑主要来自烹饪原料中所含的氨基酸呈鲜物质的最大程度的溶解与释放出来，一是食物本身的鲜美，二是

剁椒蒸鱼头

选择以煨、炖、蒸的烹调方法，使原料充分呈现出鲜味；再者，湘菜讲究原料的入味，追求“香”，因此湘菜最擅长的“小炒”应运而生，菜肴要想达到香嫩口感，就要旺火速成，不拖泥带水，因为“香”多指挥发性的物质，锅中温度不够，原料中的香气无法合成。

第二节　湘菜非物质文化遗产研究的意义和内容

一、湘菜非物质文化遗产的研究意义

湘菜非物质文化遗产是湘菜优秀传统文化的重要体现，是湖湘人民在长期的饮食生产和饮食消费中逐步积累起来的精神财富，是湖湘饮食文化中的精髓部分，研究湘菜非物质文化遗产，挖掘与整理湘菜非物质文化遗产的历史价值、文化价值、科学价值、教育价值，有利于弘扬湘菜优秀传统文化，有利于提高民众对湘菜文化的认同感。

（一）有利于挖掘与弘扬湘菜优秀传统文化

湘菜历史文化底蕴深厚，追寻历史的传承轨迹，当今很多湘菜传统技艺与名菜名点都可以在文献古籍中找到源流，湘菜非物质文化遗产通过一代代传承人口传心授、言传身教的方式得以延续，湘菜文化的因子已经融入湖湘人民生活与生产的方方面面、点点滴滴，如湘人日常一日三餐的饮食方式与习惯，湘人岁令时节、婚丧嫁娶等食俗与食礼，以及湘人对湘菜非物质文化遗产的记忆与情感价值。对湘菜非物质文化遗产进行整体研究，可以使大量有历史、文化、科学等价值的珍贵湘菜文化资料得以妥善保存，也可以更好地挖掘、梳理、弘扬湘菜优秀传统文化。

（二）有利于增强湘菜文化品牌认同感

湘菜非物质文化遗产是湖湘人民共同的文化记忆，其本身具有鲜明的饮食文化优势与地域优势，几乎每一项湘菜非物质文化遗产都是当地具有代表性和影响力的。研究湘菜非物质文化遗产，除了使湘菜传统烹饪技艺得以传承，更为重要的是研究湘菜非物质文化遗产背后的思维方式、情感、哲学、精神内涵，找到湘菜文化品牌与文化创新的源泉，促使湖湘民众了解湘菜非物质文化遗产的文化价值，以便使越来越多的民众参与到关注、保护、传播湘菜非物质文化遗产行列中，使湖湘民众对湘菜文化品牌认同感进一步增强。

（三）有利于湘菜产业的发展和湘菜非物质文化遗产的活态传承

一些湘菜非物质文化遗产在今日仍以老字号企业为载体得以传承和延续，但是在全国范围内，具有一定规模和影响力的湘菜老字号企业实不多见，已获得“中国非物质文化遗产”称谓的大多是国家知名餐饮企业，如全聚德烤鸭、天津狗不理包子等。研究湘菜非物质文化遗产，就是要将湘菜文化品牌资源转变成文化资本，一方面是老字号餐饮企业本身做大做强，用企业影响力来发展湘菜非物质文化遗产，另一方面，要善于利用湘菜非物质文化遗产的品牌来为老字号企业带动效益，通过对湘菜非物质文化遗产进行生产性保护，增加湘菜非物质文化遗产自身的活力，推动湘菜产业的发展，使其适应餐饮市场需求，这样不仅提高了传承人的积极性，使传承人能够获取一定的经济效益，对于“非物质文化遗产”持续性传承也具有深远意义。

（四）有利于湘菜非物质文化遗产的教育传承传播

湘菜非物质文化遗产包含丰富的湘菜传统技艺及烹饪系统理论知识，还涉及农学、历史学、考古学、民俗学、风味化学、物理学、食品科学、工艺美学等众多边缘学科知识，因此，职业教育也成为湘菜非遗传承传播的一种重要方式。职业院校对湘菜非物质文化遗产及代表性传承人进行搜集、整理、研究，将大量有历史、文化、科学等价值的珍贵湘菜文化有关的实物与资料进行保存和展示，对湘菜非遗的活态传承具有深远意义。

二、湘菜非物质文化遗产的研究内容

整体性保护是政府对非物质文化遗产传承与保护的工作重点，所谓“整体性”是指要保护非物质文化遗产所拥有的全部内容与形式，包括传承人和生态环境。湘菜非物质文化遗产的研究内容需要构建一个系统的框架，从政府的整体性保护层面而言，凡是涉及湘菜非物质文化遗产有关的知识、技艺、传承人及传承规律、保护主体及保护规律、传播方式都是湘菜非物质文化遗产的研究内容。

对于传承层面而言，研究内容可以分为“有形”与“无形”的文化遗产，有形的是指与湘菜有关的文献古籍、旧器器具等文物的保护研究，主要采用的是静态、固态形式的保护，需要进行的是搜集、分类、整体、挖掘等相关研究工作；无形的是指湘菜传统烹饪技艺的传承与研究，一方面是已经评定的各级湘菜非物质文化遗产代表性名录，其中包括湘式菜肴传统制作技艺、湘点传统制作技艺、湘式风味小吃传统制作技艺、湘式调料、特色食材等传统制作技艺；另一方面是属于非物质文化遗产的湘菜传统烹饪技艺，但是还没有被挖掘、保护、评定的湘菜非物质文化遗产，包括湘菜的代表性烹饪技法、传统湘菜、湘点的制作技艺、传统湘菜调味品的制作技艺、传统特色食材的制作技艺、传统风味小吃的制作技艺等。湘菜非物质文化遗产的研究内容见表2-1。

这里需要强调的是，对传统烹饪技艺中的“传统”两字的理解，“传统”本身的含义就是指世代相传的精神、制度、风俗、艺术、行为方式等。从过去到现在，历代相传，说明“传统”在传承时间上的延续性，能够与时俱进的延续下来，说明它们在传承中得到了发展，其历史文化、科学、艺术等都具有一定代表性与影响力。

表 2-1　湘菜非物质文化遗产的研究内容

<table>
<tr><td rowspan="12">湘菜传统烹饪技艺</td><td rowspan="6">已评定</td><td>湘菜</td><td colspan="2">毛氏菜制作技艺、武冈卤水制作技艺、十三村酱菜制作技艺、祖庵家菜制作技艺等</td></tr>
<tr><td>湘点</td><td colspan="2">麻香糕制作技艺、蒿子粑粑制作技艺、杠子面制作技艺等</td></tr>
<tr><td>风味小吃</td><td colspan="2">雕花蜜饯制作技艺、火宫殿八大名小吃制作技艺等</td></tr>
<tr><td>调味品</td><td colspan="2">龙牌酱油酿造技艺、玉和白醋酿造技艺、永丰辣酱制作技艺等</td></tr>
<tr><td>食品加工</td><td colspan="2">松花皮蛋制作技艺、乾州板鸭制作技艺等</td></tr>
<tr><td>特色食材</td><td colspan="2">岩泊渡红薯粉丝制作技艺、火焙鱼制作技艺等</td></tr>
<tr><td rowspan="6">未评定</td><td>湘菜传统制作技艺</td><td colspan="2">湘菜调味技艺、湘菜刀工技术、湘菜挂糊技艺、湘菜上浆技艺、湘菜勾芡技艺、湘菜烹调技法等</td></tr>
<tr><td rowspan="5">湘菜名品制作技艺</td><td>湖湘名菜名点</td><td>子龙脱袍、新化三合汤、麻辣仔鸡、德园包子等</td></tr>
<tr><td>湘菜调味品</td><td>衡东黄贡椒制作技艺、湖南剁辣椒制作技艺等</td></tr>
<tr><td>湖南风味小吃</td><td>云片糕制作技艺、脑髓卷制作技艺等</td></tr>
<tr><td>湖南特色食材传统制作技艺</td><td>邵阳猪血丸子、攸县香干制作技艺等</td></tr>
<tr><td>湖南宴席传统制作技艺</td><td>南岳素食宴席、湘西长龙宴、巴陵全鱼席、娄底全牛宴等</td></tr>
</table>

课后练习题

一、选择题

1. 由2011年6月实施的《中华人民共和国非物质文化遗产法》中将“非物质文化遗产”分为民间文学、传统音乐、杂技、传统手工技艺、传统医药、民俗等十大门类，“饮食类传统烹饪技艺”非物质文化遗产被划分在（　）（属于第八类）。

A. 传统手工技艺　B. 杂技　C. 民俗　D. 传统技艺

2. 每一项湘菜非物质文化遗产都有着自身的独特性，这些独特性不仅是表层结构的不同，更在于其深层次的原因，它受（ ）、地理环境、传统文化等方面影响较大。

A. 湖湘自然环境 B. 湖湘饮食文化 C. 自然环境 D. 湘菜文化

3. 湘菜非物质文化遗产在历史的发展历程中并不是一直不变的，饮食类非物质文化遗产的载体是（ ），湘菜非物质文化遗产的载体当然是湘式的菜肴、点心、风味小吃、调辅料等。

A. 文化 B. 饮食 C. 遗产 D. 非物质

4. 湘菜非物质文化遗产是湖湘人民依靠（ ）、世代传承的、以湘式菜点为载体所表现出的传统烹饪技艺，它是看不见、摸不着的“无形文化遗产”。

A. 系统学习 B. 理论学习 C. 自学 D. 口传心授

5. 对于湘菜物质文化遗产最好的保护方式是（ ），将湘菜物质文化遗产以文字、音像、声音的形式转化成书籍、图片、音像、视频资料形式进行保存。

A. 动态保护法 B. 静态保护法 C. 动静结合保护法 D. 自然保护法

6. 影响湘菜非物质文化遗产形成的因素主要分为（ ）与内在因素，（ ）主要是影响湘菜传统烹饪技艺及湘菜风味特色，如湘菜特色食材、烹饪技法、调味技法等；（ ）主要是隐性而稳定的因素，涉及湖湘区域的自然环境、湖湘传统文化、湖湘饮食习俗等方面。

A. 表层因素 内在因素 表层因素 B. 表层因素 表层因素 内在因素

C. 自然因素 自然因素 内在因素 D. 自然因素 内在因素 自然因素

7. （ ）资源是形成湘菜非物质文化遗产风味特色的重要原因，富足的物产资源，为湘菜在选料方面提供了源源不断的条件保障。

A. 湖湘特色文化 B. 湘菜特色食材 C. 湖湘地理环境 D. 饮食文化

二、思考题

1. 简述湘菜物质文化遗产与湘菜非物质文化遗产的概念。
2. 简述湘菜非物质文化遗产与湘菜物质文化遗产的区别与联系。
3. 影响湘菜非物质文化遗产的形成因素有哪些？
4. 简述湘菜非物质文化遗产的研究价值。
5. 简述湘菜非物质文化遗产的研究内容。
6. 湘菜非物质文化遗产的特征是什么？

第三章 湘菜非物质文化遗产传承人概述

内容概述

本章重点介绍湘菜非物质文化遗产传承人的概念与分类，阐述湘菜非物质文化遗产传承人的特征及其主要传承方式，并结合非物质文化遗产项目及传承人的遴选与评定方法，进一步完善湘菜非物质文化遗产项目及传承人遴选与评定方法与思路。

学习目标

（1）掌握湘菜非物质文化遗产代表性传承人与一般性传承人的概念与区别。

（2）掌握湘菜非物质文化遗产代表性传承人的特征。

（3）掌握湘菜非物质文化遗产传承人的主要传承方式与研究意义。

（4）掌握湘菜非物质文化遗产项目及传承人的遴选与评定。

第一节 湘菜非物质文化遗产传承人

传承人是非物质文化遗产知识和技艺的承载者和传递者，在非物质文化遗产实践保护中，传承人的保护是核心问题。这是由非物质文化遗产的特性所决定的。非物质文化遗产区别于物质文化遗产的一个鲜明特征，就是必须依附于个体的人、群体或特定区域、空间而存在的，属于一种“活态”文化，无论是口述文学及语言、传统表演艺术，还是传统手工技艺、传统礼仪节庆等，无不与个体或群体的人的活动（包括展示、表演和传承）紧密相关。

因而，湘菜非物质文化遗产与湘菜物质文化遗产相比，在实践保护与传承的方式、手段上有一定的相同之处，但是也有明显的差异性，相同之处在于，对一切文化遗产而言，“保护”的首要意义就是“保存”，采取各种措施有效地将其既有的物质形态，如声音、文字、图片、物质载体、视频等内容完好保存下来，使之永续存在，这些措施主要由考古发掘、口述记录、整理归档、收藏修复、展示利用等内容组成。

湘菜非物质文化遗产与湘菜物质文化遗产不同之处在于，湘菜非物质文化遗产作为活态文化，除了需要收集整理保存物质性的载体或通过记录等手段使其物质形态化，更重要的是要对这些掌握非物质文化遗产技艺的传承人进行有效保护，其目的是使湘菜非物质文化遗产通过个人、群体、民族之间的传承得以世代延续和发展。

从这个意义理解，非物质文化遗产的“保护”体现的就不单单是一种物质形态的“保存”，而侧重于对作为传承载体的传承人进行活态保存，也就是说，正是湘菜非物质文化遗产传承人的存在和发展，才赋予了湘菜非物质文化遗产鲜活和持久的生命力。

国内首个关于文化传承人的管理文件是2006年颁布的《湘西土家族苗族自治州民族民间文化遗产传承人保护管理暂行办法》，其中界定了“传承人”的含义是指“州人民政府公告命名并在我州境内通晓本民族传统文化活动内涵、表现形式、组织规程或在本民族民间工艺领域中技艺精湛或掌握有一定数量的民族传统文化原始文献、资料和实物，并有一定研究成果被群众公认的代表人物。”著名民族学家祁庆富先生将传承人定义为：“在有重要价值的非物质文化遗产传承过程中，代表某项遗产深厚的民族民间文化传统，掌握杰出的技术、技艺、技能，为社区、群体、族群所公认的有影响力的人物。”

一、湘菜非物质文化遗产传承人概念及分类

湘菜非物质文化遗产传承人是指在湘菜非遗传承过程中，掌握某项精湛的湘菜传统烹饪技艺，并在领域内具有公认的影响力，且愿意将自身技艺传授于他人的自然人或社会群体。在我国学术界，非物质文化遗产传承人的概念有广义和狭义之分，二者的定义和条件也不尽相同。广义的传承人是指湘菜非物质文化遗产一般性传承人，狭义的传承人是指湘菜非物质文化遗产代表性传承人。

湘菜非物质文化遗产一般性传承人是指在湘菜非物质文化遗产传承过程中，掌握某项精湛的湘菜非物质文化传统技艺，并在领域内具有一定的影响力。湘菜非物质文化遗产代表性传承人是指在湘菜非物质文化遗产传承过程中，代表某项湘菜非遗文化传统，掌握某项精湛的湘菜传统烹饪技艺，为领域内所公认的有代表性影响力的人物，并由人民政府公告命名的项目传承人。

具体而言，获得某个国家或基层政府给予命名的传承人具有法律效应，受到法律保护，同时承担着非遗传承和保护的法律责任，这类传承人，即通常所说的“代表性传承人”。目前，文化部公布的国家级非物质文化遗产项目代表性传承人名录及地方各级政府认定的传承人名录，均属具有法律效应和政治意义的“代表性传承人”，代表性传承人的认定，意味着传承人文化身份的改变。被政府认定的代表性传承人除享受政府授予的荣誉和补助外，还须履行特定的传承义务，如带徒授艺、培养后继人才、开展传承活动等，同时政府提供的荣誉和补贴，意味着代表性传承人成为非遗传承的主要角色和核心力量。

通过上述解释，在实际的生活生产中，正确区分广义与狭义的非遗传承人就非常清晰了。譬如，浏阳豆豉传统制作技艺非物质文化遗产传承人，浏阳豆豉来自于民间工艺，很多当地的老一辈居民，都精通浏阳豆豉制作技艺，在当地日常餐桌上，浏阳豆豉也成为不可缺少的调味品，因而，很多掌握这项传统技艺的人都能称为一般性传承人，但浏阳豆豉代表性传承人则需要从这些一般性传承人中择选最具代表性的，由人民政府公告命名才能成为代表性传承人。

湘菜一般性传承人同样掌握了某项非物质文化遗产知识和技艺，并在其领域内进行传承工作，一般性传承人可能由于名额或其他条件限制，甚至某方面的特殊原因暂未入选代表性传承人，但其在领域内同样发挥非遗传承的作用。在某种程度上，一般性传承人发挥的作用不亚于代表性传承人，他们是湘菜非遗传承的主力军，代表性传承人则更多的是充当某项非遗领域内的领军人物。

因此，一般性传承人与代表性传承人之间的差异只是文化角色与文化身份的不同，一般性传承人的作用同样不容忽视。湘菜非遗传承人应该既包括官方公告命名的代表性传承人，也包括尚未公告命名的一般性传承人，他们都是非物质文化遗产传承和发展的主体，都应该受到重视。

二、湘菜非物质文化遗产代表性传承人特征

（一）具有合法基础

能熟练掌握国家或地方政府认定的某项湘菜非物质文化遗产项目，个体传承人作为某项非物质文化遗产项目的实际掌握者，必须是通过国家或者相应地方主管部门认定并且许可，同时承担着非遗传承和保护的法律责任。

（二）具有领域代表性

对于传承人所掌握的非遗项目，不能简单归结为掌握某种技艺或者某种特长，需要实际扎根于某个特定领域内，即某湘菜非物质文化遗产项目在本领域内能够形成较大的影响力，从而作为一种文化符号的典范。

（三）发挥传承能效

在湘菜非遗传承工作中，传承人需积极配合政府，积极承担非遗培训活动，亲自培育非遗传承人，积极参与非遗传承活动。

三、湘菜非物质文化遗产传承人的主要传承方式

（一）民间家庭（或家族）传承方式

民间家庭（或家族）传承的非物质文化遗产，主要包括一些传统湘菜及食品加工的制作技艺，通过民间家庭的传承方式传承，很多的湘菜非物质文化遗产项目都是涉及一个或者多个地区的族群，他们同样也是湘菜非物质文化遗产传承的主体，而且是不可剥离的。例如衡阳酃酒酿造技艺，其本身就是来自于民间，后来因为品质优良成为贡品，这种酃酒在民间老百姓的日常餐桌上、节日饮食或是婚丧嫁娶活动中被作为饮品和菜肴的辅助原料而广泛运用，湘菜非物质文化遗产虽然体现出一定专业性、技艺性，但是在长期的生活实践中，当地几乎家家户户都比较熟悉或较好地掌握了这项传统酿造技艺，衡阳酃酒也主要是通过这种家庭传承方式得以延续。

（二）社会传承

社会传承主要是以师带徒的方式传承某种非物质文化遗产，此类非遗传承具有一定的专业性和职业性，很大程度需要师傅带徒弟，积年累月地手把手传授，才能掌握非遗技艺。比如拥有280年发展历史的龙牌酱油，于今天，在民间及社会家庭中，掌握龙牌酱油传统酿造技艺的传承人已经十分稀少，龙牌酱油传统酿造技艺的传承主要就是依靠企业中的老一辈传承人在进行生产时将其传授给徒弟。

（三）职业教育传承

职业教育传承是指通过职业教育的形式来传承非物质文化遗产的一种方式，职业教育是湘菜非遗保护工作中不可或缺的重要力量。湖南省在20世纪80年代就开始筹办湘菜职业教育，目前，省内已经有十多家开办烹饪教育的职业院校，完善湘菜职业教育人才培养模式，将湘菜非遗理论与实践搬进职业教育课堂，聘请非遗传承人来校授课传艺，使专业学生在校就能熟悉湘菜非物质文化遗产，并掌握湘菜非物质文化遗产的相关技能与文化，这些方式都是通过职业教育来实现湘菜非遗的传承。

第二节　湘菜非物质文化遗产项目及传承人遴选与评定

湘菜非物质文化遗产种类多，差别大，对于湘菜非物质文化遗产项目及传承人的遴选和评定细则是很难量化的，每项非遗之间和每项非遗传承人之间，几乎不存在可比性。但要对湘菜非物质文化遗产项目及传承人进行科学合理的评定，就必须建立一套行之有效的评价标准。

三百六十行，行行出状元，任何一个领域都有其杰出代表，一个杰出的传承人就是某项非物质文化遗产领域的代表者。2016年，在湖南省第四批省级非物质文化遗产保护项目代表性传承人评选中，许菊云、王墨泉、张力行三人被湖南省人民政府认定为湘菜烹饪技艺非物质文化遗产代表性传承人，他们三位均是湘菜行业中的泰斗级大师，德高望重，一辈子从事着湘菜、湘点行业，为湘菜传统烹饪技艺的传承与发展做出了突出的贡献。在湖南前四批省级非物质文化遗产项目代表性传承人评定中，有雕花蜜饯制作技艺代表性传承人汪永珍、易明珍，武冈卤菜制作技艺代表性传承人陈福元，沅江麻香糕传统技艺代表性传承人周国栋，毛氏菜制作技艺代表性传承人毛桃芝等列入其中。

一、湘菜非物质文化遗产传承人的调查方法

非物质文化遗产传承人的遴选认定是湘菜非物质文化遗产保护的首要步骤，只有确定了传承人，才能确定非物质文化遗产保护的对象，才能使非物质文化遗产传承下去。认定传承人首先要依据法规对其进行相关调查，对传承人的调查内容非常广泛，要弄清楚其传承谱系、传承路线（传承链）、所掌握和传承的内容或技艺。另外，根据各地湘菜非物质文化遗产的特殊性，制定详细的传承人调查、认定的项目和标准，并要有一定的可操作性。

对传承人的调查，要事先选好对象人选，然后进行采访，对本人、同行、亲戚等进

行多方面的调查，要记录他们的代表技艺，甚至还要做口述史，要把他们所掌握和传承的内容或技艺原原本本地用文字和绘图记录下来。

对传承人调查的内容不仅包括传承人最基本的资料，如姓名、性别、地址、职业、信仰、受教育情况等，还包括传承人所传承的项目以及他们从事非遗技艺的精力及该项目与地方文化之间的关系，对传承人的调查，重点将传承人的传承谱系、传承线路、非遗技能与创新点、技艺展示记录下来，使收集的数据资料可靠度高、有价值。

在掌握了传承人的资料以后，要对传承人的情况加以分析，看其是否符合传承人的认定标准。湘菜非物质文化遗产的多样性使传承人的认定暂时无法制定一个统一的标准，如果依据目前的资料和实践确定了标准，很容易将暂时没有发现的非物质文化遗产种类划分在标准以外，这无疑会给非物质文化遗产带来一定的损失。

二、湘菜非物质文化遗产传承人评选条件

目前，湘菜非物质文化遗产传承人评选条件主要是以湘文社〔2009〕203号湖南省文化厅关于印发《湖南省非物质文化遗产项目代表性传承人认定与管理办法》的文件通知为依据，具体如下：符合下列条件的公民可以申请或者被推荐为省级非物质文化遗产项目代表性传承人：①完整掌握并承续某项省级非物质文化遗产或其特殊技能；②在一定区域或领域被公认为具有某项目的代表性和影响力；③积极开展传承活动，培养后继人才；④师承脉络清晰连贯，具有较长的传承经历；⑤申请人或被推荐人是市州文化行政部门已公布的市级非物质文化遗产项目代表性传承人。从事非物质文化遗产资料收集、整理和研究的人员不得认定为省级非物质文化遗产项目代表性传承人。

三、湘菜非物质文化遗产代表性传承人的评审程序

湘菜非遗代表性传承人的评审程序，主要是通过政府文化主管部门组织专家评审小组和专家评审委员会，对代表性传承人进行初评和审议。初评意见应当经专家评审小组成员过半数通过，专家评审委员会对初评意见进行审议，提出审议意见，并提出非物质文化遗产项目代表性传承人的推荐名单，报省文化行政部门。省文化行政部门再将拟认定的代表性传承人予以公示，征求公众意见，根据公示结果，审定省级非物质文化遗产项目代表性传承人名单，并予以公布，颁发省级非物质文化遗产项目代表性传承人证书。

认定非物质文化遗产项目代表性传承人，应当坚持公开、公平、公正的原则，严格履行申报、审核、评审、公示、审批等程序。公民提出非物质文化遗产项目代表性传承人申请的，按照有关规定应当向所在地县级以上文化行政部门提供以下材料：①申请人基本情况，包括年龄、性别、文化程度、职业、工作单位等；②该项目的传承谱系以及申请人

的学习与实践经历；③申请人的技艺特点、成就及相关的证明材料；④申请人持有该项目的相关实物、资料的情况；⑤其他有助于说明申请人代表性的材料。

四、湘菜非物质文化遗产传承人的培养途径

研究湘菜非遗项目传承途径是保护湘菜非遗项目的重要手段与措施，可以加强非物质文化遗产的传承力度，扩大非物质文化遗产的传承范围，强化非物质文化遗产的传承结果。

（一）扩大湘菜非物质文化遗产的传承范围

现行的非遗传承人制度实际上是“非遗代表性项目的代表性传承人”制度，其只适用于极少数非遗项目，且仅能认定数目非常有限的传承人。考虑到那些濒临绝迹的非遗项目以及生活困难的传承人，只有将传承人认定扩展至所有非遗扩大认定的数量，才能从根本上扭转“普遍断层”这一形势。

目前，受保护的非遗传承人范围较为有限，我国非物质文化遗产法上的传承人仅指各级政府认定的“非遗代表性项目的代表性传承人”，现行制度仅保护“非遗代表性项目的代表性传承人”，此举排除了绝大多数的非遗传承人获得支持的可能性。认定代表性传承人有助于传承者的精湛技艺被社会及时关注，让年轻一代的学习者在政府的资助下抛去经济上的后顾之忧，防止因为年龄和经济的原因导致“人亡技失”。认定非遗传承人的数量是非遗保护中的一项重要的基础性工作，当前制度上未明确认定传承人数量的且实践中认定偏少的，应当扩大非遗传承人的候选范围，只要是非遗的掌握者均应准予参与认定，或者将“从事非物质文化遗产资料收集、整理和研究的人员”也列入可供参选名单中。对代表性项目代表性传承人和非代表性传承人两类主体分别给予不同的认定标准和资助标准，对于前者可以标准从严，如应具备技艺熟练精湛、具有权威性和影响力、传承谱系清晰等条件，而后者仅需技艺熟练精湛即可。

目前，传承人认定制度主要是以政府名义进行的，这种方式被称为国家认定制。在这种认定制中，个人申请和他人推荐相结合的申报制是程序启动的条件，但这种机制存在明显弊端，原因在于绝大多数“民间非遗掌握者”，他们更多的精力是放在自身的专业上，而对政策并不敏感，也缺乏了解渠道。因此，应完善“发现并推荐非遗传承人的个人和单位”的激励机制，激发全社会发现尊重非遗传承人的热情，而且需要激发全社会的参与热情和参与度，来共同关注与弘扬非遗，并完善非遗传承人由从上到下的调查、逐条认定非遗的入选制度转变为由下至上的主动申报制度。

（二）加大湘菜非物质文化遗产的传承力度

我国已基本形成国家和地方两个层面相结合的非遗传承人保护制度，国家级非遗传承人的相关立法主要见于2008年文化部《国家级非物质文化遗产项目代表性传承人认定与管理暂行办法》以及2011年的非物质文化遗产法；地区非遗传承人制度主要是各省市相关部门文件，如《湖南省非物质文化遗产项目代表性传承人认定与管理办法》（湘文社〔2009〕203号），上述文件均涉及非遗传承人的资格认定、扶持、义务及资格取消等问题。

我国非遗传承人采取层级认定方式，非遗传承人也分为国家级非遗项目代表性传承人和省、市、县等级非遗项目代表性传承人。非遗的主要掌握者是民间艺人，他们是否能一代代薪火相传，直接关系到某个“非遗”项目的兴衰存亡，通过政府认定代表性传承人，给予相关政策帮扶与社会荣誉，提升代表性传承人的社会影响力与社会责任感，从而提升非遗传承力度与传承能力。对特定项目的非遗，认定更多的传承人并予以支持是十分必要的。

（三）强化湘菜非物质文化遗产的传承结果

目前，申报传承人的方式是自行申请或被推荐，主要是以申请为主。但非遗传承人大多生活于民间，无从了解相关制度，自愿申请方式不太适合他们。非遗保护意识的淡薄也使得一般民众和组织不会为其偶然发现的非遗传承人去充当“认定”的推荐人，此外，当前以政府为主导的非遗传承人的认定申报是表格式申报，采用的是学院式看材料评审，缺少田野调研的广度与深度，更没有细致地观察传承人的丰富性和复杂性，也不利于将真正的传承人纳入到保护中来。

（四）完善湘菜非物质文化遗产传承人的保护措施

根据非物质文化遗产法第30条规定，“县级以上人民政府文化主管部门根据需要，采取下列措施，支持非遗代表性项目的代表性传承人开展传承、传播活动：提供必要的传承场所；提供必要的经费资助其开展授徒、传艺、交流等活动；支持其参与社会公益性活动；支持其开展传承、传播活动的其他措施。”在现有的政策上，还要结合联合国教科文组织制定的《保护非物质文化遗产公约》中的“保护措施”条款，条款中对“传承人”就加上了“特别是通过正规和非正规教育”的说明，这意味着“教育”也是“传承人支持机制”的重要内容。

激励作为非物质文化遗产保护主要的原则，应加大并有效落实支持的力度。如前所述，政策层面的非物质文化遗产支持尚未成为政府的法定义务，而非物质文化遗产保护应采取的支持措施和力度，政府则有选择的权力。在非物质文化遗产保护理念尚未被社会完全接受的情况下，单靠政府自觉自愿实现非遗保护的根本性改观显然不太可能。非物质文化遗产法第30条的明确规定是“县级以上人民政府文化主管部门根据需要，采取下列措施，支持非遗代表性项目的代表性传承人……”这里“根据需要”一词的理解就是各地根据实际情况开展的，从资金扶持层面，一是各级政府财政预算中可以单独列出专项资金用于支持非遗传承人；二是在税收等财政收入领域为非遗传承人创造更为轻松的发展环境；在传承人帮扶层面，对特定弱势非遗传承人群体的扶持给予单独考虑，如多数非遗传承人为农民，他们无足够的社会保障，以农活为生，只有帮助他们解决了生计问题，才能确保他们有充裕的时间与精力用在传承工作上。

（五）完善湘菜非物质文化遗产传承人口述调查记录

传承人口述史是当前非遗保护新呈现的一个最鲜活、最重大的理论问题和理论创新，记录传承人，也是记录、抢救、保护、延续濒危非遗项目的根本举措。对传承人的记录分两种：一是记录传承人的作品和他们的技艺，二是结合作品记录他们的口述史和技艺。传统的口述调查基本上是侧重在第一种记录上，第二种记录还没有真正全面地推广。

口述史不同于作品制作、作品技艺，它是传承人的生活史、技艺史，是口述的经验、智慧、悟性，是对他的技艺之所以成为技艺的诀窍解读，这与单纯记录作品有显著区别。利用科学的方法论，尽快对现在的国家级、省级非遗代表性传承人开展一对一的、全面的口述史工作，并要对保护工作者进行口述史方法论培训，使之掌握统一的方法、标准、技术。

课后练习题

一、选择题

1. 非物质文化遗产的保护侧重于对作为传承载体的传承人进行活态保存。也就是说，正是（　）的存在和发展，才赋予了湘菜非物质文化遗产鲜活和持久的生命力。

   A. 传承人　B. 传承载体　C. 湘菜非遗传承人　D. 一般性传承人

2. 湘菜非物质文化遗产代表性传承人是指在湘菜非物质文化遗产传承过程中，代表某项（　）传统，掌握某项精湛的湘菜传统烹饪技艺，为领域内所公认的有代表性影响力的人物，并由人民政府公告命名的项目传承人。

   A. 湘菜非遗文化　B. 物质文化　C. 精神文化　D. 烹饪技艺

3. 社会传承主要是（　）的方式传承某种非物质文化遗产，此类非遗传承具有一定的专业性和职业性，很大程度需要师傅带徒弟，积年累月的手把手传授，才能掌握非遗技艺。

A. 自学　B. 师傅带徒弟　C. 专业学习　D. 系统学习

4. 认定非物质文化遗产项目代表性传承人，应当坚持（　）的原则，严格履行申报、审核、评审、公示、审批等程序。

A. 诚实、公平、守信　B. 平等、公平、公开

C. 公平、公开、公正　D. 自愿、诚实、平等

5. 目前，省内已经有十多家开办烹饪职业教育的职业院校，完善湘菜职业教育人才培养模式，将（　）搬进职业教育课堂，聘请非遗传承人来校授课传艺，使专业学生在校就能熟悉湘菜非物质文化遗产，并掌握湘菜非物质文化遗产的相关技能与文化。

A. 企业文化　B. 湘菜非遗理论与实践

C. 企业制度　D. 湘菜技能

二、思考题

1. 简述湘菜非物质文化遗产代表性传承人与一般性传承人的概念。
2. 简述非物质文化遗产代表性传承人的特征。
3. 湘菜非物质文化遗产传承人的主要传承方式有哪些？
4. 讨论湘菜非物质文化遗产项目及传承人的遴选与评定的要求。
5. 湘菜非物质文化遗产传承人口述调查记录有哪些？
6. 湘菜非物质文化遗产传承人评选条件有哪些？

第四章 湘菜非物质文化遗产的传承与保护方式

内容概述

本章分析了湘菜非物质文化遗产的传承状况，重点介绍了湘菜非物质文化遗产两种重要的传承与保护途径，一是职业教育在湘菜非物质文化遗产中的传承研究，二是对湘菜非物质文化遗产进行生产性保护，并对其提出了具体的措施与途径。

学习目标

（1）了解湘菜非物质文化遗产传承的现状。

（2）掌握职业教育在湘菜非物质文化遗产传承中的主要内容与传承方式。

（3）理解湘菜非物质文化遗产生产性保护的意义。

（4）熟悉湘菜非物质文化遗产生产性保护的解决途径。

第一节 湘菜非物质文化遗产的传承现状

一、湖南非物质文化遗产相关法律法规建设情况

湖南是一个拥有丰富的非物质文化遗产资源的大省，保护非物质文化遗产是一项长期而艰巨的系统工程，必须有坚实的法律和政策基础作为约束和保障，使非物质文化遗产事业的保护和发展有法可依，有章可循。早在2005年，湖南就成立了“非物质文化遗产保护中心”和“非物质文化遗产专家委员会”。2006年湖南省人民政府办公厅发布了《湖南省人民政府办公厅关于加强非物质文化遗产保护工作的意见》《湖南省省级非物质文化遗产代表作申报评定暂行办法》等文件。2006年，湘西土家族苗族自治州发布《湘西土家族苗族自治州民族民间文化遗产保护条例》并开始正式实施，这也是湖南首个地州市实施的文化遗产保护条例。2009年湖南省人民政府办公厅发布了《湖南省非物质文化遗产项目代表性传承人认定与管理办法》，在政策法规的推动下，湖南各级党委政府对非物质文化遗产保护工作给予了大力支持与贯彻落实。

2013年3月29日，湖南非物质文化遗产研究与发展中心揭牌仪式暨非物质文化遗产成果展在湖南师范大学举行，该中心以湖南师范大学为牵头单位，以省文化厅、吉首大学、湖南文理学院、湖南理工学院、长沙学院、怀化学院、中南大学建筑与艺术学院、湖南农业大学体育艺术学院、邵阳学院艺术设计系、湖南工程学院设计艺术学院等为协同单位。非遗研究与发展中心的成立，标志着我省非遗保护进入了一个新阶段，将有利于整合教育界及高校系统优秀的专家学术团队等资源，为非遗研究与保护搭建了有力的学术研究平台，并发挥引领示范作用。

二、湘菜非物质文化遗产名录体系普查情况

从国家级饮食类非物质文化遗产保护层面看，国家先后公布的四批非物质文化遗产中，国家级饮食类非物质文化遗产共计97项，除酒、茶类非物质文化遗产外，仅传统烹饪技艺类非物质文化遗产达48项。全国有31个省、自治区、直辖市建立了省级饮食类非物质文化遗产保护项目，其中，陕西省拥有97项省级饮食类非物质文化遗产，位居各省省级饮食类非物质文化遗产项目之首。湖南省省级饮食类非物质文化遗产项目共计27项，不计饮品类（湘酒、湘茶）非物质文化遗产，湘菜非物质文化遗产仅有16项，在全

国各省饮食类非物质文化遗产项目中排名第21位。

湖南省先后完善了县级、市级、省级、国家级四级非物质文化遗产保护名录，并为非物质文化遗产设定了不同的保护级别，并先后按照《国务院关于加强文化遗产保护的通知》（国发〔2005〕42号）和《湖南省人民政府办公厅关于加强非物质文化遗产保护工作的意见》（湘政办发〔2005〕27号）要求，对省级非物质文化遗产建立完整的档案，利用各种手段对保护对象进行全面、系统的记录，于2008年、2010年、2014年、2018年先后公示了四批省级非物质文化遗产。

在湘菜非物质文化遗产名录体系评定中，第一批省级非物质文化遗产代表性名录体系中没有涉及湘菜非物质文化遗产的相关项目，从第二批开始到第四批，湖南省省级饮食类非物质文化遗产代表性名录有27项（表4-1），省级传承人8名。通过对全省湘菜非物质文化遗产的调研、普查、评定，对湖南各市州、县湘菜非物质文化遗产的种类、数量、环境状况、分布情况、保护现状有了初步的了解与掌握。

表 4-1 湖南省省级饮食类非物质文化遗产保护项目一览表

批次	湖南省省级饮食类非物质文化遗产保护项目	项目数量
第二批	麻香糕传统手工技艺、武冈卤菜制作技艺、雕花蜜饯制作技艺、永丰辣酱制作技艺、保靖松花皮蛋制作技艺、火宫殿八大传统小吃制作技艺、十三村酱菜制作技艺、杨裕兴面条制作技艺、古丈毛尖茶制作技艺 、酒鬼酒酿制技艺、油茶习俗、擂茶习俗	12 项
第三批	长沙玉和醋传统酿醋技艺、玲珑茶制作技艺、邵阳手工榨油术、安仁元宵米塑	4 项
第四批	湘菜烹饪技艺、栖凤渡鱼粉制作技艺、岩泊渡红薯粉丝传统制作技艺、毛氏菜烹饪技艺、衡阳酃酒传统酿造技艺、湘西香醋传统制作技艺、君山银针茶制作技艺、常德米粉制作技艺、湖南工夫红茶制作技艺、配制酒传统酿造技艺、水府席习俗	11 项

在湖南省的14个市州级湘菜非物质文化遗产项目中，邵阳、岳阳、湘潭等市先后评定公示了4批市级非物质文化遗产，永州、常德、郴州、怀化、张家界、娄底等市先后评定公示了5批市级非物质文化遗产，长沙、益阳等市先后公布了6批市级非物质文化遗产，株洲、衡阳等市先后评定公示了7批非物质文化遗产，湘西自治州先后公布了8批州级非物质文化遗产。其中涉及市级饮食类非物质文化遗产代表性保护项目超过100项（表4-2），对于整个湘菜非物质文化遗产保护体系而言，一大批湘菜非物质文化遗产代表性保护项目建立了档案，并通过文字、图片、音像等方式对非物质文化遗产的资料加以搜集、整理，很多分散在民间的湘菜非遗代表性传承人被政府认定为代表性非物质文化遗产传承人，并给予相应的政策扶持。2018年，湘菜烹饪技艺被选入湖南省第四批非物质文化遗产保护项目，湘菜烹饪技艺传承与保护得到政府的大力支持。

表 4-2　湖南各市州湘菜非物质文化遗产数量

序号	市州	湘菜非物质文化遗产数量	序号	市州	湘菜非物质文化遗产数量
1	长沙市	28	8	娄底市	3
2	株洲市	11	9	邵阳市	5
3	湘潭市	8	10	衡阳市	12
4	岳阳市	9	11	郴州市	13
5	常德市	10	12	怀化市	8
6	益阳市	12	13	湘西土家族苗族自治州	27
7	永州市	13	14	张家界市	8

三、湘菜文化的研究成果

为发展壮大湘菜产业，弘扬湖湘文化，2007年，湖南省人民政府办公厅出台《湖南省人民政府关于加快发展湘菜产业的意见》（湘政发〔2007〕23号），第一次提到湘菜产业有关的指导思想，文件从制定湘菜产业发展规划、完善湘菜产业体系、加强湘菜的研究工作、加快制定湘菜产业技术标准、着力打造湘菜品牌、挖掘湘菜特色、重视湘菜的宣传、扩大湘菜知名度、不断完善湘菜人才培养机制等方面提出了重要意见与指导思想。这一举措说明政府层面开始高度重视湘菜产业的发展，对于湘菜产业的快速发展具有重大意义，为带动湘菜产业的发展、弘扬湖湘饮食文化起到了标志性的作用。

2010年，湖南省人民政府工作报告中提出“打造湘菜千亿工程，扩大和提升餐饮消费。”并出台了《支持湘菜产业发展的若干财税政策措施》，湘菜作为一项传统的、与民众密切相关的产业，从此焕发出新的活力与生命力。一大批优秀湖湘餐饮企业、优秀湘菜企业家脱颖而出，投身于湘菜职业教育、湘菜行业领域的有识之士也越来越多，原本在省内湘菜文化研究成果寥寥无几、湘菜不太受重视的大环境下，短短十余年时间，湖南省内各地餐饮行业协会、各开办烹饪专业的职业院校开始纷纷树立起了湘菜文化研究的旗帜，湘菜文化研究成为湘菜领域的热潮，成效显著，如《中国湘菜大典》《中国湘菜标准》《湖南传统菜》《湖南创新菜》《湖南地方菜》《湘菜家常菜》《中国湘菜湘点》《湘菜六味》《湖湘餐饮老字号》《历代湖湘饮食诗词联赋》《祖庵家菜》《湖湘饮馔史话》《湖湘饮食文化概论》《湖湘特色食材》《湖南味道》等湖湘饮食文化研究成果相继问世，这些“湘”字号开头的书籍不仅填补了湘菜文化研究的学术空白，而且对湘菜非物质文化遗产的整理与研究起到了重要作用。

四、行业协会、职业院校、研究机构的积极参与

落实非物质文化遗产的保护工作，离不开保护主体的责任，2005年起，湖南省文化旅游厅（原湖南省文化厅）、各市州、县根据文件精神纷纷成立了非物质文化遗产保护中心，组织并培训了一大批从事非物质文化遗产专业的工作人员，除政府部门牵头，社会团体及行业协会、烹饪职业院校也积极参与。

1975年湖南省商业技师学院（原株洲市商业技工学校）首创了烹饪教育，创办了第一所湘菜职业教育院校，发展至今，除个别地级市外，湖南其他市州均陆续创办了湘菜职业教育院校，湘菜职业教育院校成为湘菜技能传承与湘菜专业人才培养的主力军。2013年，湖南省商业技师学院牵头成立的湖南湘菜产业职业教育集团挂牌成立，集团单位涉及10余所职业院校、各市州餐饮行业协会与40家省内知名的餐饮企业，湘菜产业职业教育集团的成立意义非常特殊，第一次将政府、湘菜行业、企业与湘菜职业教育院校四方联系起来，共同商议湘菜专业人才的培养模式、产教融合等一系列事项，为湘菜专业人才培养献计献策。

湖南省餐饮行业协会，自1988年成立以来，一直致力于湘菜的传承与创新工作，湖南省餐饮行业协会在2004年创刊《湘菜》杂志，成为湖南湘菜领域中创办最早的刊物，是湘菜文化传播、宣传的重要文化窗口。此外，湖南十四个市州均成立了市级餐饮行业协会，甚至在很多餐饮发达的县级市中，也成立了餐饮行业协会。很多市级餐饮行业协会下属机构中还专门成立了名厨委员会，并成为地方湘菜名厨技艺传承与交流的集结地。

2007年，湖南省湘菜产业促进会成立，这对推动湘菜产业发展做出了巨大贡献，在湘菜文化领域、湘菜人才教育领域、湘菜食材领域以及湘菜出湘领域都取得了较大成果。湘菜产业促进会专家彭子城先生主编的《中国湘菜大典》，第一次全面系统的整理、提炼了湘菜文化与技艺，并将湘菜文化与技艺提升到新的高度，参与编写人员达上百人，湘菜产业促进会广泛开展地方饮食文化调研，先后分批次组织有关湘菜专家、大师前往湘南、湘西、湘北、湘东进行湘菜地标食材与湘菜民俗的实地调研，为挖掘、整理湖南地方饮食文化做出了积极贡献。

2016年8月，湖南日报下属的《大湘菜报》在长沙创刊，成为国内一个“有味道的报纸”媒体，《大湘菜报》重点在湖湘名菜、湖南地方菜、地方名菜、名厨、名店、地方标准菜、湘菜大师故事、湘菜老字号、湘菜名店、湘菜职业教育等方面进行专题宣传与报道，湘菜的社会知名度与影响力再次得到提升。

2016年12月在湖南省商业技师学院正式挂牌成立的“湘菜非物质文化传承与研究中心”成为职业院校中首个“湘菜非物质文化遗产”研究机构，该中心致力于湘菜非物质文化遗产的挖掘、整理、立档、研究、保存、保护、宣传、弘扬等工作。这一举措意味着湘菜作为地方菜系开展的湘菜非物质文化遗产研究走在了国内其他地方菜前沿，在推动职业

教育系统对湘菜非物质文化遗产传承与研究方面起到了关键作用。

2018年，湖南省100余位非物质文化遗产代表项目传承人汇聚在湖南宾馆，见证湖南省非物质文化遗产传承保护发展促进会（以下简称湖南省非遗促进会）第一次会员代表大会暨成立大会。湖南省非遗促进会以“湘戏、湘瓷、湘绣、湘茶、湘菜”为重点，积极探索非遗“创造性转化和创新性发展”的新路径，并通过组建高水平的学术团队，开展非遗课题研究、学术交流、传承培训，主办非遗学术刊物，提供专业咨询，促进非遗文化转化为经济实力，组织、帮助非遗项目参加高水平展会等。这些工作的宗旨是不断夯实基础工作，优化名录体系，创新传承方式，提升社会效益，努力将湖南丰富多彩、底蕴深厚的非物质文化遗产打造成湖湘文化的新名片，也为湘菜非物质文化遗产的保护与传承提供了千载难逢的机会。

五、湘菜非物质文化遗产传承人的情况

湘菜非物质文化遗产传承人是湘菜传统烹饪技艺传承的重要载体，是湘菜非物质文化遗产保护工作的核心，湘菜非物质文化遗产传承人在实际的评定中，分为一般性传承人与代表性传承人，一般性传承人是指所有掌握湘菜传统烹饪技艺的传承人，数量比较多，代表性传承人是指在一般性传承人中最具有代表性、最权威的非遗传承人。例如，湘菜风味小吃——长沙火宫殿八大名小吃，会做这八大名小吃的师傅很多，但都属于一般性传承人，而其中做得最正宗、最精妙的传承人就应该被认定为代表性传承人。落实湘菜非物质文化遗产保护工作，关键是充分发挥代表性传承人的重要作用，对于国家层面而言，非物质文化遗产种类极为丰富，非遗传承人也是数以千万，暂时没有办法让每一位湘菜传统烹饪技艺传承人都被政府评定为“湘菜非物质文化遗产传承人”，从而对其进行一定的津贴补助。

烹饪作为一项古老的技艺，依靠的是口传心授、薪火相传延续至今，湘菜非物质文化遗产离不开老一辈厨师的职业精神与奉献精神，他们愿意将自己的毕生所学传授于后人，也离不开省委省政府对湘菜传承人的关心与肯定和行业社会对湘菜传承人的尊敬与扶持。对于湘菜非遗传承人，湖南省政府给予了高度重视，省餐饮行业协会也在积极推动，湘菜非遗传承人获得了社会的尊重与地位。1991年，一代湘菜宗师石荫祥先生被湖南省人民政府授予了“湘菜大师”荣誉称号，成为湘菜发展史上第一位湘菜大师。1997年，湖南省人民政府授予：许菊云、王墨泉、聂厚忠、谭添三4位同志“湘菜大师”荣誉称号；授予张力行同志“湘点大师”荣誉称号。2004年，湖南省人民政府授予：张志君、曹秋泉、肖厚培、平健、易国平、朱克纯6位同志“湘菜大师”荣誉称号。这些湘菜大师均是湘菜传统烹饪技艺的杰出传承人，此后，“湘菜大师”荣誉称号由现湖南省餐饮行业协会严格按照有关程序评定、授予。之后2007年、2011年、2014年、2016年、2018年又进行

了多次湘菜（湘点）大师、名师的评定、授予。目前，授予湘菜（湘点）大师、名师数量已经超过1700人，湘菜大师、名师是湘菜传统烹饪技艺传承的主力军，他们均是行业中的佼佼者，也是湘菜传统烹饪技艺的继承人和传承人。2011年湖南省餐饮行业协会为30名在湘菜事业中做出杰出贡献的湘菜大师授予了“湖南省餐饮从业50周年终身成就奖”荣誉称号，给予了湘菜传承人极高的社会荣誉。老一辈工匠大师们一辈子从事湘菜事业，并为湘菜传统技艺的传承做出了重要贡献，因此得到了政府与社会各界的广泛认可。

六、湘菜非物质文化遗产传播状况

从田野到餐桌，湖湘民众利用本地的食材与湘菜烹饪技艺来满足湘人的一日三餐。餐饮行业属于服务型行业，最接地气的传播方式就是融入人们的生活，湘菜非物质文化遗产最直接有效的传播方式当数美食节、湘菜技艺展示。

（一）湘菜文化美食节的展示与传播活动

湘菜文化美食节成为弘扬湘菜传统文化，传播湘菜非物质文化遗产的重要手段。从2006年开始至今，由湖南省餐饮行业协会、各地政府承办的湘菜文化美食节已经成功举办了十三届，各地方开展的美食节更是精彩纷呈，有较大的社会影响力，如资兴市以“到东江、品全鱼宴”为主题，开办了四届文化美食节；邵阳市人民政府举办了三届以“武冈铜鹅”为食材的美食节，对武冈特色食材铜鹅的推广起到了至关重要的作用；岳阳市开展了“首届花海美食节”；益阳市举办了“河蟹美食节”搭起“展示渔乡文化、彰显水城风采”的舞台；衡阳市“黄花菜美食节”在中国黄花菜之乡祁阳县开展；在“中国大鲵之乡”张家界，开展了以大鲵为主题的美食文化节；在谭延闿先生的家乡——株洲茶陵县连续举办六届“祖庵家菜”文化美食节；还有怀化市沅陵芦苇文化美食节、永州东安文化美食节等，每一届湘菜文化美食节都与当地的人文、特色物产紧密结合，每一次美食节都是一次美食的盛宴，都会让民众近距离感受湘菜的魅力，使湘菜文化不断的深入人心。

（二）湘菜特色食材的展览

中国湘菜食品博览会在长沙国际会展中心连续开展两届，2018年举办首届中国湘菜食材电商节，全面展示了湘菜特色食材、湘菜名肴，来往的食客与食材经销商络绎不绝，各市州利用美食节的带动和技能比赛的机会，将湖湘特色食材、食品、调料等都汇聚在一起展览，宣传。

（三）湘菜烹饪技艺竞赛的举办

目前，由政府举办、行业承办的职业技能比赛越来越多，中华炎帝厨房争霸赛连续开展了五届，在湘菜各类文化美食节中一般也会有一场湘菜技艺的比拼，比赛的规格不一，有省级、市级、县级组织的，也有各级政府、工会、教育厅、人力资源与社会保障厅等主办单位举办的，比赛内容涉及湘菜、湘点、食品雕刻、冷拼内容。在湖南省内，不论什么规格的中式烹调师职业技能比赛都少不了湘菜传统烹饪技艺的比赛项目，这对湘菜传统烹饪技艺的传承与进步有重要指导意义。

（四）其他美食活动的举办

近年来，株洲、湘潭、张家界、怀化、武冈等市的政府与餐饮行业协会通过邀请湘菜专家作为评委，实行线上线下全民参与投票，选出当地最有代表性的名菜、名点、名厨、名店，制定地理标志菜品与食材。2011年湘菜产业促进会协助浏阳蒸菜申报吉尼斯纪录，并被中国烹饪协会授予“中国蒸菜之乡”；2013年、2014年，湖南分别将全国知名的经典湘菜“剁椒蒸鱼头”“辣椒炒肉”成功申报了吉尼斯纪录；永州举办的“首届东安鸡美食节”，将拥有两千多年历史的湘菜名肴，由千位厨师合力现场精心烹制的千份东安鸡，成功申报为世界吉尼斯纪录。湘菜产业促进周系列活动连续成功举办三届，从2012年起，湘菜产业促进会在每年芒种时节都组织会员前往南岳拜祭火神；株洲市人民政府持续举办五届“祭拜中国食祖炎帝”活动，通过祝融火文化、炎帝文化与湘菜文化有机的结合，让湘菜文化更具生命力和历史厚重感。这一些高规格、高水平、大规模美食活动举办得专业、精彩纷呈而深入人心，每一次活动都是湘菜产业界的盛会，也是湘菜产业对社会的一次精彩的展示，有力推动着湖南湘菜产业的大发展。

（五）美食节目

由湖南卫视打造的全新饮食文化类节目——《味道》，是国内首部以“地方菜系题材”为基础拍摄的精致版湘菜“满汉全席”系列微短片，该短片以高清数码全程录制了湖南顶级的厨师现场烹饪过程，并且对湖南的风俗、湘菜技艺关键、人们的养生之道做了特别报道，引起了观众的情感共鸣，让观众爱上湘菜，爱上湖南。《味道》把湘菜的美味以及文化背景详细给观众娓娓道来，透过镜头细致讲述了湖南与饮食的美味情缘，也展现了湖南人的火辣热情和对美食的情有独钟，让观众从视觉上带动味觉的颤动，同时领略背后的文化湘情。

（六）湘菜高峰论坛

2004年起，由湘菜产业促进会每年牵头组织的湘菜高峰论坛，邀请专家、学者、湘菜界知名人士和企业家汇聚一堂，探讨湖湘美食文化，纵论湘菜发展战略。高峰论坛的成功举办为湘菜产业的发展开启了新篇章，为湘菜资源互换与精英交流提供了一个共享、交融、合作的舞台。

（七）中国湘菜博物馆

2009年12月，以展示湖湘地区饮食文明为主题的中国湘菜博物馆在长沙劳动路正式挂牌，该博物馆收集了幸存民间的明清餐饮器皿等各类历史文物、文献和各类食品生产、加工制作工具等文物实证及名优特产，成为湘菜非物质文化遗产有形文化的展示窗口。

综上所述，通过湘菜美食节、美食周、技能交流比赛、湘菜食材博览会、湘菜高峰论坛、中国湘菜博物馆等多渠道多方式的宣传手段，进一步加强了传播和推广湘菜非物质文化遗产的力度，提升了湘菜的文化品牌，扩大了湘菜非物质文化遗产的影响力与传播范围，使越来越多的民众开始关注、了解湘菜非物质文化遗产。

第二节　湘菜非物质文化遗产职业教育传承

从数据显示，已被列入湖南省省级饮食类非遗项目共计27项，其中湘菜非遗有16项，而列入市级湘菜非遗数量已经超过150项，这仅说明以往在湘菜非遗的挖掘、申报、确定、建档工作中取得的成绩，而在湘菜非遗的后续研究、保存、保护、传承、宣传、弘扬等方面仍存在着许多的不足，究其原因，主要是湘菜非遗还停留在以传统的行业师带徒、企业生产性传承和家庭传承等为传播途径的阶段，缺乏一个长期稳定而专业的保护机制，使得湘菜非遗研究处于分散、零乱的局面。

职业教育是湘菜非遗保护与传承工作中不可或缺的重要力量。2013年，教育部、文化部、国家民委联合下发《关于推进职业院校民族文化传承与创新工作的意见》，明确推动职业教育人才培养与非物质文化遗产传承相结合，围绕非物质文化遗产的传承与保护开展系列工作，充分发挥湘菜职业教育在湘菜非物质文化遗产保护和传承方面的资源优势，这对构建湘菜非遗稳定有效的教育传承环境，完善湘菜非遗持续、活态传承途径具有重要意义。

一、职业教育在湘菜非物质文化遗产中的传承状况

湘菜职业教育院校开办于20世纪80年代初，发展至今，在湖南省内的十四个市州中大多创办有湘菜职业教育院校，2013年由湘菜职业教育单位牵头成立了湖南湘菜产业职业教育集团。近年来，湘菜职业教育院校积极开展非遗传承进校园、进课堂、进教材等活动，不少非遗传承人在学校中设立了工作室，但是，职业教育在湘菜非遗传承中依旧缺乏系统性，且在传承功能方面还急需加强。

（一）职业教育在湘菜非物质文化遗产传承中缺乏系统性

湘菜非遗具有浓郁的地域性和民族性，且有种类多、技法全、分布广泛等特点，导致不同的湘菜非遗项目之间的差异性十分明显，各湘菜职业教育院校在湘菜非遗传承中没有形成统一的指导思想与传承机制。在湘菜非遗传承方式上，对湘菜非遗缺乏针对性的教学方式；在湘菜非遗传承内容上，只注重单纯传授技艺，没有深入地挖掘、提炼湘菜非遗承载的文化、精神、社会、历史等价值，湘菜职业教育院校没有设置湘菜非遗课程和湘菜非遗相关的教学资源，使得湘菜非遗在职业教育传承中处于碎片、零散的状态。

（二）职业教育在湘菜非物质文化遗产传承功能方面有待加强

湘菜职业教育院校在湘菜非遗人才培养、教研能力、专业师资队伍、科研资源、非遗传承硬件环境、宣传平台等方面有着明显优势，因此湘菜职业教育不仅要传承湘菜传统烹饪技艺，还应利用好资源协助政府文化部门开展更多的湘菜非遗传承与研究工作，而现有的湘菜职业教育在确认、立档、研究、保存、保护、宣传、弘扬等方面的能效发挥还不明显。

二、职业教育在湘菜非物质文化遗产中传承的主要内容

对于职业教育传承而言，湘菜非遗传承与研究的内容主要分为“有形”与“无形”两方面，有形是指涉及湘菜有关的文献古籍、旧器器具等文物的保护研究，需要采取的是搜集、分类、整理、确认、申报、评定、建档等相关研究工作；无形是指湘菜传统烹饪技艺的传承与研究，指的是已经评定的各级湘菜非物质文化遗产代表性名录，或是没有评定的湘菜传统烹饪技艺非物质文化。

三、职业教育在湘菜非物质文化遗产中的传承能效与方式

湘菜职业教育在湘菜非遗传承与保护的工作中，可以协助政府部门在湘菜非遗的确认、立档、研究、保存、保护、宣传、弘扬、传承等诸多方面发挥较大的作用。

（一）发挥职业教育在湘菜非物质文化遗产传承研究中的职能作用

1．依托职业教育成立湘菜非物质文化遗产委员会

非物质文化遗产保护以政府文化部门为主导，以湘菜产业职业教育集团为依托，由烹饪职业院校为主体，各地方餐饮行业协会、知名湘菜餐饮企业、民间湘菜传承组织、媒体机构等组织参与，成立湘菜非物质文化遗产委员会，委员会根据责任分成三个部门。

（1）非物质文化遗产保护中心　委员会执行湘菜非遗保护的条约与协定，负责受理湘菜非遗项目的申请，组织专家进行评审，负责与文化部及其他机构的沟通，组织与湘菜非遗保护和研究相关的学术活动与培训交流、咨询。

（2）非物质文化遗产口述史部　该部门主要负责有关湘菜非物质文化遗产项目的数据采集、整理、保存工作，并落实口述史核心工作、调研工作。

（3）非物质文化遗产文献资料记录部　负责有关湘菜非遗的学术研究和文献整理、出版工作。

2. 湘菜非物质文化遗产的调研与确认

湘菜非物质文化遗产委员会协助政府文化部门，在湘菜非物质文化遗产普查的基础上，根据湘菜非物质文化遗产的历史、文化、艺术、科学等价值，建立重要及濒危湘菜非物质文化遗产、传承人的评估认定条件，利用湘菜非物质文化遗产网络平台，主动接受个人与单位的报名申请，收集、整理申请并将其列入各级湘菜非物质文化遗产名录的项目提案进行筛选与评审，评审专家主要由文化部门、职业院校、行业协会、餐饮企业、传承人等共同组成，评审的依据主要参照《中华人民共和国非物质文化遗产法》《湖南省非物质文化遗产管理实施条例》中对非遗的认定标准。湘菜非遗委员会对这些提案进行初步筛选，实施专家评估，并将提名名单提交给政府文化部门进行最终审核。

3. 湘菜非物质文化遗产项目的立档与保存

湘菜非物质文化遗产项目的立档与保存管理是为了掌握湘菜非遗的种类、数量、分布状况、生存环境、保护现状及存在问题，为科学保护湘菜非遗提供理论基础和决策参考。

湘菜非遗传承人是非遗项目赖以传承的关键因素，是保存与保护湘菜非遗的核心。在立档与保存工作中，可以先完成濒危湘菜非遗、传承人的口述资料采集，然后分批次、有计划地对其他湘菜非遗项目进行采集、立档。各领域、行业的专家、学者、非遗传承人对每项非遗项目进行翔实记录，通过文字、图片、录音、录像、数字化多媒体等多种方式，对湘菜非遗所涉及原料、文本、工具设备、场地、餐具器皿和非遗传承人技艺流程、成品特征等内容进行真实、系统和全面的记录，建立湘菜非遗项目和传承人的详细档案，内容包括非遗项目的名称、数据、照片、地域特征等。

4. 湘菜非物质文化遗产的宣传

在湘菜非遗的宣传方面，除了传统的纸质媒体和广播电视传媒的宣传推广渠道外，积极开拓数字化技术和网络平台，创建湘菜非物质文化遗产网站，利用媒体网络平台集中宣传，向普通民众传播湘菜非遗文化的魅力，确保湘菜非遗传承工作高效有序地开展，定期组织湘菜非遗传承人现场进行技艺展示与交流，在有限的空间内为参观者提供视觉、听觉、触觉的多方位体验。

（二）职业教育在湘菜非物质文化遗产中的传承方式

1．湘菜非物质文化遗产的研究

湘菜职业院校可以利用学术资源和人才资源等优势，组织湘菜非遗传承人、餐饮企业、行业协会开展针对性调研，每年定期召开湘菜非遗专题研讨会，制定出湘菜非遗研究的具体内容与实施计划，对梳理出的湘菜非遗传承问题进行专题研究，在湘菜职业教育对非遗传承的人才培养与课程设置方面进行探索，职业院校还可将湘菜非遗的研究成果转化成论文、课题、教材、著作与视频等资源，这些都能为保护、弘扬、振兴湘菜非遗提供相应的理论支撑。

2．建立湘菜非物质文化遗产职业教育传承基地

政府部门对于符合条件的湘菜职业院校，可以挂牌建立湘菜非物质文化遗产职业教育传承基地。政府文化部门通过投入一定的项目建设经费用于职业教育传承基地的硬件设施建设与非物质文化遗产传承活动的开展，职业教育传承基地要协助政府，承担起对本地特色的湘菜非物质文化遗产进行系统研究、保存、宣传、弘扬、传承等方面的主阵地作用。

3．在职业教育院校中成立代表性非物质文化遗产传承人工作室

将当地有一定影响力的湘菜非物质文化遗产代表性传承人引进职业院校，职业院校向湘菜非物质文化遗产传承人提供进行传承技艺、交流、研究的工作室，职业院校与非物质文化遗产传承人一起承担非物质文化遗产技艺的传承与保护。非物质文化遗产传承人将工作室搬进学校，不仅可以缩短非物质文化遗产传承人与学生的距离，也能让学生直观感受到湘菜非物质文化遗产传承人的匠心技艺，让更多湘菜非物质文化遗产传承人得到社会的关注与认可，使分散在民间的湘菜非物质文化遗产传承人有更多更好的技艺展示平台。

4．创新湘菜非物质文化遗产传承人来校授艺的形式

湘菜职业院校要将湘菜非物质文化遗产纳入到湘菜专业学生的课程体系中，设置湘菜非物质文化遗产的相关课程，邀请湘菜非物质文化遗产传承人定期进校园、进课堂进行湘菜非物质文化遗产的授课，或聘请非物质文化遗产传承人为课程的指导教师。职业院校与湘菜非物质文化遗产传承人共同组织开展湘菜非物质文化遗产技艺展示、湘菜文化大讲坛等系列活动，使学生在学校就能详细的了解湘菜非物质文化遗产知识，熟悉湘菜非物质文化遗产技能及文化背景，使职业教育成为湘菜非物质文化遗产传承的重要途径。

5．开展多种形式的湘菜非物质文化遗产宣传活动

湘菜职业院校可以承办以弘扬湘菜非遗为目的的“非遗”美食节、湘菜烹饪技艺技能比赛、湘菜传统烹饪技艺交流会等多形式的宣传活动，使湘菜非遗的参与面由校园师生扩大为社会行业、企业及群众，通过开放式的情境教育和传承方式让更多人了解湘菜非遗，这也是宣传、弘扬湘菜非遗的重要途径。

6．创新湘菜非物质文化遗产订单式人才培养模式

针对影响力大、规模大的湘菜非遗企业或产业，职业院校与湘菜非遗企业可以探索订单式人才培养模式。订单式人才培养模式在许多非遗项目的传统手工业中都在尝试，成效显著，例如，瓷器制作技艺、湘绣制作技艺、木雕技艺等。职业院校对接湘菜非遗生产性企业，根据企业实际情况，创新湘菜非遗订单式人才培养模式，采用现代学徒制轮岗制，即每学期都有学生到非遗企业见习，见习期为一学期轮岗一次，让湘菜专业学生到企业非物质文化遗产传承基地、到传承人身边学习非遗技艺，为湘菜非遗生产性企业提供传承人后备军及专业人才。

7．完善湘菜非物质文化遗产传承的教学资源库

随着第四媒体对饮食文化、烹饪技艺及饮食保健等内容的关注度越来越高，书籍、文字、照片、图片、录像、口述等传统传播方式已经无法满足现代人对信息知识更快捷、更及时、更便于接受的获取需求。职业院校可以结合“互联网+湘菜非遗”传承传播模式，积极开发网络学习资源，将湘菜非物质文化遗产的最新动态、发展成果用及时、便捷、全面的方式进行传承传播，将湘菜非遗信息转化成人们喜闻乐见的形式进行信息传递。还可完善湘菜非物质文化遗产的电脑远程学习平台，学生可以通过电脑远程学习并下载资料、在线检索古籍文献，也可在平台上提交作业、交换意见并和老师进行沟通交流。

8．建立湘菜文化实物展示与数字化一体的档案馆和展览厅

通过陈列湘菜有形实物展品，将湘菜非物质文化的有关元素呈现出来。建立湘菜文化档案馆和展览厅，收集与湘菜非物质文化遗产相关的书籍、古籍文献、文件、图片等历史档案资料并对其进行系统、真实的展示，凡具有历史证物性质或具有特定代表性的工具、道具、原料、手稿、制成品等均可以展示出来，包括湘菜非物质文化遗产项目的传承人和传承项目的资料，使湘菜职业院校成为湘菜文化传承与展示的主窗口。

在对湘菜非物质文化遗产进行展示过程中，还有一些独特的元素是很难记录与展示的，比如湘菜非遗中酒、茶、醋等的制作，酒、茶、醋的香味和滋味是很难通过数字化保存与呈现的。一般能记录与展示出来的往往是表面的原料、技艺流程与色泽，即使是记录节庆食俗，也只呈现了仪式本身，无法将蕴含在其中的传统信仰与质朴情感传达出来。因此，开发动态多媒体以及交互式的、多感官的、浸入式的无形陈列，是今后用于阐释、展示、演示、体验非遗的重要手段。

第三节　湘菜非物质文化遗产生产性保护

自2006年至今，国内已逐步建立了县级、市级、省级、国家级饮食类非物质文化遗

产四级名录体系，湘菜非物质文化是指湘菜传统烹饪技艺，目前大部分湘菜非遗都处于生产性保护状态，生产性保护也是传统手工技艺非遗中最重要的一个传承方式。

一、湘菜非物质文化遗产保护的现状

（一）湖南省饮食类非物质文化遗产保护项目数量较少

全国有31个省、自治区、直辖市建立了省级饮食类非遗保护项目，湖南省省级饮食类非遗项目共计27项，不计湘酒、湘茶，湘菜传统烹饪技艺类非遗仅有16项，在全国各省饮食类非遗项目中排名第21位。这对于整个湘菜非遗保护内容而言，被深入挖掘、整理、保护、传承的湘菜非遗仅是极少部分。

（二）湘菜非物质文化遗产调查滞后

湖南省文化厅先后进行了四次省内非遗的调查、评定，湘菜非遗被归类到传统技艺类项目中，因为传统手工艺门类繁多、差异明显，饮食类作为其中一个分支，很难引起政府足够的关注度，这可以通过湖南省历年来搜集、整理的寥寥无几的湘菜非遗保护项目名单来证实。

（三）湘菜非物质文化遗产缺乏科学有效的保护措施

湘菜非遗主要依靠的是行业师徒、父子家族以“口传心授”的形式进行技艺的传承与保护，这种单一的传承保护模式往往因为传承人的不稳定因素而导致非遗技艺的断层，因此，湘菜非遗一直缺少专门的机构进行科学的研究和保护。

（四）传统湘菜保护中缺乏非物质文化遗产自觉意识

被文化厅认定的湘菜非遗多为当地餐饮市场经营较好、社会关注度高、具有较高品牌影响力的酱、茶、酒、点心类。然而真正分布在民间、行业餐饮中与人们生活饮食紧密相关的湘菜传统烹饪技艺，至今还没有提高到非遗保护的层面。

二、湘菜非物质文化遗产的生产性保护

“生产性保护”一词最早由原文化部副部长王文章提出，2012年发布的《国务院办公厅关于加强非物质文化遗产生产性保护的指导意见》明确指出，“‘生产性保护’是指在具有生产性质的实践过程中，以保持非物质文化遗产的真实性、整体性和传承性为核心，以有效传承非物质文化遗产技艺为前提，借助生产、流通、销售等手段，将非物质文化遗产及其资源转化为文化产品的保护方式”，对于传统技艺、传统美术和传统医药药物炮制

等非遗领域而言，生产性保护是一种科学、有效可行的保护方式。

饮食类制作技艺如果不能紧密地联系人们的生产生活，就难逃被时代淘汰的规律，最终只能以文字、图片资料的形式陈列在博物馆里。扬州大学邱庞同教授（国家级非物质文化遗产专家组成员）在《对中国饮食烹饪非物质文化遗产的几点看法》一文中认为："饮食烹饪非物质文化遗产项目基本不存在不能开发的问题。现在入选国家级名录的饮食类非遗，几乎全都是已经被开发的，其产品（酒、茶、盐、醋、酱油、豆瓣、榨菜、菜肴、面点等）在商业经营中效益均好，大多为名牌产品。"

在被入选的湘菜省级饮食类非遗项目中，如龙牌酱油、麻香糕、武冈卤菜、永丰辣酱、保靖松花皮蛋、杨裕兴面条、火宫殿八大传统小吃等传统制作技艺项目都实行了生产性保护，而且这些传统制作技艺自古以来就进行着生产性经营，在世代相传中形成了独自的核心技艺与文化底蕴，它们成为人们餐桌上津津乐道的美味，有的形成了品牌，甚至成了地理标志产品。

三、湘菜非物质文化遗产生产性保护的意义

对湘菜非遗项目开展生产性保护，从表层次分析，可以为湘菜非遗自身增加活力，传承人与传承单位能够获取一定的经济效益，使湘菜非遗能够适应餐饮市场需求，不仅提高了传承人的积极性，而且能够做到活态传承；从深层次分析，可以让更多的消费者了解并关心湘菜非遗，并利用饮食文化促进生产和消费，不仅使优秀的湘菜文化得以弘扬，而且对于非遗持续性传承具有深远意义。

利用湖南省非遗资源丰富的优势，在有效保护的基础上，合理利用非遗项目，开发具有地方、民族特色和市场潜力的文化产品和文化服务。把非遗保护与城镇社区建设、社会主义新农村建设结合起来，发挥非遗生产性项目能耗低、无污染的特点，通过项目培训、生产性保护提高传承人收入，推动产业发展。命名、建设一批非遗生产性保护基地，完善扶持优惠政策，使非遗产业依法享受国家规定的税收优惠，促进非遗项目与旅游、外贸、会展等方面的结合，推动非遗项目的产业化开发和利用。利用各种传统节日、节庆活动、各种公益性文化活动和每年的"文化遗产日"，开展非遗项目展销活动。

四、湘菜非物质文化遗产生产性保护面临的主要困境

近年来，湖南省政府主管部门、餐饮行业老字号、非遗传承单位也在积极探索湘菜非遗生产性保护模式，生产性保护方式单一，社会参与度少、传播宣传还停留在零碎状态，存在过于保守或过度开发现象，成为湘菜非遗生产性保护面临的三种主要困境。

（一）生产性保护方式单一

长期以来，湘菜非物质文化遗产最常见的生产性保护方式为个人传承与个人+食品企业的保护模式两种。个人传承主要以家庭作坊形式进行生产并带徒授艺，经济收入大都只能维持生计，传承人大多没有注册公司与商标，非遗产品销售主要依靠口碑效应；个人+食品企业的生产性保护模式主要针对的是生产效益较好的湘菜非遗项目，此种模式是在传统家庭作坊形式上进一步扩大规模，注册商标得到法律保护，在当地形成了一定的品牌影响力，如张谷英油豆腐、谭记发饼等传统制作技艺。这两种生产性保护模式共同的难题是无法进行正规、开放性的非遗技艺传承与研究，由于餐饮、食品属于劳动密集型行业，人员流动性大，导致非遗传承人的培养极不稳定，一旦非遗传承人发生变动，极大可能会使生产难以持续。

（二）社会参与度少、传播宣传还停留在零碎状态

政府部门及社会各界从事湘菜非遗工作的人员力量薄弱，精力有限，更多地停留在非遗申报阶段，湘菜非遗生产性保护企业更多的是自力更生，缺少湘菜非遗新媒体网络、微信平台、手机平台、博物馆、展示厅等一系列非遗传承传播载体。

（三）存在过于保守或过度开发现象

有的湘菜非遗生产性保护食品企业没有考虑到饮食类产品具备的时代特征，一味地坚守传统，缺乏创新手段，导致企业与消费市场脱轨而出现了生存危机；有的生产性保护食品企业以经济利益为导向，过度开发而忽视非遗产品品质，使非遗产品质量参差不齐，这样必然会造成非遗品牌丢失，甚至是名无其实。

五、湘菜非物质文化遗产生产性保护的解决途径

不同湘菜非物质文化遗产项目不仅是其制作技艺的不同，深层原因是其背后存在的饮食文化与食材原料的差异。湖南全境东、南、西三面为山地和丘陵，中北部低缓，构成一个以洞庭湖为中心的马蹄形盆地，因各地自然条件与物产各不相同，以致湘菜由五个主要风味流派构成，即湘江流域风味、湘北洞庭湖区域风味、湘西风味、湘南风味、梅山风味。湘江流域物产丰富、制作精细，口味以鲜辣浓香、软嫩为主；洞庭湖区被誉为“鱼米之乡”，擅长烹制湖鲜，常用火锅蒸钵，菜肴清鲜自然，不尚矫饰；山区盛产竹笋、蕈、蕨等山珍，民间习惯制作各种烟熏腊味和腌制肉品，此外，湖南常住居民以土家族、瑶族、侗族、苗族等为主少数民族，各民族都有各自浓郁的地方特色饮食。湘菜非遗项目生产性保护模式不能拘泥于一种或几种方式，而应该因地制宜、因人制宜，根据每一个湘菜

非遗项目本身的特点来找到相应的保护模式。

（一）搭建湘菜非物质文化遗产传承、研究的平台

针对有一定影响力的湘菜非物质文化遗产传承人，政府部门以其个人名义命名传承人+非遗工作室，如餐饮协会+传承人、企业+传承人、学校+传承人等多种形式，通过建立传承人工作室，使分散在民间的湘菜非遗传承人有更好的技艺传承平台和条件保障，这样其传播力度与知名度会进一步加强。

（二）打造湘菜非物质文化遗产生产性保护示范基地

从事湘菜非物质文化遗产生产性保护的国有企业、老字号企业、骨干企业、龙头企业等单位，普遍具有国家扶持力度大、传承人稳定、技艺传承有保障、产品市场知名度强等优势，它们是湘菜非遗生产性保护过程中成效凸显的单位，为此，政府出台配套政策支持，统一标识挂牌，授予成立“项目+非遗+传习传承基地”或“项目+非遗+生产性示范基地”，使企业不仅生产产品，还能有计划地开展传承、授徒、培训、研发等系列活动，为湘菜非遗生产性保护营造了正规、对外开放的良性环境。

（三）学校与非物质文化遗产传承基地开展“请进来”“走出去”的合作模式

充分发挥烹饪职业院校的平台作用，充分借助学校的师资研究团队、技艺研发场地等资源，一方面政府部门应鼓励符合条件的职业学校在校内挂牌成立“非物质文化遗产传承教学基地”，作为开展湘菜非遗传承与保护的学术讨论的场所，学校通过将非遗传承人“请进来”、在校内开设相关课程进行传艺授课、组织编写非遗教材等形式，让更多烹饪专业学生了解湘菜非遗；另一方面，学校积极探索“走出去”形式，对接非遗生产性保护企业，开展现代学徒制，让烹饪专业学生直接到企业非遗传承基地、到传承人身边去学习非遗相关的知识与技能，为湘菜非遗生产性企业提供传承人后备军及专业人才。

（四）构建非物质文化遗产生产性综合基地，开发非物质文化遗产生产文化体验模式

针对在地域内影响较强的非遗生产性保护企业，政府部门应支持企业在内部建立非遗的博物馆，例如，永丰辣酱制作技艺、龙牌酱油酿造技艺等非物质文化遗产生产性保护企业——永丰辣酱食品有限公司、龙牌食品股份有限公司等，在企业内部建立非遗博物馆，将非遗有关的器皿、工具、文字、视频、图片、产品等资料进行收藏、储存及对外展览，让非遗博物馆的传播载体（有形文化）功能与企业非遗传统技艺（无形文化）传习基地教育功能形成互补。通过传习基地与博物馆联合，面向社会实施非遗“开放式”的传承活动，把湘菜非遗生产性企业、博物馆、传习基地与旅游业进行资源整合，连贯产品生

产——展示——销售——观赏等旅游线路，让旅游者在欣赏景点的同时全过程感受非遗的软魅力，不仅带动了非遗产品的消费，还提升了非遗的品牌知名度与影响力。

（五）完善民间企业（合作社）+ 农户 + 基地生产性保护模式

民间乡村的湘菜非遗的生产性保护仍处于小、散、窄的状态，基于此特征，本地政府可以结合国家“乡村振兴”政策，将湘菜非遗生产性保护与地方经济产业发展相结合，通过政府出台政策、非遗传承人牵头组建、农户参与，组成合作社形式，集中资源优势，扩大非遗生产性基地规模，利用电子商务线上销售渠道与平台，不断提升非遗产品的销售额。建立非遗传承传习基地，传承人在基地内对农户开展统一的培训，间接促进非物质文化遗产的传承，通过“企业+农户+基地”的传承方式，将当地在工艺、包装上进行改良的非遗产品大规模推向市场，不仅提高了非物质文化遗产在民间的地位，扩大了当地就业水平，而且非遗产品的外界品牌影响力也不断扩大。

六、湘菜非物质文化遗产生产性保护创新

（一）创新湘菜非物质文化遗产的表现形式

每一项湘菜非物质文化遗产都具有一定的品牌影响力与文化底蕴。湘菜非遗产品在保证传统核心技艺、工艺流程不变外，创新湘菜非遗的表现形式是必要的，俗话说“好马配好鞍”，湘菜非遗产品质量虽好，设计理念与包装工艺也不能落后。对于湘菜非遗包装产品，在满足携带便捷、保存卫生等硬性条件外，可以采用新的设计理念进行文化推广，不仅融入湘菜非遗的文字和图片元素，还可以在包装上植入湘菜非遗短视频二维码，让人们通过手机扫码便可以感受到非遗的历史文化，更加切合现代人的购买需求。对于湘菜非遗中需要现场制作、食用的菜点，可以对菜点的盛装器皿和顾客食用环境进行精心设计与布置，使其与湘菜非遗文化氛围相契合，这有利于顾客加深对非遗的印象。

（二）创新湘菜非物质文化遗产的消费方式

创新湘菜非遗消费方式主要是注重非遗的体验式消费，尤其是就餐情境体验，在就餐过程中，不仅可以向顾客推销非遗产品，让顾客品鉴非遗产品，还可让消费者目睹或参与非遗项目的制作技艺过程，在餐饮酒店或非遗老字号店中，可以让大厨或湘菜非遗传承人在大厅亲自为就餐者现场表演湘菜非遗制作技艺，并形成配套的解说，还原湘菜非遗制作过程，这种顾客亲自参与体验的过程，不仅能让他们一饱口福和眼福，还可以将非遗技艺原汁原味地呈现出来。

（三）创新湘菜非物质文化遗产的保护内容

对部分湘菜非遗进行生产性保护时会发现同一个湘菜非遗项目中会出现多个生产性企业，注册的商标也是五花八门的，市场上类似这种现象难免会造成非遗产品质量参差不齐，一定程度上影响了消费大众对部分湘菜非遗的印象。

湘菜非遗保护的内容不仅是湘菜非遗的核心技艺与传承人，还需借助商标权或申请原产地标志注册、中华老字号等法律和行政手段来保护非遗成果。对于有明确传承人或传承群体的非遗生产性企业，文化主管部门与省非物质文化遗产保护促进会可以联合制定出湘菜非遗统一的技术要求，进一步规范已经注册了的企业和商标的非遗产品市场，支持传承人及单位优先注册普通商标，商标权利人通过合法使用商标专有权，制止侵权冒犯行为，将非遗的原产地注册为地理标志，在法律保护体系下使其品牌价值进一步增强。

（四）创新湘菜非物质文化遗产的传播方式

创新湘菜非遗的传播方式既要强化传统湘菜非遗的记录方式如文字、图片、录像、视频等，又要不断与时俱进，将现代动画制作技术融入非遗的传承中，使其符合大多现代人对信息知识的感官接受方式，又能使湘菜非遗传播变得更加生动有趣、焕发出新的生命力。其次，可以利用数字化技术让湘菜非遗更加直接、便捷、全面、及时地进入大众视野，实现湘菜非遗的大众化传播，还可以由省级湘菜非遗教育传承基地牵头，携手软件开发公司、新媒体运营公司，开发非遗美食地图，搭建手机软件（App）、手机网站等平台，打造线上线下互动体验，使非遗更好地适应市场和顾客需求，及时更新非遗保护与传承的最新信息，让更多人了解非遗，激发年轻人对非遗美食的浓厚兴趣。

课后练习题

一、填空题

1. 早在（　）年，湖南就成立了“非物质文化遗产保护中心”和“非物质文化遗产专家委员会”。

   A. 2003　　B. 2004　　C. 2005　　D. 2006

2. 湘菜非物质文化遗产（以下简称湘菜“非遗”）一般是指已经列入为非物质文化遗产保护名录的各项县级、市级、省级、国家级的湘菜非物质文化遗产。狭义的湘菜“非遗”是指湘式（　）；广义的湘菜“非遗”还包括湘式菜肴、点心、风味小吃、特色调料、食品的传统制作技艺。

A. 菜肴传统烹饪技艺　　B. 点心制作技艺

C. 风味小吃制作技艺　　D. 传统食品制作技艺

3. 2018年首届（　）举办，成为湘菜特色食材、湘菜名肴的全面展示，来往的食客与食材经销商络绎不绝。

A. 中国湘菜食材电商节　　B. 中国湘菜美食节

C. 湖南湘菜美食节　　D. 湖南湘菜食材电商节

4. 不同湘菜“非遗”项目不仅是其制作技艺的不同，深层原因是其背后存在的（　）与食材原料的差异。

A. 饮食文化　　B. 湖湘文化　　C. 历史文化　　D. 地理环境

5. （　）年，湘菜烹饪技艺被选入湖南省第四批非物质文化遗产保护项目，湘菜烹饪技艺传承与保护得到政府的大力支持。

A. 2015　　B. 2016　　C. 2017　　D. 2018

二、思考题

1. 简述湘菜非物质文化遗产生产性保护的意义。
2. 简述湘菜非物质文化遗产生产性保护面临的主要困境。
3. 简述湘菜非物质文化遗产生产性保护的解决途径。
4. 创新湘菜非物质文化遗产的表现形式有哪些举措?
5. 讨论建立湘菜非物质文化遗产职业教育传承基地的意义。
6. 试讨论哪些非物质文化遗产可以进行生产性保护，哪些不宜进行生产性保护。

第五章 湘菜非物质文化遗产保护项目

内容概述

本章内容主要介绍了已被政府评定为省级、市级的湘菜非物质文化遗产保护项目，具体又将湘菜传统烹饪技艺非物质文化遗产细分为湘式菜肴、面点、风味小吃和调味品、加工食品四个类别，其中还增加了少数与湘菜密切相关的湘酒、湘茶及饮食习俗等保护项目，每一湘菜非遗项目从概述、特点、社会影响三个方面进行了阐述，是本书的重点学习内容。

学习目标

（1）了解已被湖南省、市州政府评定为省级、市级的湘菜非物质文化遗产保护项目的类别、评选时间及申报的地区或单位。

（2）了解湘菜非物质文化遗产保护项目背后的历史文化、技艺特点、社会影响、民俗食俗等内容。

（3）通过对湘菜非物质文化遗产保护项目的学习，进一步思考湘菜非物质文化遗产的传承途径与保护模式。

第一节　菜肴传统制作技艺非物质文化遗产

一、酸鱼制作技艺

项目名称：酸鱼制作技艺

类别：2009年入选第三批湘西土家族苗族自治州非物质文化遗产保护项目

申报地区或单位：湘西土家族苗族自治州保靖县

（一）概述

湘西土家族苗族自治州（以下简称湘西州）是一个以苗族、土家族为主的少数民族聚集地，酸食则是湘西州苗族同胞的重要饮食习惯之一，在湘西民间，家家户户都会设置“酸坛”，酸坛是指盛装泡菜的陶瓷坛子，对于苗族民众而言，荤、素食材都可以进行酸制，如蔬菜酸、肉食酸和粮食酸等。其中酸鱼是苗族人民饮食中极具特色的风味菜肴，酸鱼制作技艺主要分布在湘西苗族、土家族、侗族的居民生活区域。酸鱼采用的是传统“腌制法”制作技艺，但此腌制法不同于日常汉族同胞的腌制方法，苗族酸鱼制作技艺是在鱼中加入米粉，再放入适量的盐、辣椒粉、花椒粉等调料，通过食物中的微生物自然发酵制作而成，其口感独特，酸香浓郁，味道十分鲜美。酸鱼制作技艺历史悠久，在北魏时期《齐民要术》一书中，就有长沙“鲊鱼”的记载，其他文献如明朝《遵生八笺》中也有酸鲊鱼饮食的记录，其制作方式与苗族酸鱼制作方式有许多相似性。经当地政府的多方考证，将苗族酸鱼的发源地确定为水田河镇白合村龙宫寨，并在当地举办了“酸鱼开坛”美食节，给更多来当地旅游者提供最传统的苗族酸鱼制作技艺非遗美食体验。

（二）特点

制作酸鱼的食材主要是选用稻田里放养的鲤鱼，苗族人将养殖在稻田里的鲤鱼打捞起来后，除少数鲜食外，大部分都用来制作成酸鱼，鲜鱼破肚洗净，裹上米粉（米粉可以是苞谷粉，也可以是糯米粉），米粉中要放少许食盐、花椒粉调拌均匀，然后放进坛内，腌制时间至少5至10天，待有酸香味后即可拿出，用茶油或其他植物油煎熟，味道酸香浓郁，香味扑鼻。

酸鱼制作技艺主要有静养、初加工、腌制、入坛密封等环节。

（1）静养　将鲜活鱼放入清水中放养几天，中途换几次清水，使其吐尽肚内鳃里的泥沙。

（2）初加工　将鲜鱼去鳞、去鳃，从背部剖开，去除内脏、刮去黑衣、清洗干净。

（3）腌制　将鱼肉：盐按20：1的比例，另外加入适量的花椒粉、辣椒粉、白酒等调料进行腌制，如需要使保存时间长些，鱼与盐的比例可调为15：1，然后在鱼肚内放进糯米粉或苞谷粉，再封好鱼肚，也有将初加工好的鱼摊开在太阳下略晒一下，使表面水分减少一些再进行腌制，这是腌晒鱼，此法变酸时间较慢，但保存时间会更长。

（4）入坛密封　将腌制好的鱼堆码在坛子里，密封坛口。坛子有两种，一种为自扑水坛，坛口边有一圈旋槽，装有清水，盖子扑在上面，使其不漏气。另一种为倒扑水坛，将坛口用桐叶或苞谷壳封死，加以篾圈卡牢，倒覆于盘子或钵头里，盘子里盛上一层水，这样可以避免倒吸水现象，在一般室温下，鱼在坛中需要放置5～10天，由于与外界空气隔绝，微生物进行发酵后使鱼肉开始变酸，即可取出烹调食用，在有效期内酸鱼腌制时间越长其酸香味越浓厚。

（三）社会影响

湘西民间有“三日不食酸和辣，心里就像猫儿抓，走路脚软心也花”之说，在过去交通不便利的条件下，人们食用腌酸制品，能够以酸代盐来调解人体生理平衡，酸食还开胃助消，特别是对有喜食糯米习惯的苗族人民来说，意义特殊，另外将多余的食物进行腌制，也是保存食物的一种传统方式。酸鱼一直是湘西苗族人和土家族人待客的上等佳肴，酸爽、鲜香，具有浓郁地方特色，每逢喜庆节日，苗族人便烹制酸鱼给亲朋好友食用，此习俗一直沿袭至今。

苞谷酸鱼

二、茶陵祖庵家菜制作技艺

项目名称：茶陵祖庵家菜制作技艺

类别：2015年入选株洲市第六批非物质文化遗产保护项目

申报地区或单位：株洲市茶陵县

（一）概述

谭延闿，字组庵，祖籍是茶陵县高陇镇，生于官宦之家（其父谭钟麟是土生土长的茶陵石床人，清咸丰时期的进士，曾任两广总督、陕甘总督、闽浙总督），谭延闿的家厨大都是来自家乡的名厨，谭延闿经常与家厨共同探讨、研制出一系列脍炙人口的家菜，如“祖庵鱼翅”“祖庵豆腐”“祖庵菜胆”等。在湖南饮食文化的发展中，“祖庵家菜”地位举足轻重。可以说，“祖庵家菜”一定程度代表了湘菜官府菜的高度。

（二）特点

祖庵豆腐

“祖庵菜”自成一系，从本质上看，凭借是“精”字，祖庵菜主要是谭延闿用来款待同僚政客的宴席佳肴，作为官府菜，祖庵菜不光是对原料的选用讲究，其刀工、调味、技法均突出一个“精”字，祖庵菜口感追求“滚、烂、淡”三字原则。有祖庵鱼翅、祖庵豆腐、祖庵菜胆、祖庵鲍鱼等系列名菜，祖庵菜在烹饪技艺层面，主要体现在四个方面。

（1）用料高档　“祖庵家菜”对原材料的选择讲究当地当时，而且使用的均是原料最佳的部位做菜，例如，湘菜名菜麻辣仔鸡，其他饭店酒家使用的是鸡腿肉，祖庵菜则只用鸡脯肉，祖庵菜胆只用上海青的菜心部位，正是因为讲究，所用材料都是上档之料、珍品之料、时鲜之料。

（2）刀工精湛　“祖庵家菜”的基本刀法有十多种，刀工非常精细，使菜肴千姿百态、变化无穷。诸如“子龙脱袍”，鳝鱼去皮去骨，切成细丝；“发丝牛百叶”细如银发；“红煨八宝鸡”，整鸡剥皮，盛水不漏，制出的菜肴，形态美观，具有观赏性。

（3）擅于调味　祖庵菜讲究原料的入味、火候的运用，注重主味的突出。烹饪技法因原料质地而异，如急火起味的“熘”，慢火浸的“煨”，调味后的“烤”，边入味边烹制的“蒸”等。

（4）技法多样，以“煨”见长　煨在色泽变化上又分为“红煨”“白煨”，在调味上则分为“清汤煨”“浓煨”“奶汤煨”等，都讲究小火慢煨，原汁原味，如“祖庵鱼翅”晶莹醇厚、软烂鲜香，“洞庭金龟”汁纯滋养，酥软鲜嫩等，均为“祖庵菜”中的佼佼者。

（三）社会影响

湘菜有今天的高度，得益于谭延闿。民国时期，谭延闿是长沙曲园酒楼的常客，至今享有盛名的子龙脱袍就是那一时期出现的。可以说，曲园酒楼在湘菜的精致程度上发挥了重要作用，谭延闿去世后，家厨曹荩臣离开谭府，在坡子街开办“健乐园”湘菜酒楼，专营祖庵家菜，也是盛名一时，祖庵菜也从官府流进民间，但文夕大火后“健乐园”未能幸免，曲园酒楼也化为尘土，掌握祖庵菜传统制作技艺的厨师也越来越少。至2016年10

月，“祖庵家菜”总店在茶陵县高陇镇祖安村谭延闿故居正式挂牌营业，这对传承与弘扬祖庵家菜传统烹饪技艺有着特殊意义。

三、祁阳釉米鱼制作技艺

项目名称：祁阳釉米鱼制作技艺

类别：2016年入选永州市第五批非物质文化遗产保护项目

申报地区或单位：永州市祁阳县

（一）概述

祁阳县隶属于湖南省永州市东北部，因地处祁山之南，古代阴阳学说认为山之南水之北属阳，因此得名为祁阳。釉米同“曲米”，是用红曲霉菌发酵而成，为棕红色或紫红色米粒，故称为“红曲米”，经过发酵等多道工序制作而成，属于天然食品色素，元代忽思慧所著的《饮膳正要》中记载红曲具有“健脾、益气、温中”的功效。

釉米是制作祁阳釉米鱼的重要原料。祁阳釉鱼又称釉米鱼，是将鲜鱼加盐腌制后，待表面水分控干后，再放入红曲米、辣椒粉、山茶油、白酒、姜末等调味品蒸制而成，成品白中透红，类似腐乳的颜色。北魏贾思勰所著《齐民要术》与明代高濂所撰《遵生八笺》都介绍了湖南“鲊鱼”的制作方法，“鲊”是指在用盐腌鱼过程中加入红曲，文献中详细介绍了湖南人腌渍鱼肉时掺以红曲。

（二）特点

祁阳红釉鱼肉质松软、色泽鲜红、口感柔嫩、味道独特，属湖南祁阳县传统美食。祁阳釉米鱼要经过原料初加工、腌制、拌料、蒸制等主要流程，一般以1.5千克以上的鲜活草鱼为佳，将鲜活草鱼宰杀、去鳞、去鳃、去内脏，清洗干净后，头部一般作为它用，鱼背开一分为二，鱼身中段部位砍成3厘米左右的鱼块备用，沥干水分后装入盘中，按重量比例放好盐，拌匀后放入适量白酒腌制12小时左右。再将腌制后的鱼用水冲洗干净，晾干水分，再放入盆中，加入红曲粉、姜米、八角、茴香与胡椒粉，搅拌均匀，最后将调好的鱼均匀摆放在盘中，放入上汽的蒸笼里，用旺火蒸15分钟左右，出锅后淋入茶油拌匀，此菜既可热食，又可冷食，为当地下酒的佳肴。

祁阳釉米鱼

（三）社会影响

祁阳红糟鱼是当地人逢年过节、走亲访友、招待客人的必备礼品，也是当地人逢年过节、办酒席的压轴菜。数百年来，糟米鱼的制作技艺一直传承下来，并在配料选用和烹饪工艺上不断改进和完善，在传统祁阳糟米鱼的味型上先后开发出孜然味、紫苏味、芝麻味、麻辣味等10多个口味，祁阳糟米鱼从民间的家常菜，通过人们的不断改良创新，现在成了远近闻名的地方美食品牌，得到了越来越多消费者的青睐。

四、汝城（上祝）板鸭制作技艺

项目名称：汝城（上祝）板鸭制作技艺

类别：2014年入选郴州市第四批非物质文化遗产保护项目

申报地区或单位：郴州市汝城县

（一）概述

汝城县位于湖南省东南部，地处湘、粤、赣三省交界处，素有“鸡鸣三省，水注三江”之称，是湖南通粤达海的“南大门”。汝城板鸭是湖南省汝城地区传统名菜，县志记载有两百多年历史，清乾隆年间，板鸭还曾作为“贡品”进贡皇宫，汝城（上祝）板鸭使用传统制作方法，依靠冬季的天气特性，挂放在室外霜冻晾晒自然风干，其色泽通透、肉质细嫩、香味可口、肥瘦适宜、食而不腻、风味独特、不用调味，蒸熟即可食用。

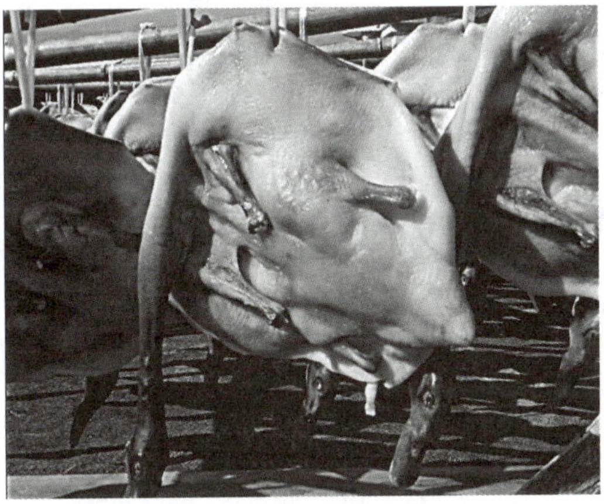

上祝板鸭

（二）特点

每年冬至前后，汝城县上祝村家家户户便聚集在巷头巷尾，开始宰杀拔毛制作板鸭，满满的板鸭晒在屋顶，成了上祝村一道独特的风景。板鸭的制作要经过连续半个月的风吹、日晒、霜冻等环节才能完成。

汝城板鸭选用放养的麻鸭制作而成，麻鸭长至三四个月，1千克重就可以宰杀制作，成品具有形如叶、色如雪、浓香扑鼻等特征。宰杀前，要将麻鸭催肥，加工季节以冬至为黄金时期，霜雪天为佳，气候越冷越好，进行初加工处理后，去掉翅、爪、内脏等，汝城板鸭工艺讲究，麻鸭初加工处理需得当，排骨肩胛骨处需要剁切开，使去完内脏的鸭子酮体完全平展开，才方便后续操作，然后用炒食盐均匀的揉搓鸭子全身，尽量揉搓均匀，抹上食盐腌制约12个小时后，用冷水洗去多余食盐，再过一道热水清洗鸭肉，压制定型后，再进行晾晒，视天气而定，晾晒15～20天即成板鸭。人们还将鸭爪、鸭肠、鸭翅、鸭下巴，鸭身上这四样东西称之为“鸭四宝”。

（三）社会影响

每到年根，汝城的上祝村家家户户的屋顶上都会挂满板鸭，在汝城人眼中，板鸭是年里招待客人最好不过的食物，也是汝城百姓正月餐桌上必不可少的一道年味，上祝板鸭食用方法简便，可蒸可炒，口感香鲜酥嫩，独特的风味，让人过齿难忘。近年来，上祝村整合资源，集中放养，集中加工生产板鸭，严格把控生产环节，提高产品品质，提升产量规模，利用互联网等渠道打开新销路，进一步扩大了板鸭的社会知名度，通过线上销售汝城板鸭，带动村民们脱贫致富。原本属于贡品的板鸭，渐渐地走入了寻常的百姓家。1983年湖南省农业厅举办全省板鸭品评，汝城板鸭名列第一，在郴州首届名优特新农副产品展销会上荣获金奖。

五、乾州板鸭制作技艺

项目名称：乾州板鸭制作技艺
类别：2009年入选湘西土家族苗族自治州第三批非物质文化遗产保护项目
申报地区或单位：湘西土家族苗族自治州吉首市

（一）概述

乾州是一座拥有千年历史的文化古城，明清以后逐渐成为苗疆边地政治、经济、军事、文化中心。吉首市古称乾州厅，乾州板鸭是吉首地方传统特产，乾州板鸭的制作起源于清朝末期，据史料记载，乾州有位周兴发的厨师，善烹调。清宣统六年（1914年），乾州厅（今吉首市）知事李千禄带来一位名叫谭振球的广东厨师，李知事在一次宴会上，周师傅也跟着赴宴，席上，周师傅对谭厨师带来的板鸭和香肠特别有兴趣，后来专门向谭厨师请教板鸭和香肠的制作技术，此后，周师傅又在谭厨师传授的基础上加以改进，每到冬天都会加工数十只板鸭赠送亲朋，品尝滋味。那时，周师傅的长子早丧，次子洪熙在外地谋生，故周师傅就把板鸭制作技术传给他的朋友。从此，乾州板鸭开始流传于世。

（二）特点

乾州板鸭具有色泽金黄、肉质细嫩、臀脂肥厚、外形美观、久藏不变质等特点，是吉首当地的传统特产。乾州板鸭选料讲究，以健康无病、油光水亮、肌肉丰满、臂部肥厚、体重1.5千克以上的本地麻鸭为最佳，加工季节从小雪至次年立夏均可，其中以冬至后加工的板鸭品质为最好，可以存放到次年农历五月不变味。

乾州板鸭

乾州板鸭制作流程为宰杀、加工清洗、塑形、腌制、风干、保存、烹调。

（1）宰杀　母鸭宰杀，待血流尽后，放入65℃左右的热水中，反复热烫，拔去粗毛、绒毛。

（2）加工清洗　剖腹，在腹部正中直线开刀，长约5厘米。用冷水洗净体内的残留碎物，放入冷水中浸泡3～4小时，以除去剩留血液，捞起，沥去水分，晾挂1～2小时。

（3）塑形　把沥干水分的鸭子放在桌子上，从两脚的跖骨、股骨、小腿骨相连处的膝盖骨砍断，除掉两脚，又从两翅的臂骨相连处砍断，去掉两翅。然后将腹部向上，背部向下，头向外，尾向内，从胸部正中将鸭剖开分成均匀的左右两边。头部皮肤剖至倒数4～5颈椎为止。刀口要求整齐，用刀砍断胸部前面的人字骨，划开尾部的脂腺肉。翻转鸭体，用手把鸭体压平呈板状，整理外形。尾部不整齐的碎肉片，用刀切掉，使腹部成半圆形，整个鸭体呈琵琶形。若腔内翘起可用刀砍平。

（4）腌制　投料入缸整形之后，从口内、颈、胸腹翅、腿顺序撒上盐和香料，每个鸭子约撒盐料50克。轻轻揉擦，使盐和香料粘住鸭体。之后将鸭胸朝上，头颈弯入背下，层层放入瓦缸内，最上层再撒上一些盐和香料覆盖，并用一个比瓦缸略小一点的木盖盖上，用石块压住木盖，将鸭体压扁，让盐和香料腌透。

盐和香料的配制：肉桂、山柰、川椒、丁香、八角、桂子、白胡椒炒燥研末，另加食盐、硝、白糖均匀混合即成。入缸五六天，要加入5%的冷盐开水略微淹盖腌鸭的表面，使盐和香料渗入腌鸭的肌肉内，防止表皮生滑的现象，在腌制期间，如果屋内气味飘溢有五香味，说明腌制效果好。

（5）风干　出缸后将腌鸭放入温水中（最好用井水，温度以不冷手为宜），洗掉香料渣和盐水，用干净布抹干腔内外水分，整好外形，扯直皮肉，把腔内未除掉的黏膜、筋腱除掉，再将鸭胸腹向下，背部朝上，平放在通气漏水的竹帘上，让其日晒风吹。待腔内稍干又翻转来晒（或风吹）至五六成干，用小麻绳穿上两鼻孔，挂在通风处。

（6）保存　包装贮藏板鸭有七八成干了，颈部成马鞭节，这是食用的最佳时间。如果需要贮藏或外运，应在鸭体内涂上一层茶油，既能保鲜防干，又能使外形更加美观。

（7）烹调　烹调先用冷水洗涤，砍成小块，不加任何佐料，入锅蒸熟即可食用。

（三）社会影响

从1926年开始，每到加工季节就有许多商客将乾州板鸭从水路运往武汉、广州等地销售，目前，吉首市委、市政府将发展板鸭生产作为振兴民族经济的一项大事，组织乾州板鸭制作技艺的老工匠，充分挖掘传统秘方，并根据现代消费者口味需求进行了较大创新，该产品在省内外享有较高的声誉，远销北京、上海、广州、香港，近销湖南、湖北、重庆、四川、贵州。

六、万坪火腿制作技艺

项目名称：万坪火腿制作技艺
类别：2009年入选湘西土家族苗族自治州第三批非物质文化遗产保护项目
申报地区或单位：湘西土家族苗族自治州永顺县

（一）概述

万坪镇是永顺县四大名镇之一，地势辽阔，是湘西土家族苗族自治州内最大的冲积平原，因而得名“十万坪”。民有“十万坪里有四宝”之说，其中之一就是万坪火腿。火腿是指经过腌制或熏制而成的猪腿，万坪火腿是用新鲜猪前腿用盐和各种佐料腌制加工而成的，制作时间一般在冬季，其色泽鲜红，肉质芳香、细嫩，味美不腻，实为当地一款难得的美食。

（二）特点

万坪火腿腌制于冬季，这时天气寒冷，产品不易变质，故加工中用盐较少，制作而成的火腿味淡而鲜美，每年“霜降”到“清明”之间是制作火腿的黄金时期。

万坪火腿制作流程为选料、修腿、腌制、洗晒及整形、挂晒及发酵、烹调。

（1）选料和修腿　选用毛重为60～70千克的猪，取其皮薄骨细瘦肉多肥肉少的新鲜后腿，用刮刀刮掉表皮的残毛及污物后，用刮骨刀削平趾骨，修整坐骨，除去脊骨，使肌肉外露，再剔出过多的油脂，挤掉在磕头脉的淤血，使猪腿成为整齐的柳（竹）叶形。

（2）腌制　万坪火腿制作采用多次上盐腌制方法，开始在肉面上薄薄地撒上一层盐，以排出水分和淤血，在两三天后，进行翻腿并同时进行第二次上盐，再隔1～2周进行第三次复盐，复盐时要注意检查腿质软硬程度。

（3）洗晒及整形　将腌制好的火腿，用清水清洗干净，然后两手从腿的两侧往腿心部用力挤压，使腿心饱满成橄榄状。

（4）挂晒及发酵　将腿逐个挂在木架上，进行挂晒和发酵，一般挂晒四五天，然后贮藏发酵2～3个月，根据干燥程度，逐个落架即为成品，应注意挂处的通风效果。

（5）烹调　原料选择鲜猪肉前脚，重约2千克，将猪脚用烙铁烙去毛，刮洗干净，煮熟，捞出后用布擦干水分，放入甜酒水中浸泡。锅中放茶油，烧至七成热时，放入猪脚，炸成金黄色时捞出，泡入开水中，待起虎皮时捞出。将猪脚破开，放入干辣椒粉、花椒粉、盐、胡椒、味精等调味，入甑蒸烂，上桌时浇上调汁即可。

（三）社会影响

万坪火腿作为当地一大特色产品，每逢春节前，当地生产的万坪火腿便供不应求，外地人需要提前两个月订货才能拿到万坪火腿，万坪火腿成为亲朋好友相互赠送的佳品。万坪火腿味道鲜美，口感好，肉质细嫩，在万坪镇具有一定规模的生产万坪火腿的企业达到数十家，产品远销国内各超市、卖场等。

七、武冈卤菜制作技艺

项目名称：武冈卤菜制作技艺

类别：2008年入选湖南省第二批非物质文化遗产保护项目

申报地区或单位：邵阳市武冈市

（一）概述

武冈市位于湖南省西南部，是一座拥有2200多年的历史文化古城。武冈古时称“都梁”，武冈物产十分富饶，卤菜是武冈代表性饮食文化，其历史十分悠久，据《武冈州志》记载，武冈卤菜制作始于明代，明太祖二十四年（公元1391年），朱元璋第十八子朱楩，封甘肃岷州，史称岷庄王，明成祖永乐二十一年（公元1425年），岷庄王迁武冈州城，建王邸，之后其子孙在武冈世袭14代，历时252年，卤菜经岷王府里的厨师加以改良，卤水的制作工艺水平也得到了较大提升，卤菜由王府的厨师传至民间，以家庭作坊式开始制作，久而久之，这种回味悠长，味透肌理的美味，成为民间最为普及的家常菜品。在明、清两代，武冈卤菜一度成为皇家贡品，登上了大雅之堂，成为民间和官场礼尚往来的礼品。据武冈卤菜制作技艺传承人陈氏介绍，其家谱中记载，乾隆皇帝下江南时，曾派人在武冈街头寻找卖卤菜的先祖。

（二）特点

卤是将经过初加工处理的原料放入卤锅中加热浸煮，让卤汁渗入其中，卤既可热制冷吃，又可冷制冷吃。卤水按色泽划分为红卤、白卤两种，武冈卤水采用的是红卤，武冈卤菜可作家常小吃，佐酒佳品，最为著名的是“卤水铜鹅”，其肉质鲜嫩细腻。武冈卤菜制作技艺的独特之处在于：较其他地方，武冈卤菜卤制的次数多，一直用传统吊汤的技法。

武冈卤菜选用大茴香、小茴香、桂皮、丁香、桂皮等二十多味纯正中草药作卤味材料，以猪筒骨熬成浓汤，将卤制品连同中药一起放入，大火烧开，微火浸煮约半小时，至原料七成熟，取出卤药材和卤制品，滗干水分，晾干，放入浓汤与卤料，小火保持使卤汁微沸腾，如此反复卤制，至少三次以上，使卤味缓缓渗入原料，直到卤制品油光发亮，各种原料在经过多次卤制脱水后，达到味透肌理、越卤越香、回味无穷的效果。

武冈卤菜的产品十分丰富，主要有卤豆腐干、卤豆腐丝、卤猪血丸子、卤鹅肉、卤鹅掌、卤鹅翅、卤牛肉、卤牛肚、卤牛肠、卤猪耳、卤猪肉、卤猪脚、卤猪尾、卤蛋系列等。

（三）社会影响

2008年1月，北京市首届城市运营商大会上，武冈被中国食品工业协会冠名为“中国卤菜之都”。2009年，武冈市注册了“武冈卤菜”地理标志证明商标，2013年武冈卤菜被认定为中国驰名商标。目前，武冈卤菜作为经济发展的新兴产业，产品销往我国长沙、深圳、广州、上海、武汉、北京等地以及日本、美国等。

武冈卤鹅掌

知识链接

武冈卤菜制作技艺传承人

武冈卤菜制作技艺省级非物质文化遗产传承人是陈福元，陈氏祖上制作卤菜已有二十九代传承，目前，他是武冈最大的卤菜公司之一金福元卤业创始人。1983年，陈福元有了一家店面，那时候他就想将密封包装后的卤菜卖到更广的市场上，但找不到密封包装的技术。到20世纪90年代，他才买了几台密封包装机，在城区开了个小型卤菜加工厂。直到卤菜可以经过高温杀菌、密封包装，卖到更远的地方以后，这个产业的前景才开始展现出来。

卤菜制作过程很复杂，除了中药配方外，药的比例也很重要，还要靠经验和悟性，根据不同情况调整中药配比，并不是掌握了配方就会做卤菜。那时候卖卤菜只是小本生意，武冈至今流传着这样的民谣：“太平门的洗沙（即豆沙）包子、南门口的米粉、四牌路的陈氏卤菜、鸡丝馄饨”，这里说的陈氏卤菜就是指陈福元及其祖上经营的卤菜店。

八、玉楼东六大经典湘菜制作技艺

项目名称：玉楼东六大经典湘菜制作技艺

类别：2009年入选长沙市第二批非物质文化遗产保护项目

申报地区或单位：长沙市

（一）概述

长沙玉楼东酒家是湖湘百年餐饮老字号，创办于清光绪年间（1920年），清末曾国藩之孙、湘乡翰林曾广钧登楼用膳，曾留下脍炙人口的“麻辣仔鸡汤泡肚，令人常忆玉楼东”的诗句。玉楼东最具代表性的菜品是麻辣仔鸡、酱汁肘子、腊味合蒸、发丝百叶、洞庭龟羊、柴把鳜鱼六道，及其菜品呈现的传统湘菜制作技艺，每一道名菜的烹饪技法、刀工、火候、油芡都非常讲究，麻辣仔鸡外焦内嫩，鲜香麻辣；酱汁肘子色泽红亮、油光饱满，皮鲜肉嫩；腊味合蒸腊香浓重、咸甜适口、柔韧不腻；发丝百叶色泽白净，形如发丝，质地脆嫩；洞庭龟羊芬芳馥郁，软烂鲜嫩；柴把鳜鱼形态美观，鲜香滑嫩。

（二）特点

1. 麻辣仔鸡

麻辣仔鸡具有麻辣鲜香、外焦里嫩的口感特点，通常选用肥嫩仔鸡为主料，去骨砍切成丁，上厚浆，两次过油，第一次定型，第二次复炸达到外焦里嫩的口感，配以红辣椒、蒜苗为调料，用酱油、醋、麻油、湿淀粉、水、味精兑汁调味，用旺火烹制而成。此菜从仔鸡的宰杀、初加工、切配成形、兑汁调味、上浆过油、爆炒出锅等流程，都要做到行如流水，一气呵成，厨师的操作技术要求十分娴熟，在湖南老一辈名厨中，曾创造出“三分钟吃麻辣仔鸡”的经典绝活，如今，掌握这项传统烹饪技艺的青年厨师十分罕见。

2. 酱汁肘子

清代光绪年间湖南长沙的酱汁肘子就已经成名，酱汁就是卤的意思，酱汁肘子具有色泽红亮、皮鲜质滑爽、肥而不腻、肉烂味香等特点，成为民国长沙美食的一张名片。酱汁肘子制作时要经过烙毛、刮洗、焯水、卤制、浇汁等环节。20世纪80年代末，玉楼东酒家进行一系列的技术改良，使酱汁肘子既传承了原有的味道，又有了健康营养的新特色，肥而不腻、瘦而不柴，色、香、味俱佳。

酱汁肘子

3. 腊味合蒸

"腊味"是湖南最具浓郁特色的风味食材，腊味合蒸是腊味中最经典的做法，玉楼东制作的腊味合蒸非常讲究，将腊鸡、腊鱼、腊肉合为一体，加上浏阳豆豉、辣椒粉合蒸1小时，翻扣盘内，腊香浓郁，唇齿间回味悠长，腊味是餐桌上的下饭佳肴，在湖湘地区，民间家家户户都懂得熏腊技术，冬至以后，乡下过年要杀年猪，备年货，肉、鱼、家禽、豆腐、香干等食材均可进行熏腊处理。

腊味合蒸

4. 发丝百叶

发丝百叶即为发丝牛百叶，湖南传统名菜，玉楼东酒家烹制的发丝牛百叶曾在全国烹饪技术比赛中荣获金奖，具体做法是先将牛百叶揉去黑膜，迅速焯水，经切丝，搭配冬笋丝、红椒丝，急火爆炒而成，此菜刀工精细，形如发丝，质地咸鲜脆嫩、香辣透酸。在民国时期，发丝牛百叶即为湖南长沙李合盛牛肉馆中的招牌菜，著名戏曲作家田汉先生在长沙时，经常去李合盛牛肉馆品尝美食，并曾邀请好友郭沫若一同品尝发丝牛百叶。红烧牛蹄筋、烩牛脑髓和发丝牛百叶，被誉为湘菜中的"牛中三杰"。

发丝百叶

5. 洞庭龟羊

洞庭龟羊属于湘菜经典药膳。龟羊汤具有汤汁鲜香，龟肉、羊肉软烂等特点，选用洞庭草龟和浏阳黑山羊羊肉，配以党参、黄芪、当归、附子药材。将龟肉用沸水烫过，撕去表面黑膜，剔去脚爪，清洗干净，将羊肉烙尽毛，浸泡在冷水中刮洗干净，连同龟肉一起下入冷水锅焯水捞出，再用清水洗干净，然后均砍成见方的

龟羊汤

块，另将党参、黄芪、当归、附子洗净；炒锅置旺火上，放入熟猪油烧至八成热时，下龟、羊肉块煸炒出香味，接着烹入料酒、继续煸炒几下倒出，取砂钵1只，放入煸炒过的龟、羊肉块，再放入冰糖、党参、黄芪、附子、当归、葱结、姜片，加清水，盖好盖，在旺火上烧沸后，再移至小火上炖至软烂离火，去掉葱姜，放入味精、胡椒粉，盛入大汤碗内即成。

6. 柴把鳜鱼

柴把鳜鱼是湖南传统名菜，1988年，第二届全国烹饪大赛中，湘菜大师许菊云凭借此菜夺得金牌。柴把鳜鱼制作讲究，工艺繁杂，非常考究厨师的基本功，柴把鳜鱼形如柴把，整齐丰满，白、红、黄、褐、绿五彩相映，软嫩清香，味道鲜美，选用洞庭湖的鳜鱼去皮取肉，切成条状，上浆后，取两条摆成U状，将火腿、冬笋、生姜、香菇洗净，切丝调味，置“U”形中间，火腿丝在上（显出白中镶红）捆成柴把形，用韭菜捆成柴把，此菜要经过滑油、调味、勾芡、淋香油等操作环节，最后一捆捆地装入盘中拼成整条鱼形即成。

柴把鳜鱼

（三）社会影响

玉楼东历史悠久，湘菜名厨云集，如谭奚庭、舒桂卿等，湘菜大师许菊云曾长期在玉楼东主厨，并在此授技传徒，玉楼东酒家成为正宗湘菜发源地之一，麻辣仔鸡、酱汁肘子、腊味合蒸、发丝百叶、洞庭龟羊、柴把鳜鱼这六款传统湘菜不仅是老字号玉楼东的经典菜品，也是湘菜中的经典名菜，随着时代的变迁，这些传统名菜在其他餐饮店中很少见到，但老字号玉楼东酒家一直保留着这些菜品，为湘菜传统烹饪技艺的传承与发扬做出了较大贡献。

九、徐长兴烤鸭制作技艺

项目名称：徐长兴烤鸭制作技艺

类别：2014年入选长沙市第四批非物质文化遗产保护项目

申报地区或单位：长沙市

（一）概述

徐长兴烤鸭店名意味“长久兴旺”，其名鉴于“长久兴旺”，最早由晚清徐佩斋先生经营。原是江苏南京一家清真酒家，后因生意纠纷，于光绪二十八年（1902年）迁至长沙青石桥（今解放西路）。因选料考究，为商诚恳，一时声名鹊起，成为当时长沙城不可多得的美食。1919年徐佩斋去世后，其子徐祖生继任经理。在1938年长沙“文夕大火”中，其店铺焚毁，被迫停业8年。抗日战争胜利后，徐祖生在长沙围墙背（火后街）重建店铺，改名“徐长兴酒家”。抗战时期，郭沫若在长沙停留时，朋友便常请他到徐长兴烤鸭店品尝“一鸭四吃”。画家齐白石对“徐长兴”烤鸭情有独钟，曾慕名来店品尝。2007年，由第五代徐长兴烤鸭制作技艺传承人在坡子街将店重新开张，重拾“吊炉烤鸭”“一鸭四吃”制作技艺，颇具名气。

（二）特点

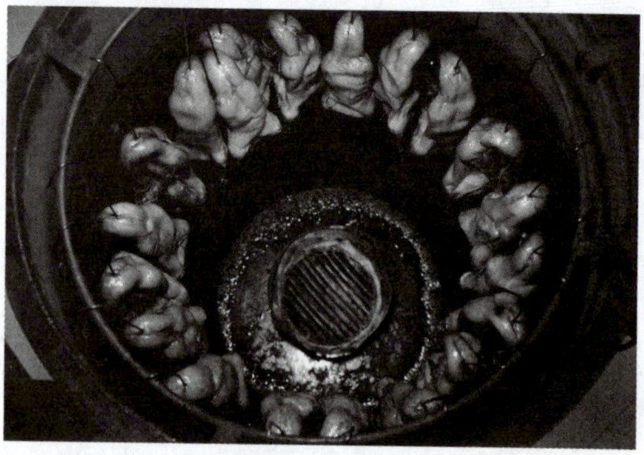
徐长兴传统挂炉烤鸭

徐长兴烤鸭老字号店采用的是“焖炉”烤制技艺，成品皮伸不皱，外酥内嫩，色、香、味俱佳。据史料记载，“徐长兴”虽然主营饭菜，但其烤鸭、油鸡菜品也独具一格，其中“吊炉烤鸭”名气最大，从选料、宰杀、加工、烤制，直至食用的方式，均有自己的特色。选料上只选用新鲜的肥嫩活鸭，2.5千克重左右，当天宰杀，当天清理加工，当天烤制，制作方法则用烘胚灌水，吹气、洗净，沥干水后进行烤制，烤熟后，再将清汤倒出，拌和细盐、酱油、麻油淋在配盘烤鸭内，以保证烤鸭鲜美，口感外酥里嫩，色、香、味、形俱佳。烤鸭的技术关键有四点，一是鸭胚要烫透，要烫至鸭皮紧实；二是抹色要匀，抹上饴糖，要均匀抹遍全鸭身；三是吹得干，鸭胚挂在通风处吹干，使其烤熟，皮脆不卷曲；四是烤得匀，在烘烤时，受热一定要均匀，保证恒温状态，使皮色金黄。

名菜“一鸭四吃”最具创意，即一吃薄饼包烤鸭皮，口感酥脆香甜，口齿留香；二吃鸭肉小炒，即将鸭肉切丝或条，搭配洋葱或冬笋、辣椒、韭白或芹菜等，下锅翻炒，鸭肉咸香可口；三吃鸭油蒸蛋，鸭肉的香味和鸭蛋的咸香完美结合；四吃豆腐菜心鸭骨汤，清润鲜美。徐长兴烤鸭店闻名遐迩的挂炉烤鸭则是用炭火烤制而成，不同于市面上那些用电烤炉烤出的烤鸭，没有炭火烤的特殊酥香。

（三）社会影响

徐长兴烤鸭店有百年的传承历史，创造出一道又一道经典美食，成为长沙的饮食文化名片，也是几代长沙人共同的记忆，有民谣“杨裕兴的面，徐长兴的鸭，德园的包子真好呷”流传至今。

十、浏阳蒸菜制作技艺

项目名称：浏阳蒸菜制作技艺

类别：2017年入选长沙市第五批非物质文化遗产保护项目

申报地区或单位：长沙市

（一）概述

浏阳蒸菜起源于浏阳河的上游。相传朱元璋与陈友谅开战后，老百姓为反抗官府躲避抓丁而提前准备一天的饭菜，在蒸饭的时候将几个菜放到饭甑里一起蒸，为了不占面积多放几个，采用的都是小瓦钵或者小瓷碗，只要饭蒸熟了菜也就熟了，端起饭甑就可以吃饭，这样节省了做饭时间，也尽量少见炊烟。过去的浏阳蒸菜主要是干菜、腊货、坛子菜，便于保存且方便快捷，这一习俗在浏阳当地被广泛流传，沿袭至今，慢慢发展为无菜不蒸，形成一种极具特色的地方风味饮食文化。

（二）特点

浏阳蒸菜

浏阳蒸菜馆的门口通常会摆几口大锅，锅里放置高达五六层高的竹篾蒸笼，锅里的水保持着沸腾的温度，每当有客人到店即可进行挑选。浏阳蒸菜变化万千，可谓是无菜不蒸，据统计，有200多道蒸菜菜品，耳熟能详的有干扁豆蒸腊肉丁、剁椒鱼头、清蒸鲫鱼、蒸猪蹄、腊味合蒸、粉蒸肉、蒸水蛋、梅干菜扣肉、蒸芋头、蒸南瓜等。浏阳人制作蒸菜，都离不开三种特色调料，即豆豉、剁辣椒、茶油。

浏阳蒸菜的整体特点是：一是调味简单，突出本味。与其他蒸菜不同，浏阳蒸菜的调味方法极其简单，常用的调料就是盐、味精、茶油、鲜辣椒、干辣椒粉、浏阳豆豉等，只有少数菜肴会用到剁辣椒、姜丝、酱油等。简单的调味料蒸出来的菜肴，自然是凸显食材的本味。二是选料多样，风味各异。浏阳蒸菜选料非常广泛，因主料的不同属性分六大类，如腊制品、腌制品，鲜活肉类、蔬菜料、干菜，河鲜、湖鲜等。三是加工简单，便捷。浏阳蒸菜整个烹调流程十分便捷，原料初加工后放入大碗内，放入鲜红椒碎、浏阳豆豉，撒入少许盐和鸡粉，淋入茶油即可入蒸箱蒸制成菜。

（三）社会影响

一直以来，浏阳蒸菜以经济、快捷、营养、卫生、种类丰富而受到大众青睐，近年来，浏阳蒸菜馆的数量显著上升，据有关调查统计，在长沙经营浏阳蒸菜的店铺有4800多家，在长株潭有10000多家，在北京、湖北、江西、广东等地都有浏阳蒸菜的身影。2011年8月30日，中国烹饪协会批准授予浏阳“中国蒸菜之乡”称号。2014年11月28日，第九届中国湘菜美食文化节在浏阳市浏阳河广场开幕，创世界上迄今为止最大的单体蒸笼，同时开蒸的188道菜，获两项吉尼斯世界纪录。

十一、石羊醋水豆腐制作技艺

项目名称：石羊醋水豆腐制作技艺

类别：2015年入选永州市第四批非物质文化遗产保护项目

申报地区或单位：永州市新田县

（一）概述

新田县从东汉时期就开始制作豆腐，这与新田出产的优质大豆有关。据考古发掘和有关典籍记载，东汉龙伯高因东汉光武帝刘秀的赏识，由山都（县）长提升为零陵郡太守。龙伯高晚年退隐新田后，在新田大冠岭一带修道游学，见当地老百姓常年不食肉味，营养缺乏，身体瘦弱，见此情形，爱民如子的龙伯高，一心想着如何改善乡亲们的生活，恰巧当地又盛产大豆，于是便亲自将北方独特的豆腐制作技术传给了当地人，使得豆腐这一既营养又美味的食品在新田得以推广，并流传至今。新田大豆主要选用的品种是“八月黄”“十月黄”和“五月黄”，其中以本地种植的“五月黄”大豆品种最为优质，具有粒大饱满，种皮黄色，并且富含硒元素等特征，而制作石羊醋水豆腐选用的原料就是新田“五月黄”大豆，采用当地的井水调制原生态醋水作为凝固剂，用传统制作工艺加工而成醋水豆腐，成品质地细嫩，香味扑鼻，深受消费者的青睐。

（二）特点

湖南省新田县石羊醋水豆腐，以香、甜、酥、嫩的特点享誉永州。制作醋水豆腐需要经过选料、浸泡、磨浆、过滤去渣、煮浆、加压成形、油炸七大工艺流程。传统醋水豆腐制作中，需在大锅上搭起一个木架，用一块纱布，从磨成细渣的豆渣里将豆浆挤出流进锅里。然后，按比例加入醋水，并一次一次反复的搅匀，其凝固机理是用醋酸作为凝固剂，取代了传统的用石膏和盐卤点卤工艺，豆浆在85℃的高温蒸煮下，使豆浆中的蛋白质慢慢变性凝固成形，最后将豆腐花倒入成形模，进行脱水。当地手艺人称之为“压豆腐”，压至豆腐不出水时，豆腐花已经变成了方方正正的豆腐。

（三）社会影响

新田县为原生态富硒地区，石羊醋水豆腐因选用新田本地富硒大豆“五月黄”作为原料，产品天然富硒，口感、营养俱佳，成为永州市餐饮行业中畅销食材之一，是当地老百姓餐桌上常见的菜肴，在永州市第二届农博会上，用新田大豆制作的石羊醋水豆腐曾荣获“最畅销产品奖”。

知识链接

石羊醋水豆腐制作技艺传承人

邓中辉，男，汉族，1977 年 6 月出生于湖南省新田县石羊镇赤湾头村，石羊醋水豆腐制作技艺非物质文化遗产的传承人。现任新田县石羊醋水豆腐生产专业合作社及新田皇许粮食品有限公司顾问。2011 年 4 月设立新田县石羊醋水豆腐生产专业合作社，从事大豆种植、石羊醋水豆腐加工及豆制品生产销售于一体的专业合作组织。该企业获得市级农业产业化龙头企业、湖南省质量服务百强品牌、全国农业科技创新示范单位等多项荣誉。

十二、湘西酸肉（土家酢肉腌制）制作技艺

项目名称：湘西酸肉（土家酢肉腌制）制作技艺
类别：2009年入选湘西土家族苗族自治州第三批非物质文化遗产保护项目
申报地区或单位：湘西土家族苗族自治州永顺县

（一）概述

酸肉是湘西土家族和苗族同胞中独具风味的传统美食。湘西酸肉制作技艺的历史十分悠久。酸肉在古代称作酢，“酢”字有酢味（酸味）之意，因此湘西酸肉又称为土家酢肉，在土家族最传统的十大碗特色菜肴中，就有一款“酸酢肉”。酸肉最早是出于人们对食物保存的需要，湘西地区的苗族人、土家族人普遍采用腌制法，蔬菜、鸡、鸭、鱼都喜欢腌成酸味的，随着时间的推移，酸肉后来发展成为当地人世代相传的餐桌美食，湘西酸肉香气沁人心脾，有发酵食物的酸香气味，肥而不腻，食之令人开胃生津，食欲大开。

（二）特点

酸肉的制作过程首先是选肉环节，挑选五花三层的猪五花肉，然后用烙铁烙尽细毛刮洗干净后，将猪肉连皮切成一寸厚的薄片，然后放入盆中，加入食盐、花椒粉搅拌均匀，进行腌制，再将米粉（小米、苞谷粉也可）掺进去，使肉片裹上均匀的一层米粉，随后放进坛子压严实，坛口用桐叶（或苞谷壳）和篾圈封死，倒置于水钵内，一个月后发酵变酸，便可以取出炒食。

湘西酸肉

（三）社会影响

湘西酸肉制作技艺与当地人淳朴的食俗关系密切，在过去，物质条件匮乏年代，酸肉是每家每户最珍贵的食物。凡是朋友自远方来，必以此菜肴招待客人。土家族人、苗族人便从坛中取出腌制好的酸肉，下入油锅爆炒，黏附在酸肉上的玉米粉经油炸变成金黄色，散发出阵阵芳香，食前垂涎欲滴，酸肉味辣略酸，色泽金黄，配上火红的辣椒，红中透黄，香辣，油而不腻，食之满口余香。

十三、湘西酸菜（若习寨酸菜）制作技艺

项目名称：湘西酸菜（若习寨酸菜）制作技艺
类别：2009年入选湘西土家族苗族自治州第三批非物质文化遗产保护项目
申报地区或单位：湘西土家族苗族自治州永顺县

（一）概述

酸菜，古称菹，既是人们餐桌上的开胃小菜，也可以作为调味料来烹制菜肴。湘西酸菜（若习寨酸菜）在当地也称“水酸菜”“青酸菜”，是永顺县土家族一道传统特色食品，主要产于永顺县城南郊若习寨。历史上永顺民间就有腌制酸菜的习惯，据《永顺县志》记载，此菜曾为清朝贡品，故又称“贡菜”。若习寨有数百年腌制青菜酸的历史，主要是因为当地的土质特别适合青菜的种植，永顺县若习寨位于县城南龙洞坡下，属白散泥夹黄泥土质，最适宜长九斤蔸青菜，又有龙洞清凉泉水，最适宜扑瓦坛酸菜的制作。用这种蔬菜制作的青酸菜酸鲜味美，清香爽口，有开胃、健胃、消炎之功效，是土司王向明朝廷纳贡之物，过去土家族人因为地处偏远，常常将青菜酸运到辰州去换盐，

以补充机体对无机盐的需要。

（二）特点

若习寨酸菜

若习寨酸菜闻起来有自然的酸味和发酵香气，无异味。品尝靠近酸菜心的部位，优质酸菜尝起来酸脆鲜嫩，风味纯正，劣质酸菜嚼几下就不酸了，风味不佳。青菜酸应选当地新鲜的九斤蔸青菜，待叶子微黄后，再洗净挂晒阴干水气，将青菜叶分把捆好，切成细丝，将青菜叶丝装满坛，在太阳光下曝晒，并用木棒筑实，使筑出汁水，去掉苦水；加叶丝再筑，反复两三次将坛筑满后，用苞谷叶封坛，将酸菜坛倒扑于两寸深的流动泉水中，半月后可开坛烹制食用，青菜酸可存放一年不变味。

（三）社会影响

若习寨酸菜是当地家家户户都会制作的美食，也是当地人们日常餐桌上的必备品，湖南永顺县在乡间摆宴时，上完了大鱼大肉之后，再上一盘能解腻的色鲜味美的酸菜，方能满足客人的舌尖味蕾。土家族人食用青酸菜方法非常独特，喜欢用茶油、食盐、干辣椒与青菜酸一同炒食，酸甜可口，解脂化腻，刺激食欲。

十四、攸县坛子菜制作技艺

项目名称：攸县坛子菜制作技艺
类别：2015年入选株洲市第六批非物质文化遗产保护项目
申报地区或单位：株洲市攸县

（一）概述

株洲攸县人喜欢吃坛子菜，无论是城市还是乡村，几乎家家户户都要根据季节时令来制作一些腌菜、干菜、泡菜、酢菜。每逢客至，总要端上桌来显示主妇的手艺和持家能力。攸县坛子菜品种丰富，有腌黄瓜、腌豆角、腌酸菜、腌刀豆、腌辣椒、酸萝卜、腌茭头，整个冬季到开春，坛子菜成为攸县人厨房里不可或缺的食材。

（二）特点

攸县的坛子菜不同于泡菜、酱菜等腌菜，它突出的是“坛子”，坛子越老越香，新置的坛子，要经过非常严格的技术处理后才可使用。坛子菜用的坛子是陶制的，容量大小不一，腹部圆鼓，戴有一个平顶圆帽，脖颈处则围着一领凹槽。坛子菜所用蔬菜品种十分丰富，刀豆、苦瓜、架豆、雪里蕻、青菜、萝卜丝、茄子、霉豆豉、洋姜、豆角、莴笋片、辣椒等，按照制作工艺的不同，大致可以分为三种，干坛子菜、湿坛子菜和水坛子菜。

酸豆角

酱辣椒

干坛子菜就是把蔬菜洗净切好，晒干之后直接装进坛子里密封，1个月时间即成，但存放的时间越长香味越足，一边吃一边又可以把新做的蔬菜放进去。湘菜常用的白椒就是干坛子菜的代表，它是用青椒过开水之后晒干制作的，攸县本地人也称卜辣椒，适宜用来搭配各种荤菜，尤其是与鸡胗、鸭胗合炒，堪称下饭佳肴。湿坛子菜则指杂菜、榨菜、霉豆豉、剁辣椒等。由于它们不必晒干，只需要大致阴干即可，又不用加水，介于干坛子菜和水坛子菜之间，所以称为湿坛子菜。湿坛子菜在制作过程中，还需要伴以豆豉、姜丝、辣椒粉、胡椒、盐等调味品，放入坛中，因其成分复杂，所以名为杂菜。水坛子菜则类似于湖南泡菜，依靠坛中酸水对新鲜蔬菜的发酵，制作时间最短，几乎隔夜就能食用，也有的地方使用湖子酒代替水，称之为酒浸坛子。水坛子菜味酸而爽口，有助消化、开胃、消暑之功效，可单独炒食，也可作配菜炒制。代表菜有浸萝卜炒肉、浸笋子炒牛百叶、浸酸椒炒鸡、酸辣鱿鱼卷等。

（三）社会影响

湖南人的坛子代代相传，很多人都不清楚坛子是什么时候买的，只知道是老人留下来的，甚至坛子里的酸水也不知道浸泡过多少次鲜菜，本地人稀罕老坛子，尽管现代技术的进步使得人们无时无刻都能享受到新鲜的蔬菜，坛子菜最重要的延长食材保质期的作用已经不复存在，但坛子菜流传至今，已经成为人们饭桌上不可缺少的美味，尤其是在湖南省，坛子菜独有的纯天然发酵酸味，成就了湘菜中一道道家喻户晓的名菜。

十五、岩泊渡红薯粉丝传统制作技艺

项目名称：岩泊渡红薯粉丝传统制作技艺
类别：2016年入选湖南省第四批非物质文化遗产保护项目
申报地区或单位：张家界丝丝湘食品有限公司

（一）概述

岩泊渡红薯粉丝

岩泊渡红薯粉丝传统制作技艺至今已有400多年历史传承，是岩泊渡人不断传承、创新的结果。据考证，明成祖迁都燕京后，携春妃南巡路过永泰（今慈利），春妃嘴馋欲尝乡土野味，知县急招庶民以优选奉送。当春妃品尝到岩泊渡的红薯粉丝后，盛赞人间美味，由此，岩泊渡红薯粉丝名气大增。岩泊渡红薯粉丝传统制作技艺重在“传统手工”，通过手工清洗红薯、人工破碎、传统流槽分离淀粉、晾晒风干等环节制取淀粉，然后通过传统工艺人工打芡和面、木质漏瓢成形熟制、人工提粉上杆、冷冻及晾晒等环节获得红薯粉丝，这种技艺生产的红薯粉丝具有质地细腻、嫩滑爽口、久煮不糊的特点，深受广大老百姓青睐。

（二）特点

岩泊渡镇属于张家界市慈利县，岩泊渡红薯粉丝是慈利县的特产，张家界高寒山区，山高林密、土质气候非常适合种植红薯，且品质好，淀粉足，不需农药化肥。岩泊渡红薯粉丝具有外观呈米汤白、半透明状，手感顺滑，不易折断，水泡后呈通透明亮状，入锅耐煮而不糊汤，附味性强，入口丝丝爽滑，凸结少，无杂质等品质特点。

制作岩泊渡红薯粉丝首先是选料环节，将挖取来的鲜薯精心挑选，高压喷淋清洗，再削去两头的部分，只取中间部分来榨粉。过滤出的淀粉碾碎，在太阳下自然晒干。晒干的红薯粉按一定比例兑水制欠，揉成粉浆便可做粉丝了。接下来就是漏丝成形环节，需要有经验的师傅来做，先把大锅里的水烧至沸腾，把粉浆放入粉钵内，师傅一手拿着粉钵，一手不停地敲打着粉钵的边缘，粉浆在均匀的力量的震动下，从粉钵底部的小孔漏出，成丝状直接落进烧好的水里，待凝成细细的粉丝，再捞出置入旁边的凉水中冷却。冷却的粉丝用竹篙穿上，拿到太阳下自然晾干，自然晾晒做好的粉丝，散发着淡淡的红薯清香。

（三）社会影响

在张家界老一辈人的记忆中，慈利县岩泊渡一带的红薯粉丝让人记忆犹深，而在岩泊渡一带人的心中，做红薯粉丝既是一种传承，更是一种习惯，现在岩泊渡梁山村中，几乎家家户户都种红薯和苞谷，做红薯粉丝、粉皮和红薯干的加工。岩泊渡的红薯粉曾获奖无数，1999年在湖南省首届农博会上获农业产品优质奖，2001年11月获湖南省农业环境建设站红薯粉丝金鸡奖，2004年岩泊渡红薯粉得到农业部无公害农产品认证。如今每年输出量达5000吨，远销湖北、四川、海南、广东等10多个省。

十六、永丰辣酱制作技艺

项目名称： 永丰辣酱制作技艺
类别： 2009年入选湖南省第二批非物质文化遗产保护项目
申报地区或单位： 娄底市双峰县

（一）概述

永丰辣酱

永丰辣酱是双峰县的传统特色食品，历史十分悠久。据双峰县志记载，早在公元16世纪（明崇祯年间），双峰县城（原属湘乡县）永丰镇一带就有人开始晒制永丰辣酱。17世纪中期，蔡氏兄弟先后在永丰镇开设蔡广祥、蔡广益、蔡顺益3家酱园，此后相继有人开设生义兴、龙胜泰等10多家辣酱作坊，并开始规模生产辣酱。其中以蔡广祥店最为盛名，年产酱40余担。清朝咸丰年间，曾国藩将永丰辣酱带到京城进献给咸丰皇帝和款待宾客，倍受赞赏，被列为贡品，永丰辣酱开始闻名全国。因香味浓郁，酱味醇厚，十分开胃下饭，在镇压太平天国时期，永丰辣酱成为湘军行军打仗必备的携带品。

（二）特点

永丰辣酱产于双峰县永丰镇，以永丰所产的一种肉质肥厚、辣而带甜的灯笼辣椒为主要原料，拌以籽实饱满的小麦、黄豆、糯米等，经过蒸熟、自然发酵、酶化、反复翻晒、晾干磨粉、晒水、搅拌和匀、暴晒等工序，至酱体颜色呈深红色时，再加入刀豆、地蚕、萝卜干、蒜仁等配料，用干净的瓦罐或瓷坛装后密封，可随时食用。辣酱颜色鲜亮，黏稠适度，质地细腻，香味浓郁，酱味醇厚，咸甜适口，辛辣动人，具有独特的风味和丰富的营养成分。

（三）社会影响

新中国成立后，永丰辣酱产业得到了更快的发展，政府重视辣酱产业的发展，将辣酱作坊式生产转向工厂化生产，提高了工作效率。1981年，永丰辣酱被评为省优产品。1983年，被评为省优产品和农牧渔业部优质产品。1985年，永丰辣酱在湖南省名优特新食品展销会上获得“芙蓉奖”。1986年荣获国际食品博览会金奖。2007年获得国家地理标志保护产品。永丰辣酱越来越受到广大消费者的喜爱，产品销往国内20多个省、市、自治区，并远销日本、美国、坦桑尼亚、加拿大等国家，成为闻名遐迩的名牌酱菜产品。

十七、水岭羊肉制作技艺

项目名称：水岭羊肉制作技艺
类别：2016年入选永州市第五批非物质文化遗产保护项目
申报地区或单位：永州市东安县

（一）概述

东安县隶属永州市，北宋雍熙元年（984年）开始置县，是湘菜名肴“东安仔鸡”的发源地。水岭是永州东安县的一个乡，沿县城往西北方向爬坡12千米有一个山地，该地气候生态环境特别适合山羊的生长，山羊皮嫩肉厚，膻少味美，肉质优良。据水岭村民介绍，从明代开始，水岭便开始养殖黑山羊。水岭羊肉出名的原因，一是因为水岭优良的地理环境，其草地宽广，灌木丛多，是养殖山羊的天然牧场。二是水岭人热爱武术，水岭人练武术有300多年历史的记载，是享有盛名的东安武术的重要组织，由于练习武术的水岭人需要强壮身体，而羊肉自古便是滋补佳品，水岭人习惯通过食用水岭羊肉的方式来滋补机体。

（二）特点

水岭羊肉

水岭养殖的山羊生存环境较好，没有任何污染，因此，其肉质膻味小，水岭人烹制羊肉讲究原汁原味，传统的水岭羊肉制作技艺，选用的是生长年龄为两年左右的本地山羊，先将羊肉初加工，羊腿肉砍成大块后，放入装有清水的大锅中，放入少量的八角、桂皮、山柰、草豆蔻、干辣椒，当水煮至其断生取出，然后去骨改切成条状，净锅置旺火上，倒入适量菜籽油烧热，下入葱段、姜片煸出香味，然后倒入羊肉煸炒至表面略干，加料酒、食盐、酱油、干辣椒和原汤调味烧开，转至小火，再加白萝卜焖至酥烂，收浓汁即可，水岭羊肉汤汁浓稠浅黄，羊肉口感软烂不腻，汤鲜，微辣鲜香，是永州东安县的传统佳肴。

（三）社会影响

民间有“冬至羊肉当人参”之说，冬天是水岭羊肉最为肥美的季节，人们深谙羊肉进补养生之道，每年到冬至前后，来水岭镇吃羊肉的食客川流不息，冬季吃“水岭羊”成为当地人津津乐道的食俗。水岭丘陵山区比较多，当地红岭山，海拔较高，连接湖南省海拔最高的舜皇山山脉，在水岭，家家户户都会养殖山羊，独特的自然环境，使得水岭羊肉肉质优良，是当地百姓畜牧养殖的重要品种与经济来源，水岭羊肉现已成为永州的品牌美食。

十八、芷江酸萝卜制作技艺

项目名称：芷江酸萝卜制作技艺
类别：2019年入选怀化市第六批非物质文化遗产保护项目
申报地区或单位：怀化市芷江县

（一）概述

芷江是一个以侗族为主的自治县，受山区地理气候因素的影响，自古以来侗族人常以耐饿却不易消化的糯米为主食，配之可腌可泡、又酸又辣的酸性食物，在这里，几乎家家有腌菜坛子、酸水罐子，酸萝卜则是众多的酸性食物中最具代表性的食物，被侗族人称为饭桌上不可或缺的美味。

（二）特点

芷江酸萝卜是芷江的特产，味道酸酸甜甜，作为饭前开胃菜。芷江侗古佬酸萝卜选材特别讲究，制作上采用传统老坛自然发酵，保留了传统的酸辣、脆嫩的特色，芷江侗古佬酸萝卜主要取自于怀化舞水河生产的红萝卜，把清脆可口的红萝卜采来后，放在流水中冲洗干净，切成均匀的薄片儿，拌上作料，放在粉红色的酸水中浸泡，在芷江农户家里，几乎每一户的厨房都有一坛酸水，这酸水是上了年月的，越陈越香越酸，经久不腐。一般来说农户用的是土坛子、陶坛子。经一个晚上浸泡取出，拌上喷香的油泼辣子，便是芷江著名的芷江酸萝卜。酸水中还可以泡制其他蔬菜，如泡鱼腥草、泡木耳、泡生姜、泡蕨菜、泡笋子、泡萝卜皮、泡莲藕、泡辣椒、泡藠头等。另外也可将刀豆、萝卜叶柄、青菜叶柄一类的蔬菜放入坛内。

（三）社会影响

在湘西、芷江等少数民族地方，只要有人群来往的地方，就会有卖酸萝卜的摊子。芷江人不管男女老幼，不论文人农夫，都喜欢醮着鲜红的辣子汁吃腌酸萝卜片、酸萝卜梗。酸萝卜颜色鲜，质地脆，是湘西山区大宴上必备菜肴。由于芷江酸萝卜香甜可口，既生津又开胃，投放市场后，备受欢迎，现已成为馈赠远方友人的特色礼品。

十九、洞庭全鱼席制作技艺

项目名称：洞庭全鱼席制作技艺
类别：2018年入选岳阳市第四批非物质文化遗产保护项目
申报地区或单位：岳阳市

（一）概述

天下湖鲜出洞庭，湖鲜美味在岳阳，洞庭鱼馔，源远流长。北宋末年范致明在《岳阳风土记》一书中，记载了岳阳一带食用鲜鱼、江蟹、鳇鱼的情况。岳阳当时就有“无鱼不成席”“鱼到酒止”等饮食食俗，相传清朝乾隆皇帝巡游江南时路过巴陵（岳阳古称），地方官吏设“全鱼筵”（全鱼席）款待，乾隆品尝之后大为赞赏，当即赐名“巴陵全鱼席”，留传至今，岳阳人喜欢食鱼，烹鱼技艺也是一绝，最具代表性的就是湖鲜“全鱼席”，席上所有的菜肴都由鱼制成，但都各具风味，引人垂涎。

（二）特点

全鱼席具有一菜一格，多菜多法，加工精细，讲究滋味，注重营养，使人食鱼不见鱼，品其味不见其形的特点。选材特别讲究，所用的鱼全部产自洞庭湖，主要有鮰鱼、银鱼、鳜鱼、鳊鱼、草鱼、青鱼、鲫鱼、甲鱼、鳝鱼、泥鳅、河鲜等；配料也是出自洞庭湖的优质特色蔬菜和珍贵茶叶品种，如洞庭藜蒿、藕、荷叶、蘑菇、芦苇、君山银针等。加工刀法各有变化，有片、丁、丝、条、块、蓉、球等13种；烹调方法有煎、炒、爆、炸、焖、蒸、煨、烩、烤、熏、冻、拔、丝、蜜汁等20余种；口味丰富，全鱼席菜品达到上百个。最有名的是竹筒鱼、松鼠鳜鱼、藕丝银鱼、冰冻鱼胶、蝴蝶过海、松子鳝鱼、四喜鱼饺、红油刨花、冻怪味鱼丁、三色鮰头鱼、怀胎水鱼、龙女一斛珠、乾隆鳜鱼卷、芙蓉银鱼、君山银针鱼片、什锦鱼肚、鱼脂湘莲、五彩鱼糕、菊花白鳝、巴陵伊府面、麻香鱼脆等。一鱼四吃的做法是以一条2千克以上的鲢鱼，分鱼头、鱼肉、鱼骨、鱼杂单独烹制，或通过烧、熘、炒、炖制出四款风味不同的菜肴，堪称一绝。

（三）社会影响

巴陵全鱼席自20世纪80年代技术改进后，特色更加鲜明，巴陵全鱼席作为洞庭湖鲜的一道名席进入“云梦宾馆”“岳阳宾馆”“君山洞庭山庄”“晓朝宾馆”“南湖宾馆”等宾馆酒店，先后招待过美国、日本、德国、加拿大、挪威、荷兰等10多个国家和我国数以万计的贵宾。1988年，巴陵全鱼席有16个菜品入选《中国名菜谱》；1989年，巴陵全鱼席被评定为湖南省的“金牌菜”；1991年，巴陵全鱼席编入《湖南名菜名点》；1993年，巴陵全鱼席被纳入《世界旅游菜谱》；1999年，邵逸夫先生来岳阳品尝巴陵全鱼席后欣然赞叹：“条条鱼好吃，道道菜有味。”“未尝巴陵全鱼席，不算真正到岳阳。”作为历史文化名城和旅游胜地，巴陵全鱼席和名楼、名山、名文一起构成了岳阳的形象名片。

二十、万坪豆腐制作技艺

项目名称：万坪豆腐制作技艺
类别：2009年入选湘西土家族苗族自治州第三批非物质文化遗产保护项目
申报地区或单位：湘西土家族苗族自治州永顺县

（一）概述

万坪镇有远近闻名的“万坪四宝”，即竹器、铁器、豆腐和火腿。其中，万坪豆腐产于永顺县万坪镇，距今已有数百年历史。万坪豆腐起源于明朝，在清咸丰年间便已负盛名，当地政府将之作为贡品带入朝廷。万坪豆腐以本地出产的大豆和杉木河纯天然泉水为原料，沿袭民间传统工艺纯手工制作而成，以营养丰富、口感细腻、韧性十足著称，加工制作好的万坪豆腐，一般用茶油炸制金黄色，个大饱满，用棕叶绳索串后不枯，易于保存。

（二）特点

万坪干豆腐

万坪豆腐品种丰富，主要有水豆腐、干豆腐（当地称为炕豆腐）、油豆腐、霉豆腐、米豆腐等，各种豆制品都是在水豆腐基础上演变而来，口感风格各不相同，水豆腐嫩滑，干豆腐柔韧，油豆腐松软，霉豆腐醇厚，米豆腐柔和，吃起来口感俱佳。当地豆腐制作一般流程为浸泡豆子、磨豆子、冲浆、放膏粉等，干豆腐、油豆腐还有包豆腐、翻豆腐环节。干豆腐需要放进烤箱里烘烤，类似于烤烟，需要翻上几遍，油豆腐则要经过下油锅、炸豆腐等程序。万坪豆腐选用主料黄豆，配料石膏，制作时，先将黄豆筛选干净，用冷水浸泡涨发，用石磨推成糊状，装进木桶内。然后用锅烧开水，冲入豆浆里，稍许片刻，用筛子铺纱布滤下豆浆汁，去除豆渣。最后将豆浆烧开，倒入豆腐桶内，盖上木盖，密封10分钟左右，再用石膏水点卤水，使豆浆凝固成豆花状，将豆花连水一同倒入特制的豆腐箱内，加上木盖，压上重物，便成美味的豆腐。

（三）社会影响

油炸万坪豆腐食用方法多样，可与肉同炒，也可与粉条同炖，口味外酥里松，营养丰富，是当地待客佳肴，当地至今，还沿袭着以干豆腐款待贵宾的习俗，也是湘西人民逢年过节必备食品。油炸万坪豆腐作为土特产食品，名气越来越大，产品远售北京、广东、浙江、长沙、吉首、张家界等省市。

二十一、毛氏菜烹饪技艺

项目名称：毛氏菜烹饪技艺
类别：2016年入选湖南省第四批非物质文化遗产保护项目
申报地区或单位：湘潭湖南韶山毛家饭店发展有限公司

（一）概述

毛氏菜主要是指湘潭市韶山冲一带毛氏家族在平时劳作生活中形成的传统菜肴制作工艺，主要由红烧肉、火焙鱼等代表性菜肴构成。韶山位于湖南省中东部丘陵区，传说舜帝南巡时奏韶乐之处，过去，韶山地处交通闭塞，食材主要来源于当地自给自足的蔬菜瓜果，河鲜、烟熏制品、山珍等，因为食材天然形成，菜肴风味独特，湘菜餐饮界称之为“毛氏菜”。

（二）特点

一方山水养一方人，韶山毛氏菜是在相对封闭的环境下形成的地域性饮食文化，经过以毛氏家族为代表的韶山人民数百年的集体创造，形成了如今较为完整的菜系风格，属于湘菜的重要组成部分，毛氏菜大体分为蒸炸、小吃、腌制等类别，代表菜肴有黄炸团、麸子冬瓜、豆豉辣椒、贡椒、火焙鱼、腊肉、毛氏红烧肉等，具有以土特产为主、清炖为要、香辣为要、熏腊为助等饮食特点。

毛氏红烧肉

（三）社会影响

毛氏菜是韶山红色旅游文化中的一部分，深受广大游客和研究者的青睐。1987年，汤瑞仁女士创办了毛家饭店，以传承与弘扬毛氏菜为宗旨，如今，毛家饭店已成为中国知名餐饮企业，毛氏菜系完成家族传承逐步向生产性保护传承蜕变。

二十二、龙田扎肉制作技艺

项目名称：龙田扎肉制作技艺
类别：2015年入选宁乡县第三批非物质文化遗产保护项目
申报地区或单位：长沙市宁乡县

（一）概述

龙田镇位于宁乡的西部，地理位置独特，山多且高，海拔落差巨大，瓦子寨以海拔1071米的高度夺得“百峰之王”，被称作“长沙的小西藏”。此地高山土壤极其肥沃，富含丰富的锌、钾等微量元素，所以，生长在这片土地里的萝卜水分充足，脆嫩多汁。龙田扎肉是颇有名气的特色美食，以猪肉和干萝卜丝这两种常见食材为主要原料，猪肉选用的是宁乡草冲花猪肉，宁乡花猪肉历史悠久，品质优良，据清同治《宁乡县志》记载“牲猪家家畜之，较他地产者更肥美”。龙田扎肉色泽红亮晶莹，闻之有一股清香，食之肥而不腻、酥而不脆，肉质香酥爽韧，有独特的口感。

（二）特点

龙田扎肉制作过程复杂，首先要把新鲜萝卜清洗干净，沥干切成丝晒干。将准备好的五花肉清洗干净后撒盐腌制3天，取出，进行两次煮沸，滚烫的开水能让肉变得更加紧实，这一步也是制作扎肉香的主要原因，然后就是将肉切块放入六成热的油锅中炸至金黄色，扎是龙田扎肉的精髓，要用晒干的萝卜丝，将肉严严实实的包裹好放进干净的坛子里，萝卜丝能更好地吸收到肉的香味和油脂，扎好的肉装满坛，把坛口封好，坛子里绝对不能进水。一周过后，一份鲜美可口的扎肉就可以出坛了。如果在冬季，则需一个月左右出坛。出坛后的扎肉晶莹剔透，散发着萝卜丝的香甜，萝卜丝颜色变为金黄，附有猪肉的酯香。宁乡人烹饪龙田扎肉，习惯将肉切薄片，放入锅稍翻炒，然后依次放入萝卜丝、大蒜、辣椒入锅翻炒，萝卜丝里有肉的香味，肉里面有萝卜丝的甜味，两者组合，非常有特色。

（三）社会影响

龙田扎肉源于清朝年间的彭孝文用扎肉孝敬母亲的典故，体现了中华传统的孝文化，龙田扎肉能够流传百年，是人们对孝道与忠义文化的传承与弘扬。在餐饮业发展的今天，龙田扎肉为龙田镇带来的不仅仅是一种美味的传承，而是一种文化资源。

知识链接

龙田扎肉传说

关于龙田扎肉有一个传说，相传清朝年间龙田人彭孝文到流沙河草冲一地主家做长工，一年中秋节，地主家杀了一头土花猪，赏给彭孝文1千克五花肉。彭孝文心里惦记着母亲好几年没有吃过一顿好肉了，于是想把这块肉留给母亲吃。

由于当时是农忙时节，实在抽不出身，彭孝文便将肉存于地主家放干萝卜丝的坛子里。农忙过后，他想那肉肯定坏了，谁知取出来一看，不但没坏而且变得晶莹剔透，散发着萝卜丝的沁甜。于是，彭孝文赶紧请了假，回到龙田，连夜做给母亲吃。母亲吃得津津有味，说这是她有生以来第一次吃到这么好的肉。

据说，吃了那块肉，彭孝文的母亲原本到傍晚眼睛看不清东西的毛病也好了。后来，彭家的家境逐渐富裕起来，杀猪吃肉的机会多了起来。彭家开始用萝卜丝包扎五花肉，放在坛子里腌制，并命名为“扎肉”。美味的扎肉在乡亲们中流传开来，慢慢地成了“龙田扎肉”。

二十三、道州鱼泡丸子制作技艺

项目名称：道州鱼泡丸子制作技艺
类别：2018年入选永州市第六批非物质文化遗产保护项目
申报地区或单位：永州市道县

（一）概述

道县古称道州，是位于湖南永州南部的一个县，宋朝理学鼻祖周敦颐的故乡，是湖南通往广东、广西、海南及西南地区的交通要塞，县内河流稠密，塘库面积广阔，河鲜鱼虾丰盛，当地人喜食鱼类，也会烹制鱼类菜肴。道州鱼泡丸子是道县一道地方特色菜肴，在当地具有较高的知名度，将鱼肉捣碎，加入一点点猪肉，制成鱼肉丸子，鱼肉泡松，肉嫩味美，清香爽口，老少适宜。

（二）特点

道州鱼泡丸子一般选择鲜活的草鱼或青鱼，将鱼初加工，清洗干净，取刺、鱼红，留净白鱼肉，再准备少许肥肉，将鱼肉、猪肉用搅拌机打碎，调盐、葱、姜、料酒、水搅拌上劲即可，道州人食用鱼泡丸子的方法较多，别具风味。道州人制作鱼泡丸子喜用油炸定型，用手将肉泥挤成球形，放入热油锅中炸制，待其上浮，颜色变黄后即可出锅，炸制后的鱼泡丸子色泽金黄，形态饱满，外酥里嫩，具有一定的嚼劲，鱼泡丸子如采用水煮方式，可以作为火锅配菜，可与鸡蛋火腿做汤，也可蒸制食用，味道鲜美无比，还有充作酿油豆腐、酿青椒的馅心等食法。

道州鱼丸

（三）社会影响

鱼泡丸子吃法特别多，道州人从早餐的一碗鱼汤粉开始，便可以尝到鱼泡丸子，在永州只要是上酒席时，或者是家中来客人，主人都会上一道鱼泡丸子菜肴，如今，鱼泡丸子俨然成为道州美食的代名词。

二十四、花岩溪榨笋制作技艺

项目名称：花岩溪榨笋制作技艺
类别：2016年入选常德市第四批非物质文化遗产保护项目
申报地区或单位：常德市鼎城区

（一）概述

花岩溪国家森林公园位于常德市鼎城区、桃源县和益阳市安化县的交界地带，与桃花源隔山相望。在花岩溪这一带，竹子的身影无处不在。山民们食用竹笋的历史悠久，而“榨笋”就是当地最具代表性的美食。当地人在长期的实践中，创造了古老的榨笋技术，榨笋干质地轻，却很坚硬，黄中带着通透，泛着特有的香味，制好的花岩溪榨笋干可以保存一年之久。花岩溪一带的居民都用传统工艺制作榨笋，据说，花岩溪榨笋技艺起源于当地的仙池古寺。当地居民的祖先因为战乱南迁至此，寺庙里的僧人在接济之外还传授榨笋之法，让食粮不足的移民以榨笋充饥，得以熬过最困难的时期。

（二）特点

花岩溪榨笋

榨笋干的制作工艺传统而复杂，对原料要求严格。选用初春山间还未长成竹子的嫩笋，将采来的嫩笋劈开，去掉笋衣，削掉笋节和底端偏老的部分，脆嫩的笋尖部分被内层的笋壳包裹，然后用削尖的竹片掏去笋心，放入土灶大锅中加盖熬煮，当地经验丰富的老手艺人能较好地控制好煮制的时间与火力的大小，煮制的程度以颜色开始泛黄，从脆硬变得绵软，再将笋捞出沥干水分，充分冷却。榨笋最重要的一道程序就是压榨，而这要用到榨围这种古老的工具，榨围需要用珍贵的硬木制作，将晾凉后的笋放置在木围里，压上木板，再压上粗大的木杠，另一头用竹索慢慢绞紧，在杠杆原理的作用下，竹笋中的水分被挤压而出。压榨期间，竹索每一天都要绞紧一些，让竹笋中的水分持续析出，而压榨的时间随天气而定。

（三）社会影响

花岩溪榨笋有悠久的历史，口感脆爽、香而不腻，富含纤维素，老少皆宜，山民们用传统制作工艺加工的“花岩溪榨笋”，成为当地老百姓的餐桌必需品，花岩溪榨笋凭借优质的口感，被评选为常德市十大名菜，如今“花岩溪榨笋”不仅成为常德市本土一道独具风味的招牌菜，还销往省内外很多城市，受到各地消费者的喜爱。

二十五、攸县皇图岭豆腐制作技艺

项目名称： 攸县皇图岭豆腐制作技艺
类别： 2007年入选株洲市第一批非物质文化遗产保护项目
申报地区或单位： 株洲市攸县

（一）概述

攸县皇图岭墟场办于道光元年（1821年），墟场即指“集市”，是湖南省农村五大古墟场之一，也处在南来北往的湘东要道上，自古商家云集，物资集散量甚大。当时记载，过云墟场逢墟日各种豆腐摊子有40多家。其实，攸县制作豆腐历史可以追溯到宋代，皇图岭便有一家规模颇大的豆腐手工作坊。据《攸县志》记载，早在明清时期，“攸县豆腐”就颇有名气。民国时期，攸县城乡流传着一段顺口溜：“皇图岭的豆腐，东乡的原坛酒，新市的血鸭，网岭的麻饼糖，尝过之后永不忘。”

（二）特点

攸县皇图岭豆腐

皇图岭镇属丘陵地貌，土壤肥沃，种植的大豆，出浆多、质量好、产量也高，而且攸县皇图岭泉水多，水质好，泉水中矿物质十分丰富，这些都为生产优质豆腐提供了原料保障。皇图岭豆腐口感细软、味道鲜香，是因为选用的黄豆是地方特色品种“八月黄”，这种黄豆于每年八月中秋后收割，豆粒呈金黄色，粒大浑圆。黄豆在浸泡前，先将黄豆中的烂子挑出，用清水浸泡数个小时后开始磨浆，接着进行筛浆、烧浆环节。浆出锅后用烧熟的石膏粉点浆，然后舀浆上箱榨出水分，即成豆腐。

攸县人制作的豆腐工艺独特，做工精细。当地大多豆腐师傅都是祖传父教，世代沿袭的，豆腐制作技艺也不断改良，从用水、选豆、磨豆、蒸煮、点膏等方面严格把关，生产的豆腐以新鲜滑嫩、色泽温润、清香美味的品质而受到市场的青睐。

（三）社会影响

自古以来，豆腐都是百姓餐桌上的最爱，“攸县皇图岭豆腐”更是名声远扬，据了解，皇图岭镇有上百户人家做豆腐。每逢赶集，镇上的豆腐摊子多达几十个。豆腐部分销售给了附近村民，另一部分则会将豆腐真空包装后发往外地，如广东、西安、广西等地，攸县皇图岭镇的豆腐产业已经发展成当地的特色支柱性产业。

二十六、祁阳墨鱼豆腐丝制作技艺

项目名称：祁阳墨鱼豆腐丝制作技艺

类别：2018年入选永州市第六批非物质文化遗产保护项目

申报地区或单位：永州市祁阳县

（一）概述

祁阳县始建于三国时期，至今有1800多年的历史，文化底蕴深厚，因地处祁山之南而得名，是老一辈无产阶级革命家陶铸同志的故乡。20世纪30年代，由祁阳县潘市民间厨师申建笃所创，原祁阳名人刘铁夫母亲八十寿宴上，申建笃在宴席上推出了墨鱼豆腐丝这款菜肴，赢得宾客的大力称赞。从此，墨鱼豆腐丝在祁阳流传至今，墨鱼豆腐丝成为当地逢宴必有的一款名菜，此道菜可谓荤、素荟萃，集豆类、肉类、海味营养之精华，属席上珍品。在祁阳，无论红喜事还是白喜事，无论官方还是民间，无论大酒店还是小排档，都有此菜的身影。

（二）特点

墨鱼豆腐丝

墨鱼豆腐丝以老母鸡、水豆腐、五花肉、干墨鱼为主料，辅以芹菜丝，还有湖南人最喜欢的辣椒粉为原料，制作方法是先将豆腐、干墨鱼（水发透）、鲜瘦肉、鲜肥肉、鲜冬笋均切成长约略大于火柴梗粗细的丝状，锅内放猪油，将墨鱼丝、瘦肉丝、肥肉丝、冬笋丝加酱油、辣椒粉入锅煸炒入味；再将豆腐丝下锅稍煸炒至表面略干，再将煸炒好的墨鱼丝、瘦肉丝、肥肉丝、冬笋丝放在豆腐丝上，加盐、高汤焖烧入味，最后再加芹菜、大蒜拌匀，调味精、胡椒粉勾芡出锅即成。制作墨鱼豆腐丝讲究刀工，五花肉、墨鱼和切豆腐丝是制作技艺的关键，确保豆腐丝的大小粗细均匀，此外，墨鱼豆腐丝的高汤很重要，要求汤清亮见底，鲜味才足。

（三）社会影响

近百年来，墨鱼豆腐丝已经成为祁阳人逢年过节、聚会喜事、酒席家宴的必备菜肴，味道鲜、嫩、辣、爽、滑的墨鱼豆腐丝，是古城祁阳人民智慧的结晶，也是最能反映当地特色饮食文化的地道佳肴，随着乡村旅游的发展，墨鱼豆腐丝也成为祁阳的美食标签，吸引了一批又一批前来寻味的食客。

二十七、张谷英油豆腐制作技艺

项目名称：张谷英油豆腐制作技艺
类别：2014年入选岳阳市第三批非物质文化遗产保护项目
申报地区或单位：岳阳市岳阳县

（一）概述

张谷英村属于岳阳县张谷英镇的一个行政村，地处岳阳、平江、汨罗三市县交会处，为中国保存最为完整的江南民居古建筑群落，明洪武年间，先祖张谷英迁至于此，名称由此得来。张谷英豆腐以张谷英村制作的为典型代表，张谷英村制作油豆腐已经有几百年历史。过去，张谷英村产新鲜豆腐，因新鲜豆腐不便保存和携带，从而通过油炸鲜豆腐技法，以便保存更久。

（二）特点

张谷英豆腐具有鲜嫩如乳、色白如雪、绵滑细腻、清鲜柔嫩、无豆腥味且有弹性、久煮不老不沉碎等特点。张谷英豆腐制作环节主要有选料浸泡、磨豆滤浆、煮浆点浆、成形、炸豆腐等。

张谷英村油豆腐

（1）选料浸泡　取黄豆去壳筛净，洗净后放进水缸内浸泡，冬天浸泡4～5小时，夏天浸泡2.5～3小时。浸泡时间一定不能过长，否则失去浆头，做不成豆腐。

（2）磨豆滤浆　黄豆浸好后，捞出，按每千克黄豆6千克水比例磨浆，用袋子（豆腐布缝制成）将磨出的浆液装好，捏紧袋口，用力将豆浆挤压出来。豆浆榨完后，可开袋口，再加水3千克，拌匀，继续榨一次浆。一般10千克黄豆出渣15千克、豆浆60千克左右。榨浆时，不要让豆腐渣混进豆浆内。

（3）煮浆点浆　把榨出的生浆倒入锅内煮沸，不必盖锅盖，边煮边撇去面上的泡沫。火要大，但不能太猛，防止豆浆沸后溢出。豆浆煮到温度达90～110℃时即可。温度不够或时间太长，都影响豆浆质量。把烧好的石膏碾成粉末，用清水一碗调成石膏浆，冲入刚从锅内舀出的豆浆里、用勺子轻轻搅匀，数分钟后，豆浆凝结成豆腐花。

（4）成形　豆腐花凝结约15分钟内，用勺子轻轻舀进已铺好包布的木托盆（或其他容器）里，盛满后，用包布将豆腐花包起，盖上板，压10～20分钟，即成水豆腐。

（5）炸豆腐　用刀把豆腐划成三角形状，然后放置七成热的菜籽油锅里炸，炸出的豆腐色泽金黄，空心酥软。

（三）社会影响

张谷英村油豆腐作为振兴乡村经济的重要产业，长期以来为当地农民增收和居民生活水平的提高做出了较大贡献，近年来，随着村子旅游名气的不断扩大，很多游客慕名前来品尝特色美食，为此当地很多村民重新开始学习掌握张谷英村油豆腐制作技艺，该技艺得到了更好的传承与保护。

二十八、张家界三下锅（土家三下锅）制作技艺

项目名称：张家界三下锅（土家三下锅）制作技艺

类别：2016年入选张家界市第三批非物质文化遗产保护项目

申报地区或单位：张家界市

（一）概述

张家界三下锅起源于明朝，又称为土家三下锅，过去人们是将腊肉、豆腐、萝卜一锅炖，做成“合菜”，味道鲜香，随着时代的发展，三下锅由原来的合菜，演变成现在知名度较高的土家三下锅。据史料记载，相传明嘉靖三十三年（1555年），倭寇在我国东南沿海地区大肆袭扰，朝廷曾多次派大军抗倭，都惨败告终。尚书张经上奏朝廷，请征湘鄂西士兵平倭，明世宗准奏，派经略使胡宗宪督办。永定卫茅岗土司、永顺司等奉旨率士兵出征，时值阴历年关，土司深知一去难返，决定与亲人过最后一个年，于是下令：“蒸甑子饭，切砣子肉，斟大碗酒，提前一天过年再出征。”因时间紧，来不及做许多菜，就将腊肉、豆腐、萝卜一锅炖，称作“合菜”。士兵上前线后，打败了倭寇，收复失地，世宗亲赐匾，匾上写着“东南战功第一”几个字，当地土家族人至今还沿袭着农历二十九过赶年的习俗。

（二）特点

张家界三下锅制作技艺具有内容丰富、可变性强、食材讲究纯正、荤素搭配、新鲜食材与熏腊食材搭配、口感丰富、香鲜等特点，土家族人用萝卜、豆腐、白菜、火葱、腊肉、红辣椒等食材合成一锅炖煮，三下锅汤鲜味香浓，注重食材的原汁原味。三下锅的原料由三种或三种以上原料组成，有荤有素，腊味是三下锅最为重要的食材，腊肉通过柴火熏烤而成，腊味黑中透红、肥而不腻，闻之腊香扑鼻。各种原料根据其成熟时间分批次下入锅中，最后将腊肉炖至酥烂，豆腐煮成蜂窝状，白菜萝卜软嫩、香甜，味道鲜美。现在张家界土家族人中依旧采用传统方式制作三下锅。

土家三下锅

（三）社会影响

土家族为了纪念意义深远的战功，每年土家族人有过早年的习俗，每年腊月二十九，土家族人就开始过年，家家户户均会制作土家三下锅，三下锅象征着土家族人对五谷丰登、合家团聚的美好憧憬，又能弘扬缅怀祖先的优良传统。随着时间的变迁，如今在餐饮饭店的三下锅制作技艺已经有了很大的变化，不再是用腊肉、豆腐、萝卜一锅炖制而成，而是在肥肠、猪肚、牛肚、羊肚、猪脚、香肠或猪头肉等食材中，选取三种或三种以上的食材，用干锅形式制作而成。三下锅是因人们的需求而创新的，三下锅也被赋予了新的生命力，这种地方味道已经在张家界人的心中根深蒂固。

二十九、浏阳白沙豆腐制作技艺

项目名称：浏阳白沙豆腐制作技艺

类别：2013年入选浏阳市第三批非物质文化遗产保护项目

申报地区或单位：长沙市浏阳市

（一）概述

浏阳白沙豆腐素有“浏阳一绝”的美称，产于浏阳革命老苏区名镇——白沙集镇，白沙豆腐选用优质黄豆和大围山下山泉水，采用传统豆腐制作工艺，口感鲜美嫩滑细腻，色泽洁白，豆香浓郁，成为浏阳知名美食。

（二）特点

浏阳白沙豆腐制作流程为选料、浸泡、磨豆子、煮浆、分离、点卤、装箱、成形等，优质的大豆原料加上纯净的山泉水，赋予了白沙豆腐细腻柔和的品质。选取当年收获的饱满黄豆，用大围山甘甜的山泉水，按1∶10的比例进行浸泡，浸泡时间约为10小时，此时脱壳干净的黄豆充分吸水。然后才是磨豆浆、经过过滤去渣、煮沸、点卤、加压成形等环节，点卤是制作豆腐至关重要的一环，生石膏买回来后，放灶膛里用火烧透烧熟，再用清水搅拌均匀，然后在烧开的豆浆里点卤。石膏量一定要恰到好处，做出来的豆腐才能保持好形状，且口感鲜美嫩滑，豆浆跟豆渣混在一起，用热水浸泡一下，过滤效果会更好，摇浆的作用就是把豆浆和豆渣分离开来，豆浆经过点浆后变成豆花。最后，豆花会在一个个木制小箱子里变成新鲜的白豆腐。

浏阳白沙豆腐

（三）社会影响

豆腐一直是浏阳白沙的传统产业，以前家家户户都能做。浏阳白沙豆腐是浏阳的特色食材，是来浏阳观光旅游的人必点的一道菜，当地名菜山泉豆腐、油豆腐烧肉、霉豆腐等都是用白沙豆腐为主料，现如今，白沙豆腐已经发展成年产值超过8000万元的大产业，村民在致富的路上越走越踏实。随着产品生产规模不断扩大，影响力也越来越大，近年来，产品已走出省内，远销江西、湖北、浙江、广东、上海等地。

三十、浏阳卤菜制作技艺

项目名称：浏阳卤菜制作技艺

类别：2009年入选浏阳市第一批非物质文化遗产保护项目

申报地区或单位：长沙市浏阳市

（一）概述

浏阳卤菜遍布于浏阳市内的大街小巷，尤以浏阳北盛镇的刘氏卤菜、市区圭斋路的唐氏卤味大王店历史最长，名气最大，这两家店的老卤保存的时间超过三十年，老卤水的芳香物质丰富，香味浓郁绵长，鲜味充足，因此卤制出的食物风味俱佳，深受当地百姓的喜爱，特别是鸡爪、鸭掌、鸭骨架等卤产品，被当地人称作“浏阳一绝”，浏阳卤菜具有香辣浓郁、味透肌理的特点，卤味的颜色从枣红到深红色，层次不一，浏阳卤味所使用的卤汤添加了多种中药成分，增加了滋补的功效外，更赋予卤味独特的重要香气。

（二）特点

浏阳卤菜

浏阳卤菜可热食，也可冷食，制作浏阳卤菜的原料选择颇为丰富，以荤为主，最受当地人欢迎的是卤鸡爪、卤鸭骨架、卤豆腐干、卤鸭脖、卤鸭舌、卤鸭掌、卤猪蹄等。浏阳卤菜根据食材属性不同，卤制的火候则各有侧重，即使同一锅出来的卤味，在卤味的口感上也有差异，有的酥软、柔润多汁、脆嫩、香糯、干香爽口、肥而不腻等，有些卤味还有一定的嚼劲与弹性，由于卤菜中加入了一定量的辛香味和香气的调料，属于典型的湘式卤水，口感以香辣为主，卤香扑鼻、回味悠长，有醇厚的五香味感。浏阳卤菜卤制过程中，考虑让卤制食物的上色入味，需要反复的卤制，只有卤水充分渗透到骨头里，色香味才俱全。卤汁后的食材，要立刻均匀地摊开，快速散热，冷却后会在表面涂上一层麻油，以防止卤菜表面风干变色，才能保证产品更新鲜。

（三）社会影响

浏阳卤菜是浏阳民间的传统美食，浏阳卤菜的兴盛，离不开当地出产好酒的原因，众所周知，浏阳河酒是全国知名的白酒，从明朝便开始兴起，浏阳酿的酒品质好，浏阳人也会喝酒与品酒，因此，餐桌上总少不了下酒佳肴——卤菜，这也印证了一个普遍规律，在中国，凡是出产好酒的地方，其卤菜饮食文化也会随之兴盛，因此卤菜制作技艺也是最为讲究的，在湖南的另一个城市——邵阳，其武冈卤菜也是声名远播，邵阳同样也是出好酒的地方。直至今天，浏阳卤菜成为浏阳人不可或缺的餐桌美味，在浏阳人的宴请中，有“无酒不成席，无卤不成席”的说法。

三十一、嘉禾凌云豆腐制作技艺

项目名称：嘉禾凌云豆腐制作技艺

类别：2017年入选郴州市第五批非物质文化遗产保护项目

申报地区或单位：郴州市嘉禾县

（一）概述

凌云豆腐是郴州市嘉禾县的特产，采用优质黄豆手工磨制而成。由于凌云村特有的优质水源，凌云豆腐具有雪白鲜嫩、细腻、滋味醇浓等特点，无论煎煮，口感极佳，堪称嘉禾名菜一绝。“外表八十岁，里面十八岁”说的是凌云豆腐表皮金黄如八十老太的皱纹，内心细嫩如十八少女的肌肤。凌云豆腐包括水豆腐、油炸泡豆腐、油炸满心豆腐三种。三种豆腐各具特色，其中水豆腐雪白鲜嫩，用水拌葱煮，久煮棱角不钝，汤水不浊。油炸泡豆腐和五花肉焖制食用，滋味醇浓。油炸满心豆腐表皮色泽鲜艳、金黄，内心如雪似玉，集香、酥、嫩于一体。

（二）特点

凌云油豆腐

“凌云豆腐”是嘉禾豆腐的杰出代表，这里的黄豆磨豆腐浆多渣少，豆腐脑细腻洁白。豆腐制作主要经过浸泡黄豆、打豆浆、煮豆浆、点卤、定型等环节。嘉禾县制作的豆腐不同于北方的老豆腐，豆腐从模子里刚卸出来，称作“水豆腐”。嘉禾县人民为了保存豆腐，发明了用茶油炸制的方法。水豆腐被切成不同的形状放进新榨的茶油里炸制，一寸方、两寸长似枕头般，炸好的油豆腐可以直接煮食。

嘉禾人烹制豆腐讲究“千滚豆腐万滚鱼”，焖煮的时间越长，豆腐越好吃。要品尝嘉禾豆腐最纯正的味道就是水煮，加入姜、蒜、辣椒等配料和盐调味，焖熟即可食用。嘉禾凌云豆腐可以做成不同特点的豆腐制品，应用十分广泛。水豆腐还被切成了一寸方的块和一寸宽两寸长两分厚的薄片，一同在茶油里炸制。一寸方的块可以炸制空心的“泡仔豆腐”，也可以炸制瓷实的“满心豆腐”。

（三）社会影响

从凌云豆腐衍生出来的美食吃法有多样，在嘉禾一带最盛行当数豆腐酿，在田心乡凌云村如今还流传着“豆腐全席”，凌云还有一条以豆腐而闻名的街巷，曾经每家每户都制作豆腐，制作好的豆腐一般通过隔壁村庄，集市售卖，在当地具有一定的知名度。

三十二、抖辣椒制作技艺

项目名称：抖辣椒制作技艺

类别：2017年入选郴州市第五批非物质文化遗产保护项目

申报地区或单位：郴州市安仁县

（一）概述

安仁抖辣椒是湖南省安仁县的一道名菜，抖辣椒，“抖”即“捣”之意，安仁人发明了一种抖杵和抖辣椒的器具椒钵（又称焦钵），这两样东西原本是用来研磨草药的。相传，神农氏曾到安仁教化当地百姓，有“制耒耜奠农工基础，尝百草开医药先河”一说，民间也有“药不到安仁不齐，药不到安仁不灵，郎中不在安仁不出名”的谚语，安仁自古以来就是药乡，依中医“药食同源”之说，这用来抖药材的器具便借来抖辣椒，一物两用。

安仁还有句俗语：“午无抖辣子不饱，晚无抖辣子不安”，可见当地人对抖辣椒的依赖程度。安仁县属中亚热带季风性湿润气候区，又是半山半丘陵地区，县内万洋山、五峰仙、武功山等山峰矗立，形成了“三山夹两盆（地）”的地貌格局。正是这种温暖湿润的特殊地理环境，形成了安仁辣椒的独特风味。有关专家认为，安仁辣椒辣中带香，吃了安仁抖辣椒，夏秋增食去暑，开胃下饭；春冬驱寒御冷，杀毒祛病。安仁人除抖辣椒之外，还开发了抖豆角、抖黄瓜、抖茄子等品种，形成了安仁独具特色的饮食文化。

（二）特点

椒钵是安仁本地出产的特制钵，陶艺烧制而成，钵里面比较粗糙，内壁有一道道带规则型的条痕，便于摩擦抖碎和不使辣椒外溅，外面光滑漂亮，呈板栗色，有古色古香之韵味，钵口上宽下窄，像喇叭形。用于抖辣椒的小木槌，长度为六七寸，大小与擀面杖极为相似。

抖辣椒

椒钵抖辣椒的常用调料包括盐、油、味精、葱、姜、豆豉油和香油，辣椒是安仁自古流传下来的辣椒品种，个不大，肉质不厚，有甜嫩口感。椒钵抖辣椒制作过程首先是用一根根篾签将一颗颗辣椒串联起来，藏于没有明火的滚热的柴灰中，隔两三分钟翻动一下，使两边都煨熟，将辣椒从灰中扒出，吹散和抖落残留在辣椒上的灰，投入放了各种佐料的椒钵里抖烂，就可以上桌了。现在人们制作抖辣椒工艺简化了，将油烧热后，放入洗净的新鲜辣椒，炸制表皮略皱后，直接盛入椒钵抖碎，调味后便可食用。

（三）社会影响

抖辣椒作为安仁一道极具特色的家乡美食，历史悠久，沿袭至今，原因在于它贴近生活，贴近人们的口感。困难时期，农民把辣椒抖烂加点盐就可以下饭，帮助老百姓渡过了一个又一个艰难时期。近年来，随着人们生活水平的提高，椒钵抖辣椒工艺与吃法不断发展，花样百出，不管是哪种类型的抖辣椒，吃起来都是有滋有味，使之胃口大开。

三十三、花垣豆腐制作技艺

项目名称：花垣豆腐制作技艺
类别：2009年入选湘西土家族苗族自治州第七批非物质文化遗产保护项目
申报地区或单位：湘西土家族苗族自治州花垣县

（一）概述

花垣县位于湘西土家族苗族自治州西部，自古以来有“西南门户”之称。花垣豆腐俗称“菜豆腐”，具有浓郁的地方风味，制作技艺非常独特。花垣豆腐采用酸汤点豆腐，趁其凝固时放入新鲜的青菜叶子，加热过程中使豆腐与菜有机结合形成豆腐。花垣菜豆腐虽是一道最为普通的家常菜，但当地苗族人却十分喜爱，有民谚赞道：“菜豆腐着了盐，等于过了年”。豆腐有南豆腐、北豆腐之分，主要是用于点豆腐的凝固剂不同。通常南豆腐采用石膏点制，含水量较高而质地细嫩，北豆腐多用卤水或酸浆点制，质地与南豆腐相比较老，但豆腐味更浓，花垣菜豆腐传统制作技艺利用的是酸汤作为凝固剂，湘西苗族人喜欢酸食，家家户户都设有酸坛，因此，当地人取用酸水十分便捷，这种就地取材的优势，也就为用酸浆制作菜豆腐提供了原料保障。

（二）特点

湘西苗族大多生活在偏远山区，豆腐被人们誉为“植物肉”，可以很好地补充人体需要的蛋白质，而且，苗族菜豆腐有细嫩、鲜软、香浓的特色，成为苗族人日常最喜食用的主菜之一。菜豆腐质量的好坏全在这酸汤水“点”的功夫上，这里的人家家都有吃酸浆水菜的习惯，用上好的酸浆水点出的豆腐具有活、细、绵、嫩的口感特征，回味清淡，略带甘甜。花垣豆腐制作流程为选料、石磨磨浆、煮浆、点浆、成形等。

（1）选料　选择粒大、颗粒均匀的黄豆，配以青菜的瓜叶，其中瓜叶可换成白菜，外加酸汤（即老坛酸水）、盐、生姜、葱、猪油、水等原料，瓜叶清洗干净，切烂揉细，清洗掉部分苦水，生姜切成细末，葱切成寸段。

（2）石磨磨浆　将黄豆浸泡10小时，用石磨磨成浆，要求豆浆磨得越细越好。

（3）煮浆　将磨好的黄豆浆趁冷放到锅内煮，当豆浆煮开将要溢出锅边时随即放入青菜，稍加搅拌，菜煮熟就立即移火，锅子烧热，放入黄豆浆继续搅拌均匀。

（4）点浆　用“苗酸汤”点浆难度大，将锅抬到地上，然后用铁勺或是小瓢舀，将事先准备好的酸汤绕圈浇到锅内，淋两次后再用勺舀其中的汤水反复淋入锅内，使酸汤分次加入锅中，直到看到菜豆腐逐渐往下沉、汤水逐步清亮起来、豆腐凝固与青菜融合后方可捞起。

（三）社会影响

花垣豆腐成为花垣苗族的日常餐桌菜肴，在当地，谁家磨了菜豆腐，都要请四邻八舍来吃一碗，成为亲朋邻里相互赠送、联络情感的一种礼俗，菜豆腐在豆腐的营养成分中还增添了维生素，不仅味道独特，而且改善了豆腐的营养价值，菜豆腐做法多样，可以煎、炒、煮、炸，成为制作各种苗菜的极佳辅料。

三十四、洪江血粑鸭制作技艺

项目名称：洪江血粑鸭制作技艺

类别：2019年入选怀化市第六批非物质文化遗产保护项目

申报地区或单位：怀化市洪江市

（一）概述

洪江特色美食最具代表性的就是“洪江血粑鸭”，它是逢年过节、招待亲友的餐桌上必上的一道菜肴，用料十分讲究，成品以浓香、味足、色泽金黄、质地酥软鲜美而著称。洪江血粑鸭的独特，其一在于制作血粑入菜，其二在于用洪江特制的“洪江甜酱”精炒。血粑由糯米浸泡后加鸭血，再蒸熟切块煎炸后，根据口味选择投放时机。“洪江甜酱”是洪江古商城百年老字号源春酱房于咸丰五年（1855年）开创的知名品牌，是用来炒鸭、鹅、鸡及猪牛肉的上乘佳品，在西南及湘西享有盛誉。

血粑鸭

（二）特点

洪江血粑鸭选用的原料有老水鸭、血粑、仔姜、猪五花肉和红辣椒，调味品有盐、味精、米酒、洪江甜面酱、菜籽油、八角、桂皮、干红椒、洋葱、酱油等，洪江血粑鸭制作技艺有一定的独特性，需要提前制作好血粑，鸭肉也要经过长时间的反复煸炒出香味，然后进行焖制，形成酥软的口感。洪江血粑鸭的具体制作方法如下。

（1）血粑制作　新鲜鸭血倒入洗净的糯米，加入食盐，向一个方向搅拌上劲，放到蒸锅中蒸大约30分钟蒸熟备用。

（2）血粑鸭制作　鸭子去毛去内脏洗净，砍成小块，锅内放入适量茶籽油，烧至五成热时，先下入鸭头、鸭掌等部位进行煸炒，然后依次放入鸭肠、鸭肝、鸭肉和五花肉煸炒，五花肉用以增香，鸭肉经过长时间的煸炒，猪五花肉，鸭皮爆炒出的独特油脂香味被鸭肉充分吸收，中小火较长时间煸炒鸭肉至表面呈金黄色，香味四溢。

（3）调味　放入洪江特产甜面酱、米酒、盐、酱油、八角、桂皮调料，继续煸炒片刻，再加入清水焖制约20分钟，在焖制鸭肉的过程中，进行血粑的加工处理，将蒸熟的血粑切成约0.5厘米厚的薄片，放入油锅中炸酥后捞出，再与焖制好的鸭肉混合，最后加入切好的姜片、红椒、血粑等进行合炒，收汁即可。洪江血粑鸭色泽金黄，鸭肉红褐色，酥软鲜香，香味浓郁。

（三）社会影响

在洪江人心目中，洪江血粑鸭已经成为洪江美食的代名词及文化名片，“洪江血粑鸭”经过一代又一代洪江人的努力，兼收并蓄、特色鲜明、味道鲜美，犹如一道靓丽独特的风景，在洪江美食中占据魁首，并已走出沅巫之地，享誉三湘四水、蜚声大江南北。

三十五、东江鱼制作技艺

项目名称：东江鱼制作技艺

类别：2017年入选郴州市第五批非物质文化遗产保护项目

申报地区或单位：郴州市资兴市

（一）概述

资兴市位于湖南东部耒水的上游，与广东省交界，境内水资源丰富，大小支流共有四百多条，东江是湘江源头之一，江水清澈，水质达到了国家一级饮用水标准，这也是东江鱼品质优良的原因。从古至今，渔业是资兴人民的主要生活来源，清末时期，《兴宁县志》对资兴境内丰富的水产品资源有详细记载，在资兴民间，流传着“宁可一日无肉，不可一日无鱼”的俗语。由于渔业的兴旺及当地人对鱼的饮食依赖，使得资兴人民对鱼的加工和贮存技艺得到了不断的改良与提升。

（二）特点

东江鱼以干鱼为主，还有腌干鱼、火焙鱼、坛子鱼等制作方法，其中，以东江鱼腌干鱼制作技艺最具特色，东江鱼腌干鱼制作技艺主要是选取东江湖的翘嘴鱼、刁子鱼、黄板刁、红尾密鲴等中小型鱼类为原料。腌干鱼主要有初加工、腌制、清洗浸泡、蒸制、晾晒风干、烘干、烟熏等环节。

东江鱼干

（1）初加工　将鱼宰杀后，去内脏，去鳃，并清洗干净。

（2）腌制　按每100千克鱼肉加食盐1～2千克、白糖1～6千克进行腌制入味，放在器皿中采取分层腌制，腌制时间根据天气而定，夏季12～24小时，冬季2～3天。

（3）清洗浸泡　腌制完成后，用清水将鱼洗净，再用清水浸泡3～6小时。

（4）蒸制　将东江鱼放到蒸锅中，用大火蒸1小时左右，蒸制鱼鳞松动即可。

（5）晾晒风干　将蒸好的鱼放置在专门的晾晒架子上风干。

（6）烘干　最后将其放置在柴火上烘干，温火烘烤时间为12小时左右，注意中间过程需要及时翻动。

（7）烟熏　将烘干的腌干鱼用稻谷壳、茶籽壳，进行烟熏6～8小时。

东江坛子鱼主要做法为：东江鱼初加工，清洗干净后，砍成块状，然后用盐、米酒腌制24小时，过程中需要翻动几次。将腌制好的鱼肉沥干水，放在通风地方晾晒2小时，加入姜末、五香粉、辣椒粉混合均匀，再将少量米酒倒入鱼盆内，与芝麻拌匀，泡菜坛洗净，晾干，将拌匀的鱼块放入坛中，压实，密封7～10天，成为东江坛子鱼生坯。

（三）社会影响

自古以来，渔业是资兴人民的主要生活来源，是资兴人民长期生活的智慧与影响力，东江鱼是郴州的四大特产之一，成为郴州人居家、旅游、宴席的特色佳肴及馈赠礼品。东江鱼系列产品有鱼中极品——东江银鱼，其子产品“东江鱼干”曾获省农博会金奖，随着现代化生产设备的采用和工艺的进一步优化，东江鱼的生产规模日益扩大，其影响力也越来越大。

三十六、水府火焙鱼制作技艺

项目名称：水府火焙鱼制作技艺

类别：2016年入选湘潭市第四批非物质文化遗产保护项目

申报地区或单位：湘潭市湘乡市

（一）概述

水府庙水库位于湘乡市，库区呈“水中有岛、岛上有景”的地形，被称为“湘中的千岛湖”，据介绍，库区四周群山叠嶂，拥有44.3平方千米的水域面积，好水出好鱼，水府庙水库以其独特的水质孕育了鳜鱼、银鱼等多个上等食材，水府火焙鱼就是其中一个代表特产，其原料品质优良、加工手法独到，成为餐饮市场上十分走俏的菜肴。

（二）特点

水府火焙鱼

水府火焙鱼选用的食材是叼子鱼，叼子鱼又称翘嘴白鱼，它生活在水质清澈的湖水中，以小鱼小虾为食，生长条件极为苛刻，水质一旦浑浊受污染，非但不能生长，而且容易死亡，叼子鱼是吃肉长大的鱼，其自身的蛋白质含量则更加丰富，再加上叼子鱼的行动迅猛，善于跳跃的特性，使其肉质特别紧实和鲜活。水府火焙鱼的制作工艺烦琐，从选料到清洗沥干，再到腌制清洗、杀菌消毒、晒干、烘焙，再配以糟糠、木屑烘烤工艺，熏制出炉后，火焙鱼完整如初，满身金灿灿，不黏油不焦枯，具有酥中含软、韧里带酥的口感，水府火焙鱼无论焖、蒸或炒等方法成菜，都是餐桌上的上等下饭菜。

（1）筛选　按鱼的大小不同进行分类，再进行初加工处理，将叼子鱼里面的内脏去除，内壁膜去掉，清洗干净。

（2）腌制　用5%的盐腌制一天之后，鱼肉变得更加紧实后再洗去表面过多的盐分。

（3）蒸煮　经过蒸煮的咸鱼腥味已去除干净，取而代之的是满屋肉香，鱼肉变得更软，口感更佳，然后将鱼的表面水风干即可进入熏制阶段。

（4）烟熏　水府火焙鱼讲究的是冷火慢熏，慢慢入味。采用稻壳、油糠、茶籽壳等传统原料按配比混合，同时辅以花生壳、橘子皮等材料熏制，由于鱼的品种不同，大小各异，其配比也各不相同，火候要掌握好，熏制好的鱼金黄剔透、色泽鲜亮、香味扑鼻，自然冷却之后即可包装储存。

（三）社会影响

水府火焙鱼产品种类很多，有叼子鱼、水府四宝、水府鳜鱼、水府棍子鱼、水府银鱼等多个品种，受火焙鱼制作技艺的影响，火焙鱼因品质优良，成为湖南畅销土特产，当地的养殖业规模也变得越来越大，成为农民增收的重要渠道，随着水府庙水库被列为省级旅游开发计划项目，火焙鱼制作技艺必将获得更大的发展空间。

三十七、靖港八大碗制作技艺

项目名称：靖港八大碗制作技艺
类别：2018年入选长沙市第六批非物质文化遗产保护项目
申报地区或单位：长沙市望城区靖港芦花江传统小吃店

（一）概述

靖港原名芦江，位于湖南省长沙市湘江下游西岸，距离长沙城区约30千米，曾为三湘物资集散的繁荣商埠，商贾云集，美食遍地，更有诗句“船到靖港口，顺风都不走”的美赞。“靖港八大碗”盛于清朝，八大碗是指有八大菜式，分别是大杂烩、鱿鱼笋丝、清蒸整鸡、焖肚片、八宝果饭、清炖牛肉、黄焖鲜鱼和虎皮扣肉。

（二）特点

八个菜品款式在制作技艺上各不相同，取自于当地饮食之精华，靖港八大碗选料严谨，包括家禽家畜、海鲜、山货、鱼肉、果蔬等原料，配料讲究，烹调技法精细，营养搭配非常合理，整桌宴席本色本香，原汁原味。

靖港八大碗

1. 大杂烩

大杂烩用大海碗盛装，制作工序繁杂，食物组成丰富，垫底的一层是红烧猪脚，往上三层为红烧肉丸、橄榄肉丸、蛋卷肉丸，最上面一层为猪内脏和其他配料的组合，猪心、猪舌切成薄片，鱿鱼切丝，加入笋尖、木耳、香菇合炒，至熟时加入高汤小火烩制，盖码在上面，此为“鱿鱼席”。豪华八大碗则加盖海参，称为“海参席”，大杂烩是八大碗中的一道头菜。

2. 鱿鱼笋丝

此菜以笋子为主，鱿鱼只是盖码，加工时干笋先用清水浸泡一夜，使之泡发成柔软白嫩之笋，再切成细丝，放入热锅中煸干水分倒出，放入茶油加热，再将笋干放入热油中爆炒，加入猪筒子骨，用小火焖制入味。鱿鱼需放入冷水中，添加少许食用碱，浸泡一昼夜，使之膨化至软，细切成丝后，与里脊肉、韭黄等合炒，笋子装碗上桌前，将鱿鱼丝盖码在面上，笋子脆嫩，鱿鱼鲜美。

3. 焖肚片

鲜猪肚用清水刮洗，用白醋、料酒揉抓，洗去黏液与腥味，然后用热水焯水，定型后，用清水煮熟，猪肚临近软烂即可起锅，切成指宽的片状，净锅置旺火上，倒入适量油烧热，放姜片、红椒片、猪肚片炒香，加入原汤，调盐、胡椒粉，撒葱段，猪肚酥软即可食用，既可增强体质，又有补血之良效。

4. 清蒸整鸡

清蒸整鸡是靖港八大碗宴席的第四道菜，其肉质鲜嫩，质地熟烂。整鸡腹开取内脏，以保持鸡身完整。洗净后，将五圆（桂圆、红枣、莲子、枸杞、龙眼）填入鸡腹中，有时也放淮山等中药，以增其滋补功效。鸡身表面均匀涂抹细盐后，放入蒸笼蒸熟，即可上桌。

5. 八宝果饭

糯米先用冷水浸泡，干蒸至熟。取“八宝”即莲子、桂圆、柿饼、红枣、橘饼、白果、葡萄干等，将冰糖掺入干蒸后的糯米饭中，拌匀。碗里遍抹凝固的猪油，不宜过厚，厚则腻口。又将莲子等嵌入猪油中，丝状的柿饼、橘饼、桂圆肉和去核的红枣等，摆成简单图案嵌入猪油中，再将糯米饭盛入碗中，入笼蒸熟，取出倒扣于盘中，以冰糖化水挂汁装盘。八宝果饭是一道纯粹的甜食，味香甜软糯。

6. 清炖牛肉

清炖牛肉是八大碗中唯一的汤菜，牛肉取肥瘦得宜的牛腩，将牛腩切成一寸见方的肉块，放入冷水中焯水，撇去浮沫，沙罐中放入清水，将牛肉和冷水炖煮，用盐、胡椒粉、葱、料酒、生姜调味即可。

7. 黄焖鲜鱼

取0.5～1千克的鲜鱼，去鳞、去鳃、腹开去掉内脏，用盐腌制片刻，放入锅中油煎，煎至表面稍黄，转小火再翻边再煎，然后加入用猪骨熬成的“原汤”，原汤盖过鱼身，加姜丝、干红辣椒、盐以及少量的醋，盖上锅盖焖煮酥软入味即可。

8. 虎皮扣肉

虎皮扣肉是靖港八大碗最后一道菜，选用宁乡所产肥猪，挑选五花肉，先将锅烧红，将肉皮贴锅烧去残毛，用温水刮洗干净，放入锅中煮熟，煮至程度以筷子能一戳即穿为宜。捞出后以糯米甜酒稀释后，涂抹肉皮、茶油入锅中烧红，将肉块放入高油温中炸制，至金黄色时捞起，放入清水中浸泡，使肉皮皱起，形似虎皮。从锅中捞出后，将肉切成厚片状，肉皮朝下，放入碗中，撒上盐、酱油，上盖干红辣椒、浏阳豆豉等调味品。放入蒸笼蒸熟，出笼后倒扣于盘中上席，造型优美，色泽诱人。

（三）社会影响

靖港八大碗的由来，起源于商埠的船工文化，当年靖港街上的餐馆，大厨们都把烹制最高水平八大碗当作看家本领，船夫、商人进馆就先来八大碗，红白喜事离开八大碗也不成席，经过上百年的演变，以前作为饭馆中最为讲究的菜肴款式，后来发展为当地人用于喜庆节日的宴席款式，如今，靖港八大碗更接地气，其经济实惠，本色本味，成为当地人最喜爱的饮食。

三十八、浏阳素食菜制作技艺

项目名称：浏阳素食菜制作技艺
类别：2009年入选浏阳市第一批非物质文化遗产保护项目
申报地区或单位：长沙市浏阳市

（一）概述

在浏阳大街小巷里都有浏阳素食菜这种美食，选用新鲜蔬菜，通过择洗干净、风干、晾晒、酱泡等流程制作，加入甘草粉、辣椒粉、辣椒酱、糟料、味精等辅料制作而成，品种丰富，常见的有甜酸青菜、甘草刀豆、甘草茄皮、紫苏苦瓜、泡萝卜、豆豉姜、豆豉剁辣椒、白糖瓜蔬、糖晒刀豆、糖晒苦瓜等二十多个品种，口味甜酸微辣，属于开胃健脾的绿色食品。

（二）特点

浏阳素食菜具有鲜、甜、脆、嫩的口感特点，不需要烹调便可直接食用。由于浏阳素菜花色多、味道美、容易储存、方便携带，又可作礼品送人，因而深受消费者欢迎。浏阳素食菜首重选料，优质的新鲜食材是产品健康美味的关键因素，如生姜、酸枣、萝卜等，经井水清洗、切配、腌制、晾晒、酱泡等环节制作而成。

（三）社会影响

浏阳素食菜产业获得了政府的大力支持，传统浏阳素食菜主要为家庭作坊式生产模式，并只在浏阳大街小巷的素食商店、走街串巷的小推车上进行营销，局限于当地，自产自销，这种发起于浏阳民间的美食，随着浏阳素食产业的发展，许多大型食品企业开始引进现代先进设备与改良工艺流程，生产浏阳素食菜，浏阳素食菜也逐渐向品牌化、规模化生产方式转变，成为大众消费的休闲食品。

三十九、湘乡蛋糕制作技艺

项目名称： 湘乡蛋糕制作技艺
类别： 2014年入选湘潭市第四批非物质文化遗产保护项目
申报地区或单位： 湘潭市湘乡市

（一）概述

湘乡古称龙城，位于湖南省中部，属湘潭市管辖县级市，是湘军的起源地。湘乡蛋糕又名湘乡蛋糕花、湘乡蛋卷，被誉为湘乡第一名菜，在湘乡的传统宴席中，有“无蛋糕不成席”一说，蛋糕花是宴席头菜，也是他们逢年过节餐桌上必不可少的一道菜，湘乡蛋糕口感酥软，味道鲜美，老少皆宜，传承至今有300余年历史。

（二）特点

湘乡蛋糕一般作为头菜压席，以五花肉泥、鸡蛋、红薯淀粉等为主料调制而成，制作湘乡蛋糕的取材简便，制作工艺却十分讲究、复杂。湘乡蛋糕制作主要有烫蛋皮、制馅、卷蛋卷、蒸制、烹调等环节。

湘乡蛋糕

（1）烫蛋皮　选用新鲜土鸡蛋打入碗中，用筷子充分搅拌成似水状（筷子夹起来不牵丝），锅内涂抹一层薄薄的猪油，待锅烧热后倒入蛋液快速转到锅体，将其烫成色泽金黄、厚薄均匀的蛋皮。

（2）制馅　新鲜五花肉洗净剁成细腻的肉泥，肉泥置于盆内，加入红薯淀粉、姜末、盐、胡椒粉等搅拌上劲，用盐、姜末、味精调味，红薯淀粉的加入可以让蛋糕花的口感更加弹软。

（3）卷蛋卷　将烫好的蛋皮铺开，取适量调好的肉泥（根据蛋皮大小）放在蛋皮上摊开抹匀，刷成蛋液，再将蛋皮包裹的肉馅卷起，收口处抹上蛋液黏合，形成滚筒状。

（4）蒸制　蛋糕卷置于蒸笼内摆放整齐，上灶蒸制30分钟，蒸熟后出笼改刀成小块，可直接食用。

（5）烹调　蛋糕卷改刀后，一般以大片瘦肉加整颗干香菇，辅以红椒、胡椒粉等食材焖煮，大碗（海碗）盛装，最后将刚出蒸笼的湘乡蛋糕花铺排其上，要有堆叠状，菜肴口感原汁原味，软嫩鲜香。

（三）社会影响

湘乡的蛋糕席是湘乡城乡中最为普遍的一种宴席，蛋糕是这种席面上的第一道头菜，对于蛋糕花的制作，湘乡人可谓是家喻户晓，蛋糕花寓意着团团圆圆，味道鲜美，因此凡是逢年过节、红白喜事，总少不了这道菜，2014年，湖南省举办的第九届湘菜文化节中，湘潭市推选的“湘乡蛋糕”菜肴被授予湘潭招牌菜称号，与此菜一并评选上的还有毛氏红烧肉、一品湘莲、水鱼炖羊肉、剁椒鱼头、茶油焖土鸡等知名湘菜。

四十、桂阳坛子肉制作技艺

项目名称：桂阳坛子肉制作技艺

类别：2014年入选郴州市第四批非物质文化遗产保护项目

申报地区或单位：郴州市桂阳县

（一）概述

桂阳坛子肉又名辣酱肉，是湖南桂阳的传统名菜，菜肴芳香扑鼻，鲜辣可口，肉质肥而不腻，入腹回味绵长。此菜传说是三国时期蜀国名将赵子龙将军智取桂阳郡时，因驻守桂阳郡期间治军抚民有方，军不扰民、受到老百姓拥戴，老百姓同呼桂阳郡为子龙郡。为表达对赵子龙将军的爱戴之情，当地老百姓用猪肉皮和五花肉放入辣椒酱坛子里，采用民间传统工艺腌制数月后，赠送给赵子龙将军下酒，其味道又香又辣，回味悠长，赵子龙将军不舍独享便赠予主公刘备享用，刘备食后食欲大开，赞不绝口，随即赐名“子龙郡坛子肉”，子龙郡坛子肉由此而得名，流传至今。

桂阳坛子肉

（二）特点

桂阳坛子肉制作流程为选料、初加工、调制辣椒酱、装坛、封坛、煨制等。

（1）选料　猪肉以农家土猪肉为上品，土猪肉弹性极大、质地柔韧、味道鲜美，猪肉的部位一般以五花肉为主，肥瘦相间，肉质细嫩。辣椒要选择本土太和、方元生产的五爪辣椒，其因地理土质气候特别而独具香辣口感，香辣浓郁。

（2）初加工　猪五花肉烙毛，用温水刮洗干净，先焯水，改切成小块，将黄干椒切段，大蒜籽、五爪辣椒去蒂洗净，净锅置旺火上，锅内留适量油，下五花肉入锅煎至表面微黄吐油，加水配以黄干椒、大蒜籽卤煮片刻。

（3）调制辣椒酱　洗净备用的五爪辣椒切碎加入适量食盐和水制成辣椒酱，锅中少量油，烧热后，加入辣椒酱调味炒香。

（4）装坛、封坛和煨制　将辣椒酱与方块的五花肉拌匀，有序整齐码放到陶制坛子中，放置时间最少一个星期，再用锡纸（润湿）封严坛口。将坛置于炉灶上用小火煨至酥烂即可。

（三）社会影响

桂阳坛子肉制作技艺历史悠久，三国时期赵子龙率军平定桂阳郡，由于连年战争造成当地农民生活贫苦，赵子龙便减租免赋，并号召农民养猪种田，农民过年宰杀猪后，为了长时间保存猪肉，人们采用将肉与花椒粉、酒拌匀，放入陶罐中，密封保存，这也与桂阳地方自古就盛产陶瓷有一定联系。2014年，湖南卫视湘菜纪录片《湘菜味道》中，就拍摄了此道菜，使越来越多的消费者了解桂阳坛子肉的历史与文化。

四十一、靖州水腌菜制作技艺

项目名称：靖州水腌菜制作技艺

类别：2018年入选怀化市第六批非物质文化遗产保护项目

申报地区或单位：怀化市靖州苗族侗族自治县

（一）概述

靖州位于湘西南、湘黔桂三省接边区域，是全国唯一的苗族侗族自治县。生活在山区的靖州人民素有“食不离酸”的习惯。清光绪《靖州乡土志》载：“苗饮食有腌瓮，杂置鲑、菜，腌为一瓮，最为珍味”，靖州水腌菜具有酸、爽、脆、香等口感特点，为下饭佳品，当地老百姓喜用水腌菜用作调味，增加食欲，以前家家户户都会制作水腌菜，如今，随着农村人口和劳动力逐步向城市转移，外出务工者日渐增多，制作水腌菜的农户逐渐减少，然而，又因水腌菜为纯手工操作，劳动强度大，其制作技艺也面临着失传的危机。

（二）特点

靖州水腌菜的制作主要有选料、初加工、晾晒、腌制、装坛、封坛等环节。

（1）选料　选用原味香甜、纤维粗细适度的大头菜，此大头菜一般种在阳坡上的山地或环境开阔的稻田，以保证大头菜的根、茎、叶硕大、壮实，大头菜进入成熟期，即可将其从地里取出来。

靖州水腌菜

（2）初加工　将大头菜除去泥土，削去根须，细心剔除枯黄腐朽的菜叶后，刮净菜头上的表皮，将菜头清洗干净，然后切成长条形状，形状大小与菜茎基本保持一致。

（3）晾晒、腌制、装坛　将切好的大头菜挂在晒场的竹竿上晾晒，摆放整齐，晾晒好的大头菜比较干燥，分成小把，用一根洗干净的稻草捆扎，然后一层一层地装入土陶瓷坛中，按照一定比例配置好腌制需要的盐水和辅料，再将洗干净的稻草塞紧坛口，最后将坛子倒伏在放有干净井水的陶瓷盆或木盆中，进行无氧发酵。夏天温度高，发酵时间为10～12天，冬天温度低则需发酵27～30天。

（三）社会影响

水腌菜制作技艺是靖州人民在千百年的生产与实践中创造与总结出来的传统技艺，近年来，靖州水腌菜已经成为当地农民实现脱贫致富的土特产，在当地政府科学领导下，在乡村组建了“企业+种植大户”的运行机制，以前名不见经传、农家自产自销的水腌菜，如今发展成一定规范的水腌菜生产企业，带动了全村村民就业增收，将来，水腌菜制作技艺将致力于深加工产品，并推向全国市场，进一步提高村民收入和水腌菜知名度。

第二节　面点传统制作技艺非物质文化遗产

一、麻香糕传统手工技艺

项目名称：麻香糕传统手工技艺

类别：2008年入选湖南省第二批非物质文化遗产保护项目

申报地区或单位：益阳市沅江市

（一）概述

沅江市位于湖南省东北部，濒临洞庭湖滨，沅江的农业基础雄厚，粮油等农产品资源相当丰富。麻香糕是沅江人于1821年（清道光年间）创制，在洞庭湖一带广为流传，被誉为“洞庭一绝”，其制作技艺传承至今已有近两百年历史。沅江麻香糕主要利用洞庭湖区所产黑尼糯米、芝麻、蔗糖为主要原材料，通过十多道制作工序加工而成，产品具有薄脆香甜、酥松可口、落口消融等特点。沅江麻香糕的历史源远流长、文化独特、底蕴深厚，与湘潭的灯芯糕、湘乡的烘糕、宁乡的砂仁糕并称湖南的“四大名糕”，在当地老百姓心目中有着特殊的感情和特殊的地位。

（二）特点

麻香糕

麻香糕的制作是湖湘糕点制作工艺中比较复杂的一种糕点，因为加工时间长、制作工序多、流程复杂、道道工序精细而且烦琐，麻香糕在当地被称为“麻烦糕”。麻香糕所用的原材料都带有明显的地域性特征，比如，糯米采用的是洞庭湖区深水黑泥糯米，这种糯米香味浓，粉白质嫩，黏性大。芝麻选用的是籽小、皮厚、含油量小，且炒熟后香味浓郁，碾碎加工后不易反油，保存时间长的本地芝麻。麻香糕制作流程为：糯米炒制、制作糕粉、糕粉吸潮、炒芝麻、制麻屑、制泡糖、擦粉、装盆、压眉心、打糕、蒸糕、切糕、摆糕、烧糕、齐糕、包装共16道工序。它的制作工艺涵盖了广西云片糕、湘潭灯芯糕、武汉麻烘糕、合川桃片等各种名糕在内的制作工艺，而且与它们有所不同的是，前后工艺都加入了创新手法，制作时需要依据四季温度变化，不断调节其配方，才能达到口感要求。

（三）社会影响

沅江麻香糕被誉为湖南四大名糕之首，具有鲜明的食用性特征，人们在生产劳动、旅游、休闲、品茶、节日庆典、逢年过节、馈赠亲友等方面都可使用。在将近200年传承的历史长河中，最为突出的是老字号“億昌”牌麻香糕。1998年，“億昌”关门弟子，曾任沅江县糕点厂厂长的周国栋为重振“億昌”品牌，重续昔日辉煌，继续传承湖湘文化，多方邀股集资成立了沅江億昌食品公司。2006年“億昌”被商务部认定为“中华老字号”。

知识链接

麻香糕传统手工技艺传承人

沅江麻香糕第五代传承人是周宏女士，是周国栋的女儿，周国栋为第四代传承人。公司成立后，她便恢复其传统风格，并积极自主创新，增加麻香糕产品技术含量，吸收国内外新技术、新产品、新材料等，改进提高技术装备，在质量管理上不断完善和规范，包装上不断更新，力争在市场竞争中处不败之地。在十年的时间里，产品品种增加了10个以上，如黑芝麻麻香糕、麻糖卷、砂仁糕、无糖麻香糕等。生产上不仅保存了传统工艺，还通过多年的研究和探索，研制出了麻香糕生产专用机械设备。在知识产权方面已获得了12项专利。

二、安仁元宵米塑

项目名称：安仁元宵米塑

类别：2012年入选湖南省第三批非物质文化遗产保护项目

申报地区或单位：郴州市安仁县

（一）概述

安仁地处湖南省郴州市北部，历史悠久，文化底蕴深厚，自古有“神农故郡”的美称。湖南省安仁县的安仁元宵米塑是一种集娱乐、祭祀、饮食和艺术为一体的地方工艺，是安仁居民用来庆祝节日或喜事的传统食品工艺，也是当地居民自发形成的一种独特的乡土文化习俗。每年元宵节期间，全县无论城乡，家家户户，男女老少，都要动手做米塑庆贺节日，主要用来祭祀始祖神农氏，供小孩娱乐、市场交易、小吃、收藏等；闲时，人们结婚嫁女、做寿、小孩子满月也要做元宵米塑祭祀诸神或作为礼品赠送亲邻好友以示庆贺，久而久之影响周边市县也形成了这一习俗。元宵米塑历史渊源久远，一是相传远古时期，安仁的祖辈们为纪念始祖炎帝神农发明农耕文明的圣德，在元宵节始发兴起；二是据《安仁县志》记载：“正月十五日元宵节，俗称‘正月半’，是日，家家兴吃元宵，用米粉‘琢鸡婆’（将米粉特殊加工后，塑成各式各样的禽兽）供‘三宝老爷’，以祈六畜兴旺。”久而久之便形成一种文化习俗，后来逐渐由单一用来祭祀，变成用途广泛，能吃又能看的本地特色。

（二）特点

元宵米塑也称“琢鸡婆糕”，做工工艺大众化，所用器具和原材料简单，主要以籼米和糯米为主要原料制作而成，其造型取材范围广、涵盖面宽，如遇节日，便捏“吉祥（鸡羊）如意”“金玉（鱼）满堂”，如遇婚媒嫁娶，便捏“鸳鸯戏水”“并蒂莲”，如遇孩子满月就有“连（莲）生贵子”“麒麟送子”等，成形时注重物象的结构和神态特征，技法上粗犷与细腻相结合，圆塑、浅塑、粘贴、彩绘并用，构图简洁稚拙，色彩淡雅自然，具有七分塑、三分彩的基本特征。

安仁元宵米塑

安仁元宵米塑的制作工艺要经过选料、磨粉、蒸粉、捏塑、上色、蒸制等环节。首先要挑选上等晚稻籼米和一定比例的糯米混合，将米碾磨成粉末后过筛，将少量过筛的米粉加水蒸熟，然后与干米粉加水混合反复搓，制成粉团。将粉团根据需要塑成各种动物或植物形状，并用中草药汁制成的颜料为米塑上色点缀，又称“画龙点睛”，最后用蒸笼或鼎锅蒸熟即可。

（三）社会影响

近年来安仁元宵米塑工艺正逐步走向民俗化、艺术化、商品化、市场化，很多当地百姓把做好的各种各样的米塑挑到集市上进行交易，安仁县也多次举行民间元宵米塑大赛来弘扬当地传统文化。安仁元宵米塑在传承与发展中积淀了丰厚的文化内涵，兼具美学价值、历史价值、文化价值和民俗价值等，对挖掘和研究传统工艺美术有着非常重要的、科学的参考价值，同时也丰富了人们的饮食文化生活，为节日增添了喜庆。

三、灯芯糕制作技艺

项目名称：灯芯糕制作技艺
类别：2010年入选湘潭市第二批非物质文化遗产保护项目
申报地区或单位：湘潭市

（一）概述

灯芯糕是湖南湘潭地区的传统名产，湘潭制作灯芯糕已经有400多年的历史。湘潭灯芯糕作为一种历史悠久的传统糕点，以形似灯芯并能用火点燃而得名，其选材精细，以糯米、白糖为主料，以肉桂、红丝、薄荷、甘草等20多味中药为辅料精细加工制成，具有洁白柔润、味道甜辣、清凉芳香等特点。

（二）特点

正宗的灯芯糕条形整齐，棱角分明，洁白晶润，糕条柔松，紧密，甜而不腻，香味纯正。灯芯糕制作技艺流程为制糯米粉、炼糖、制籼米粉、制中药粉末、制糕粉、成形。

湘潭灯芯糕

（1）制糯米粉　取洁白、饱满的长粒晚糯米过筛去杂并用热水冲两次，晒干备用。铁锅用旺火烧热，油砂烧烫，放入糯米，米与砂的比例为3∶7。炒时要勤翻动，直至米粒爆白，大小均匀，酥脆即可出锅，过粗筛两次，再装入布袋陈放半年至一年以改善米质。

（2）炼糖　将白砂糖加水，下锅用小火熬制，并不断搅拌，出锅前再加入经煮沸、过滤、去杂的小磨香油（或炼猪油），继续搅拌，用两指捏试能拉开5～6条糖丝时即可。熬好后将炼糖平摊在案板上，夏季可通风冷却，并搓散过筛，再放入缸内发酵，冬季约7天，夏季2～4天即可。

（3）制籼米粉　将籼米洗净、晾干、磨碎、过筛，烘熟备用。

（4）制中药粉末　将各味中药材分别筛选去杂，晾晒、切碎，再粉碎过筛，按配方准确称量后充分拌和均匀，最后入缸储存备用。

（5）制糕粉　将糯米粉在案板上摊成圆圈，放入炼糖，撒上湿润均匀、色泽一致的糕粉。炼糖的加入量，可视季节、气候条件作适当增减，以使制品软硬适度。

（6）成形　先将一半糕粉装盆，进行舂糕（放在石臼或乳钵里捣掉皮壳或捣碎），从盆角舂向中心，要求用力均匀，舂迹相连。舂好后添加糕粉，到舂满为止，最后沿盆边用利刀削平，再平行切成四条，每刀均切到底，然后抽去盆底板，使整糕落在案板上。用白纸将切好的糕块包好，置于洁净的木桶中保温12小时，桶口用绒布覆盖（盖几层视气温而定），如果产量大，则可排在木板上放进密封木仓中保温。将经过保温处理的糕块，切成4毫米厚的片，再切成3毫米宽的长丝，切片时撒少许熟籼米粉，以防黏连。

（三）社会影响

灯芯糕曾是湘潭人办酒出门必备食品，在清代咸丰年间全国名特产品博览会上，湘潭灯芯糕被评为一等特产。1915年巴拿马国际商品赛会上，受到各国代表的称赞。1988年5月，又被评为湖南省“名糕点”。此后，灯芯糕的质量不断提高，改用提炼过的纯桂子油取代原配方中的肉桂粉，使产品的桂味更加纯正浓郁，并荣获湖南省优秀产品的称号。

四、湘乡烘糕制作技艺

项目名称：湘乡烘糕制作技艺
类别：2016年入选湘潭市第四批非物质文化遗产保护项目
申报地区或单位：湘潭市

（一）概述

湘乡烘糕是湘乡特色点心之一，流行于湘中地区。湘乡烘糕源自清雍正元年，由县城天元斋斋馆研制，天元斋斋馆是由迁入湘乡的江西人聂福元父子在县城镇湘楼开办，父子二人在前人制作烘糕的基础上历经多年精心研制而成，采用湘乡稻米为原料，掺入绵白糖，经过泡米、磨粉、拌糖、混合、装盒、蒸糕、开片、切片、摆片、入炉烘烤、收糕等10多道工序，生产出一种新的烘糕，取名“湘乡烘糕”。《湘乡县志》作了这样的记载：“清雍正元年（1723年），江西人聂福元父子在县城镇湘楼开办天元斋斋馆，前店后坊，制作糖果糕点，其中烘糕香甜可口，便于携带，畅销城乡，各南货作坊效仿制作。”咸丰年间，曾国藩率湘军镇压太平天国时，曾以烘糕为作战军粮，战后呈皇帝及朝廷大臣品尝，备受赞誉，被钦定为贡品。

（二）特点

湘乡烘糕以上等白米、白糖为原料，经泡米、磨粉、筛粉、拌糖、上匣、划片、烘焙等工序制成，其形状如瓦片，颜色如象牙，入口即溶，烘烤后更香，咬起来嘎嘣脆响。湘乡烘糕的制作流程如下。

湘乡烘糕

（1）制粉　选优质大米用温水淘洗干净并泡发，翻拌均匀，等米晾干水分后将米炒泡，磨成米粉。

（2）潮粉　选择通风良好，比较潮湿的地板，以篾席作垫，将米粉平摊在上面，进行摊粉吸潮。摊粉厚度以5厘米为宜，要求勤翻拌，粉子不能结块，上潮要均匀，以手捏成团、抖动即散为度。

（3）熬糖打砂　将白糖溶化加入饴糖、化油熬制，用手黏成丝状即可，然后趁热充分搅拌，使糖液翻砂，即成细砂糖。或将白糖加工成糖粉，加入清水、化油，调成干稠的糖浆即可。

（4）拌糖蒸糕　将潮粉与细砂糖混合，用木制擀筒擀均匀，装入锡制糕盆内，再放入锅内蒸至不软、不硬、不散的程度。

（5）切片烘烤　将蒸好的糕坯取出，静置一段时间（称养坯），然后切片，烘烤，即为成品。

（三）社会影响

1932年，湘乡烘糕在芝加哥博览会上展出，1937年，湖南各界携湘乡烘糕赴沪慰问十九路军抗日将士，1980年，湘乡烘糕荣获湖南省优质产品称号，近些年，在保持烘糕原色、香、味、形的基础上，加工工艺不断更新，研发出了原味烘糕、花生味烘糕、芝麻味烘糕。虽然如今的湘乡烘糕市场没有以前繁华，烘糕的传统手工制作技艺也有可能面临失传，但是，经过几百年的历史传承，在一代又一代的湘乡人眼里，烘糕早已不是烘糕，它是古人流传下来的智慧，是勤劳和汗水的结晶，是远在他乡的游子的一种乡愁，一种对家乡流露出的特殊情怀。

知识链接

湘乡烘糕制作技艺传承人

张新龙，湘乡市泉塘镇石江村人。早年，他找到当年国营副食品公司加工厂制作烘糕的师傅沈裕祥和师祖石体泉拜师学艺，并办起了“张师傅食品厂”。2014年12月，张新龙正式成为湘潭市非物质文化遗产——湘乡烘糕制作技艺的传承人。

张新龙的“张师傅”烘糕制作坊位于湘乡市铝南村。烘糕的制作原来有二十几道工序，需要的时间和人力资源较大，比较麻烦。但是经过张新龙的简化，工序变少了，人员要求也少了，只需要三个人，每天就能做出60板湘乡烘糕。据张新龙回忆，作为贡品的烘糕有着严格的品质要求：一是必须四边呈谷黄色，中央有细微的方形格子印，对烘糕的长、宽、厚度有严格标准；二是造型方面，烘糕的形状要如瓦片，制作出来后只能朝向一个方向，其中只要摆反了一片，就无法收拢；三是做成的烘糕要呈半透明状，拿起一片烘糕对着光源，能照出弱弱的光；四是质感方面，对烘糕的硬度也有要求，不能轻易折断，掉到地上也要发出如瓷瓦碎裂的声音。

张新龙擅长设计食品机械加工设备，在不影响色、香、味的前提下，以机械代替人工，提高效率。不管怎样改进，他认为烘糕的核心技术不会变，一切都要以那个最高标准为准。

五、谭记发饼传统制作技艺

项目名称：谭记发饼传统制作技艺
类别：2017年入选益阳市第六批非物质文化遗产保护项目
申报地区或单位：益阳市安化县

（一）概述

安化古称“梅山”，是梅山文化的发祥地。安化县大福镇是一个山川秀美、文化底蕴深厚的千年古镇，位于安化县东南部山区，大福镇最负盛名的便是谭记发饼。谭记发饼是一种具有几百年历史的湖南特色糕点，采用粗粮精制，甜酒加老面发酵工艺，口感筋道细腻，味道甘甜香醇，曾风靡于湘、赣、鄂、川多地。追溯本源，谭记发饼第五代传承人谭盎然的祖辈，原在湖南邵阳开设制糖（米糖、柚子糖）和面点加工的作坊。抗日战争期间，谭盎然的祖父为了逃避战乱，携妻室由一位在安化县大福镇经商的亲戚的引领下来到大福，也带来了其精湛的面点副食制作技术，包括发饼制作技术。

（二）特点

谭记发饼传承了上百年的传统工艺，不添加任何防腐剂，采用老面发酵工艺，加入的甜酒使发饼蕴含了糯米醇香的独特风味，加入的糖也完全是有机蔗糖和米糖，食用后易消化，其颜色自然微黄，味道甘甜可口，属于健康食品。谭记发饼制作流程为发面、筛粉、发料、发酵、腌糖、成坯、擀面皮、成形、焙烤。

谭记发饼

（1）发面　面粉中加入适量的温水、甜酒水搅拌成软硬适度的面团，加入老面，在一定的温度下进行发酵。

（2）筛粉　用筛子把面粉过筛一遍备用。

（3）发料　将准备的原材料一起拌成面团。

（4）发酵　掌控好发酵的温度、湿度与时间。

（5）腌糖　将白糖与麦芽糖按一定比例揉进面团中，拌成糊状，静置两天即可。

（6）成坯　将腌糖后的料再次加入面粉，压揉成形。

（7）擀面皮　一层一层的压面、擀面，再用擀面杖将面皮擀成厚薄均匀的发饼坯。

（8）成形　用模型印成圆形饼，均匀地摆在烤盘内。

（9）焙烤　烤制10分钟，当发饼两面变成金黄色即可。

（三）社会影响

谭记发饼与安化人的生活紧密联系，在安化人当地的婚俗习惯中，会将红色的喜字印于发饼上，在安化人的寿宴中，分发给前来祝寿的人，呈于寿字的案头。谭记发饼制作技艺传承上百年，当地的小孩乃至现在的中老年人，从小都以发饼作为辅食，这种健康的传统点心，凝聚着安化人最美好的记忆。

知识链接

谭记发饼传统制作技艺第五代传承人

多年来，由于谭家人的真诚厚道，作坊经营有方，在当地已经成为一块有口碑的招牌。谭记发饼的第五代传承人是谭盎然，原本从事影视设计行业的他，本着对传统的尊重，对匠心的传承，结合自身专业，开始对发饼这一传统的糕点进行全新的设计与宣传，希望更多的年轻人知道除了外国的面包与蛋糕，还有一种独具东方特色的面食糕点——发饼。谭记发饼传承秘方工艺，不断完善创新，采用高蛋白的大、小麦粉制作，加上白糖、饴糖、甜酒等原料，营养价值丰富，又符合健康的养生之道。经过谭盎然的改良创新，谭记发饼推出了荞麦、红枣、黑芝麻等新口味的产品，给这种古老而原汁原味的产品增添了亮色。

六、醴陵圆蛋糕制作技艺

项目名称：醴陵圆蛋糕制作技艺
类别：2015年入选株洲市第六批非物质文化遗产保护项目
申报地区或单位：株洲市醴陵市

（一）概述

醴陵圆蛋糕从1913年开始生产，在醴陵做点心的名店中，以三星斋为代表，三星斋在1953年进行了公私合营，改名为副食品加工厂，直到1983年，又改名为醴陵县糖果加工厂，1991年时候，是全国唯一的国家二级食品企业，醴陵市糖果糕点厂所生产的“渌江牌”圆蛋糕，醴陵人俗称它为鸡蛋糕，鸡蛋糕手感绵软、形态优美，幽香内敛、入口香甜，曾获国家银质奖，畅销全国。

（二）特点

醴陵圆蛋糕呈梅花形，金黄油亮，内层乳白细腻，呈蜂窝状，富弹性似海绵、加压即扁，压力释去立刻能复原，入口细嫩柔润，香甜适口，蛋味突出。蛋糕主要是用鸡蛋、精制面粉、白糖，通过科学配方研制而成，中途不加任何防腐剂。

醴陵圆蛋糕制作方法首先是面坯的调制，将鸡蛋液、绵白糖加入打蛋筒中，打开打蛋机高速搅打至起泡、发白、呈黏稠状时停止，然后加入精制筋粉，慢慢拌匀成蛋糊面坯，接着是成形环节，将圆蛋糕模具烤盘垫上牛皮纸，刷上色拉油，将调好的蛋糊面坯倒入烤盘中，晃平即可，最后是成熟环节，烤炉预热至170℃左右，放入装蛋糊的烤盘，烤制30分钟左右，至棕黄色，成熟即可。

（三）社会影响

醴陵圆蛋糕是每一个醴陵人熟悉的记忆，过去，醴陵圆蛋糕是人们礼送往来的赠品，尤其在物质条件匮乏的时代，大多是家里来重要客人或是重要节日才能吃到，现在人们生活水平提高了，这项取材简便、工艺简单的醴陵圆蛋糕制作技艺一直传承至今，不仅走进了醴陵人舌尖，也走进了醴陵人的心尖。20世纪中叶以前，醴陵圆蛋糕销往省内各地及湖北、江西等地。

七、常德米粉制作技艺

项目名称：常德米粉制作技艺

类别：2016年入选湖南省第四批非物质文化遗产保护项目

申报地区或单位：常德市武陵区

（一）概述

常德古称武陵、朗州，别名“柳城”，位于湖南北部，江南洞庭湖西侧，武陵山下，史称“川黔咽喉，云贵门户”。常德米粉也称“圆粉”“米面”，广泛流传在湖南省常德市各区县，食用米制品是常德民间迎新的民间习俗。嘉靖《常德府志》记载：“岁将尽数日……姻友之家以酒果之类互相馈遗，作米面食具肴酒以为迎新聚饮之储。”《常德风物大观》则进一步阐明“早

常德米粉

在清朝光绪年间常德就有了生产米粉的店坊，手工制作出来的米粉洁白圆润，形如龙须，暗喻吉祥。”据清朝同治《武陵县志》记载，过去常德老百姓逃荒时为了不饿肚子，仿照中原地区的面条将大米制成扁平粉条，形似如今的“米面”，供逃荒时食用，形成了常德米粉的雏形。民国初年开始，常德人吃牛肉米粉这一食俗已成风，到了20世纪40年代初，津市一位刘聋子开设的牛肉粉馆因其风味独特而风靡津澧。目前，街头巷尾随处可见的常德粉店占领了大半个米粉市场，常德米粉的鲜香爽滑令人流连忘返，成为湖南人引以自豪的地方美食。

（二）特点

制作常德米粉的主要原料是大米，而且要是早稻米，其制作技艺须经选米、浸泡、磨浆、滤水、蒸熟、冲捣、揉搓、挤压、烧煮、冷浸等工序。早稻米经过十几个小时的水浸，打浆，加热定型特殊工艺制成洁白、浑圆、细长且有弹性的粉条，只要用开水烫热，加上佐料后即可食用，吃起来润滑可口、独具风味。常德米粉的制作流程如下。

（1）泡米磨浆　选用优质早稻米在水中浸泡，浸泡时间因季节和温度而定，一般为1～3天，再将浸泡好的米打磨成米浆。

（2）过滤蒸熟　将米浆用大块纱布包裹挤压滤干水分，滤水后的米浆放入蒸笼蒸到八成熟。

（3）挤压成形　将蒸好的米浆放入石碓中用木棒冲捣并揉搓成圆筒形，再放入成形桶中，通过挤压把米浆从桶下米粉粗细的圆孔中挤压成形。

（4）烧煮冷浸　挤压出的米粉直接落入下面滚烫的开水中，稍煮后快速捞出，以防止制作成形的米粉粘连在一起，捞出后的米粉放入冷水锅中，再把米粉捞出，整齐地排放在簸箕里即成。

（三）社会影响

常德米粉的诞生和发展，是民俗民风不断变化、不断发展的历史遗存，其突出的实用价值对有效带动当地经济社会发展具有深远意义。在常德市的大街小巷，甚至在湖南省各个市州，几乎随处可见常德米粉，它已成为常德人最重要的饮食之一，也是湖南早餐走出省外的一个知名品牌。据不完全统计，北京、上海、广州、武汉、长沙等地经营常德米粉的店面已有上万家。近年来，常德米粉制作技艺的传承方式以驰名商家牵头的社会团体传承为主，文化部门制定了五年保护计划，其制作技艺也得到了有效的保护和传承。

知识链接

常德米粉制作技艺传承人

黄淑萍是武陵区非物质文化遗产米粉制作技艺传承人，现担任壹德壹食品有限公司副总经理。从小在米粉店长大的她，10 多岁便在父亲的米粉店里帮忙。她的爷爷当年开在市城区大西门的黄宪记清真粉馆便十分有名，虽是小店，却自己宰牛、自己制作米粉，米粉全是手工做成，因此，每天加工的米粉仅仅只供应本店。新中国成立后，黄宪记清真粉馆更名为大公粉馆，后又改为汉族馆，米粉从红烧、清炖发展到炖粉、汤粉、炒粉和干腌、炒码、煲仔粉等多个品种。

李发明是壹德壹食品有限公司的老板，也是常德米粉制作技艺市级传承人。20 世纪 60 年代开始，常德米粉从纯手工制作转为半机械化制作，目前，已全部实现机械化生产，纯手工制作米粉几乎已经绝迹。李发明在成为常德米粉制作技艺市级传承人后，他对这种传统技艺的保护有了更多思考，正着手筹办米粉产业园，打算将米粉生产厂家集中，做大做强米粉产业。

八、保靖杠子面传统制作技艺

项目名称：保靖杠子面传统制作技艺

类别：2009年入选湘西土家族苗族自治州第三批非物质文化遗产保护项目

申报地区或单位：湘西土家族苗族自治州保靖县

（一）概述

保靖县位于湘西中部，为土家族、苗族繁衍生息之地，这里自古以来就是文化兴盛、商贸繁华之地。在保靖人的早餐中，最常见的要数粗粉和杠子面，保靖传统手工“杠子面”采用独特的木杠压制方法，运用“压面”和“切面”的技巧制作而成。保靖杠子面起源于清朝，距今已有两百多年的历史，代代相传，在民国时期最为兴盛。保靖杠子面原料简单、口感爽滑筋道且风味独特，所以深得保靖人的喜爱。

（二）特点

保靖杠子面爽滑筋道，汤清味浓，香气扑鼻，除了汤绝外，杠子面还有一绝，就是擀面，杠子的一头固定在墙里，人骑在另一头来压，这样压出来的面，薄如纸，韧如绸，杠子面也就是由此得名。保靖杠子面传统手工制作流程为和面、坐杠压面、打垛子、压面、摊匀子、打折子、切面条、煮面、配佐料等。

保靖杠子面制作的第一步就是和面，当地开面馆的人凌晨四点就要开始和面。杠子面的整个制作过程使用最原始的工具，选用的必须是上等精面粉和以土碱、鲜鸭蛋，再加适量的清水搅拌，使用传统的方式揉成软硬适度的面团，加入鸭蛋使制作出来的面条更有筋道。

用杠子压面是制作杠子面的重要工序，也是最费力的一环。压面用的杠子是一根长约2米，直径10厘米左右的木棍，表面笔直光滑。将揉好的面团放置在大而坚实的木案板上，杠子一端插入靠案板中间墙壁的杠眼里，一人骑在另一端操作杠子，使其着力点落在面团上，压面者用一条腿的大腿内侧勾控木杠，另一条腿在地上使劲弹跳，通过身体弹跳的重力压制面团，保证面团的每一处都要压匀。在杠子的反复压力之下，面已渐渐的变薄，再用相对小些的擀面杖推擀，撒上一层芡粉，折起来再擀，如此反复数次，直到把面团碾压成厚度不足0.3毫米薄的面片时再折叠成垛，用刀切成整齐均匀的细长条，筋道弹牙的杠子面方才成形。

杠子面切好后，需入沸水锅中煮制，杠子面煮好后一般以汤食为主，因此面汤的配料也极为重要，根据食客的口味，可清淡、可鲜浓，最后加上食客自己喜爱的臊子，也是调味的关键。保靖杠子面的佐料很讲究，纯正的保靖黄豆酱油和保靖茶油炖制的猪肉码子外加小葱是固定搭配，嗜辣的顾客还可配上红油辣子。面条煮熟后捞起放入碗中，表面浇上配料，纯正的传统制作工艺配上讲究的佐料，使得保靖杠子面具有滑爽柔韧，口齿留香的独特味道。

（三）社会影响

两百多年前，保靖传统手工艺制作的杠子面，依托保靖酉水河水路交通的便利流传在沿岸一带的城镇集市、各家各户，如今，保靖杠子面产品丰富多样，有鸽子面、龙凤面、鸡汤面、牛肉面、猪排面、红烧肉面等30多个品牌口味，具有极高的经济价值和品牌价值。杠子面成为保靖地区的美食名片，是保靖人每天必吃的早餐之一。

九、武冈米花制作技艺

项目名称：武冈米花制作技艺
类别：2014年入选邵阳市第三批非物质文化遗产保护名项目
申报地区或单位：邵阳市武冈市

（一）概述

武冈米花是武冈民间的一道著名美食，历史悠久，据《武冈州志》记载，早在西汉时期，武冈建都梁侯国时，逢过年过节民间就有制作米花的风俗，又与“发”谐音，意即万事圆满，兴旺发达，因而每年除夕前，家家户户都炸制米花，喜迎新春，过去称为都梁米花。据说当年清帝乾隆微服下江南，游览楚南胜地武冈云山，在山中胜力寺品尝到米花后，龙颜大悦，当即御书“武冈米花分外香”七个大字。那时朝廷的官员也抵挡不了这分不断飘进大墙内的诱惑，就赐了武冈米花一顶贡品的头衔，由此从民间走进官殿，成为贡品。

（二）特点

扶冲属武冈市头堂乡，扶冲的米花最为出名，米花需要油炸制作而成，口感蓬松香脆，油炸米花要经过泡米、蒸饭、压模、晒干、收藏、油炸等环节。

武冈米花

（1）泡米　将糯米放于筐中，反复淘洗干净，浸泡一晚上。

（2）蒸饭　取出糯米1小时左右，另用一个盆，三分之一糯米拌上米花红，蒸1小时即开甑。

（3）压模　将糯米填入模具，再用红糯米填满压实。

（4）晒干　放在晒席上取出模具，放在太阳下晒干。

（5）收藏　用溥膜袋装好放置于完好的泡沫箱。

（6）油炸　取适量香油，大火烧开放下米花快速炸制即可，炸米花要把握好火候，油炸时间不足则不香，还磕牙；过了，则有焦煳味。吃米花要趁热，刚从油锅捞出来的米花是最香脆的。

（三）社会影响

米花既是武冈的饮食文化，又是武冈的民俗文化，是武冈人过年和喜事临门时必不可少的吉祥食物，象征吉祥喜庆，它圆圆的形状如同“满月”，寓意日子圆满、事业圆满、样样圆满。因为米花油炸膨胀后，又有了万事发达之寓意，所以武冈人每次爆米花之际，望着渐渐在锅里膨胀的米花，最喜欢问守在旁边好奇观望的孩童，发了吗？孩童常常是拣了长辈的话快嘴快舌：发了！发了！就这样两句震耳欲聋的“发了”，满屋的喜庆气氛便浓烈得如同烟雾，驱也驱散不了。村子里只要有人家筹办红白喜事、盖屋建房或吵闹不和、遇上困难，大家都要送上“米花”。希望人们的生活如米花一样红红火火，事事顺心。

十、衡阳糄粑传统生产技艺

项目名称：衡阳糄粑传统生产技艺

类别：2016年入选衡阳市市第六批非物质文化遗产保护项目

申报地区或单位：衡阳市

（一）概述

衡阳糄粑又称“神曲粑”“抗日饼”，是衡阳地区特色食品，既能做主食，又有健脾益胃，消食化积之功效，衡阳民间广为食用。衡阳糄粑制作技艺至少有百年历史，相传清朝湘军将领彭玉麟曾向曾国藩献策，让湘军水师将士们食用衡阳民间的土特产糄粑，可以和胃，促进消化，增进食欲，对将士们的身体恢复有很大好处。

（二）特点

衡阳糄粑其外形与长沙特色小吃糖油粑粑相似，金黄色外皮，软糯的口感，裹上糖汁，不同之处是，由于糄粑是发酵而成，因此形成了一种特殊的风味，除了糖汁的甜味外还夹杂着淡淡的酒香，衡阳糄粑采用传统手工工艺制作，精选优质的糯米、大米，配以乡村中草药药曲发酵而成，口感细腻而又绵糯。衡阳糄粑的制作工艺讲究，一般选择在秋冬时节才制作糄粑，如遇天气阴冷潮湿不易掌握其发酵程度，糯米是用来制作糄粑的主要原料。衡阳糄粑制作流程为磨浆、发酵、晾晒、制熟。

衡阳糄粑

（1）磨浆　糯米洗净泡上半个小时，再捞出沥尽水，用石磨磨成粉浆，之后加入乡村中草药药曲（糄药）和成浆，磨好的米浆加水搅拌均匀并揉成扁圆形的团，即成为糄粑半成品。

（2）发酵　待糄粑风至半干，便可进行发酵环节，做好的糄粑放在干稻草上，表面再盖上一层干稻草，置于温暖的地方发酵，发酵至糄粑表面长的菌毛达到15毫米，糄粑的发酵程度全凭操作者的经验控制。

（3）晾晒　发酵好的糄粑放置阴凉处，用风扇吹落菌毛，晒干后，糄粑即做好。

（4）制熟　当地人一直坚持最传统的食用方法。干冷的糄粑放入清水中浸泡2小时以上，待其完全吸收水分后，会慢慢沉入水底，此时才可取出烹饪，糍粑经过浸泡后变得柔软，熟制后口感才会更加软糯，被完全浸透的糍粑需放入蒸锅蒸制10分钟左右，待其熟透，再放入中温油锅中，小火慢煎至两面呈金黄色时放入糖汁水，熬至变稠即可出锅装盘，最后在其表面撒上些许熟芝麻，糍粑的甜混合着芝麻的香，吃在嘴里香甜软糯、丝滑细腻。

（三）社会影响

衡阳特产糍粑，不仅味美，还有药用价值，甚至还曾为曾国藩的湘军立下汗马功劳。由于糍粑有健脾益胃、消食化积之功效，因此衡阳民间常用糍粑治疗腹胀与腹泻。如今，衡阳糍粑是衡阳地区家喻户晓的美食，也是衡阳酒席上必不可少的一款点心。

十一、栖凤渡鱼粉制作技艺

项目名称：栖凤渡鱼粉制作技艺
类别：2016年入选湖南省第四批非物质文化遗产保护项目
申报地区或单位：郴州市苏仙区

（一）概述

栖凤渡是位于湖南省郴州市苏仙区的一个古镇，郴州城北几十里，有一处地方名为"栖凤渡"。据传三国时期，庞统先生曾在此隐居。因庞统号为"凤雏"，所以便有了"栖凤渡"这个名字。对于郴州人来说，除了历史文化之外，这里最有名的就是鱼汤粉，鱼粉对于郴州人来说可谓是"宁可三日无肉，不可一日无鱼粉"，栖凤渡鱼粉具有入口觉辣、辣中带鲜、鲜中有甜、鲜香沁人、唇齿留香等特点，在郴州人的印象里，栖凤渡鱼粉的味道、名称、制作工艺已经成为郴州市的一张文化名片，郴州苏仙区也被誉为"鱼粉之乡"。

（二）特点

栖凤渡鱼粉具有进口觉辣、辣中带鲜、鲜香沁人、唇齿留香等特点，其制作技艺包括备粉、熬汤、煮粉三大步骤，要经过选米、泡米、磨浆、调浆、蒸粉、晾晒切粉、熬鱼汤、调味、煮粉等多道程序。

栖凤渡鱼粉

（1）选米　栖凤渡鱼粉的米一般都要选用早稻米——南香村生产的优质稻米，这种早稻米只能在本村或环境相同的邻村种植，此米粒支链淀粉含量高，用这种米做成的鱼粉特别有嚼劲。

（2）泡米磨浆　米洗净浸泡数小时，浸泡时间根据气温高低适当调节，以保证米浆的质量。石磨磨米浆是栖凤渡鱼粉的传统工艺。

（3）调浆蒸粉　调好的米浆均匀地铺在容器中，再放进特制的蒸笼用柴火蒸粉，柴火的香味逐渐渗透米浆，蒸的时间要把握准确，蒸久了太老，晒干了不够嫩；蒸的时间短了又不够韧，只有时间掌握好才能蒸出透亮、弹性十足、香味浓郁的米粉。

（4）晾晒切粉　将蒸熟的米粉，放到竹架上晾晒，晒至不易破碎又带点柔软即可折叠起来用刀切成细条状（切粉），粉条的宽窄最好切成一寸宽，适合当地人的口感，切粗了煮制不易入味，切细了煮制易断，切好的粉条抓成一团在石板或者簸箕上再次晾晒后即成为用来制作栖凤渡鱼粉的干粉。

（5）熬鱼汤　栖凤渡鱼粉所需的鱼都是在栖河中野生放养的，一方面由于栖河水是冷水、活水，水质环境好，使得鱼的肉质鲜美，栖河的鲢鱼、草鱼是制作鱼粉的最佳食材，且都是活鱼现杀，鱼粉的操作关键在于鱼的熟化过程，将鱼剖杀以后洗净，切成块状与生姜一起入锅煎制片刻，加入清水大火烧开，加盖然后小火慢炖，至鱼汤变成乳白色，调味，放入当地人酿制的辣椒油和土茶油。

（6）煮粉　刚出锅的辣椒油配上滚烫的鱼汤，再加入在沸水中焯过的米粉，洒上茶油，搅拌均匀就成了一碗鲜香热辣的栖凤渡鱼粉。

（三）社会影响

在20世纪80年代，许多栖凤渡镇人到郴州市卖鱼粉，干起了个体户，栖凤渡鱼粉由此走出栖凤渡。栖凤渡鱼粉因其“溢清香、而不腥，有鱼味而不腻”的特点而名声大振。中央电视台、湖南卫视等媒体相继对栖凤渡鱼粉进行了专题报道，如今，在郴州有几百家栖凤渡鱼粉店。在郴州每一天都是从一碗鱼粉开始的，一碗鱼粉，既是一种生活方式，也是一种乡愁记忆，对于郴州人来说，栖凤渡鱼粉不仅仅是早餐店的一种美食，更多的是郴州独特的美食代表和家乡情怀。

知识链接

栖凤渡鱼粉制作技艺传承人

吴安英，栖凤渡镇人，今年71岁，是“栖凤渡鱼粉手工制作技艺”项目代表性非遗传承人。从15岁开始，56年来她一辈子都在坚守打造远近闻名的特色手工切粉——栖凤渡鱼粉，经她亲手煮过的栖凤渡鱼粉超过四百万次。

吴安英出身鱼粉世家，她外公、外婆卖鱼粉，传至她父亲、母亲手里，也是卖鱼粉，经历过公司合营和自主开店等各个历史阶段。从调味料的制作、投料的先后顺序、煮粉时的动作，在继承祖辈的技术时，自己有不断的改良，虽然是家族手艺，吴安英并没有墨守成规。以前栖凤渡鱼粉都是以清汤打底，吴安英改成用骨头汤打底，正宗栖凤渡鱼粉只有8种调料：茶油、姜、本地产的豆油、米椒、葱花、食盐及少量的味精，鱼、姜、米椒都要进行严格筛选，茶油、豆油都是本地特产，吴安英把栖凤渡鱼粉的品牌做到了极致。

十二、杨裕兴面条制作技艺

项目名称：杨裕兴面条制作技艺

类别：2009年入选湖南省第二批非物质文化遗产保护项目

申报地区或单位：湖南杨裕兴面业有限公司

（一）概述

杨裕兴面条

杨裕兴面条起源于清光绪年间，距今已有一百多年历史，其创始人杨裕臣生于1877年，自幼家境贫寒，爱好习武，九岁就给长沙“万福楼”做小工学习和面，并独创武术手法练习制面，做出的面条不仅口感独特，还具有很强的表演性，在长沙享有盛名。1890年，十三岁的杨裕臣离开万福楼，便在当时长沙青石街街头摆摊，现场表演磨面、揉面、和面、拍面、拉面并销售手工面，为图生意兴隆，他把自己名字最后一个字改为“兴”，挂旗号为“杨裕兴”，制作和销售面条，自此拉开了“杨裕兴”面130年的传承历史。杨裕兴面条历经三个朝代的洗刷磨炼，在杨家四代传人的苦心经营下，几经体制变更，发展到今天的衡阳市杨裕兴实业有限公司。1988年后，杨裕兴采用了机器和面替代手工揉面，但在面皮拉制和面条成形上还是沿用祖传的绝活，人称“千层切”。“杨裕兴”面的第四代传人杨昕在接管湖南杨裕兴面业有限公司后，大胆改革创新，继续传承老字号杨裕兴的“面神”绝学。

（二）特点

杨裕兴面条的制面方法与众不同，以前的面粉，都是靠磨石现场磨面。为提高速度，杨裕臣在腰间做了一个木枷平台，一边单肩扛着磨具磨面，一个手在腰间的木枷平台上单手揉面粉，这样的过程其实就是现代先进工艺上的面粉熟化过程。面粉初步揉好后，放在粗糙的案台上表演“武术”和面、拍面，经过上百次的加油、加碱、揉和、拍打，面团的质地相当的紧密，面条久煮不断，油香四溢。杨裕兴的鸡蛋面、小刀面，堪称一绝，但最有特色的当数“竹竿面”。“小刀面”细致、光滑，但需要花很细的功夫、精力和很长的时间来切制。后来，杨裕臣便采用韧性很强的细竹，将竹的中间破开，由于竹子的破面是很锋利的，便形成一刀刀的长口，用来切面，两头用细绳扎出一扇竹排。这种面条，结构紧密，最长可达4米，具有特殊的竹香味，通常被送到附近一些店铺和人家做寿面，当时远负盛名，有人称之为“功夫面”。

（三）社会影响

杨裕兴面条以其独特的制作技艺与口味，正在博得越来越多食客的喜爱，也已经成为衡阳市民美食生活中不可或缺的一部分。湖南杨裕兴面业有限公司，是一家集“杨裕兴”面条研发、生产、加工、销售、餐饮服务为一体的企业，是全国面条行业唯一一家中华老字号企业和非物质文化遗产保护企业。随着公司的不断发展壮大，为确保产品的质量与安全，公司进一步强化规范管理，力争做“中国第一面”，并致力与国际接轨，将“杨裕兴”面推向国际化市场，为每一位消费者提供安全营养、健康美味的面食。

十三、攸县米粉制作技艺

项目名称：攸县米粉制作技艺
类别：2015年入选株洲市第六批非物质文化遗产保护项目
申报地区或单位：株洲市攸县

（一）概述

攸县是湖南省株洲市辖县，位于湖南省东南部，因县境内有攸水而得名“攸县”。攸县常年气候温和，雨水充沛，日照期长，是天然的产粮大县。攸县米粉是攸县的一种地方特色米粉，是国家地理标志保护产品，其历史悠久，起源于有着一千多年历史的道教朝拜圣地——攸县莲塘坳镇阳升观，元末明初的米斋就是攸县米粉的前身，因而攸县米粉也被赋予了浓厚的文化内涵。攸县米粉质地柔韧、富有弹性，水煮不糊汤，干炒不易断，配以各种菜码或汤料进行汤煮或干炒，爽滑入味，深受广大老百姓的喜爱。

（二）特点

攸县米粉属于干制细粉，主要是以早稻籼米为原料，经选米、浸泡、磨浆、滤水、蒸熟、冲捣、揉搓、挤压、轻煮、晾晒等十余道工序制成，每一道工艺都非常考究，使得攸县米粉的口感细腻、爽滑而有嚼劲。

攸县米粉

（1）选料磨浆　选出淀粉含量高，食用口感不甚好的早稻籼米，用清水淘洗干净，置于温室下浸泡1～2小时后磨成米浆。

（2）成形　将米浆滤掉水分揉成团蒸熟，灌入挤丝机中挤出，挤出的条状米粉直接落入清水中，边浸泡边快捷地散开黏在一起的粉条。

（3）漂烫　捞出粉条并将其放入沸水中漂烫几分钟，再放入冷水中过凉，洗掉在熟制过程中的黏液。

（4）包装　粉条捞出后进行晾晒，风干水分，并定量切断和包装。

（三）社会影响

攸县米粉是攸县的传统美食，也是攸县人们早餐中不可或缺的一种特色食物，其煮起来方便，外出携带也方便。发展到现在，不管是逢年过节还是走亲访友，攸县米粉是当地人最常见用来招待客人的。近年来，攸县米粉因其精细耐煮、营养丰富、滋润爽口，知名度越来越大，现已销往株洲、长沙、广州、深圳等城市。2020年，在由中共湖南省委办公厅接待服务中心主办的“湖南米粉大擂台”活动中，攸县米粉被评为“经典米粉”。

十四、宁远米粉制作技艺

项目名称：宁远米粉制作技艺

类别：2016年入选永州市第五批非物质文化遗产保护项目

申报地区或单位：永州市宁远县

（一）概述

宁远县地处湖南省南部，居于永州南六县的中心位置。宁远县的历史文化悠久，特产多，宁远米粉就是其中之一。据史料记载："五胡乱华，华人南迁闽浙赣，乃以稻米榨条而食"，这就是当今宁远米粉的雏形。米粉是以大米为原料，经浸泡、蒸煮和压条等工序制成的条状、丝状米制品，宁远米粉和长沙、衡阳、常德等地的米粉有着本质的区别，在原料、制作技艺方面都各有不同。宁远米粉普遍比较纤细，质地柔韧，富有弹性，而这米粉的细又恰恰是容易入味的主要原因，将米粉入滚水中一浸一泡，配以各种菜码或汤料进行汤煮或干炒，水煮不糊汤，干炒不易断，口感细腻筋道，爽滑入味，汤汁鲜美香醇，故深受宁远人的喜爱。

宁远米粉

（二）特点

宁远米粉对大米的配比极为讲究，南北大米的综合，硬米软米的搭配，讲究的是米粉的口感要达到软硬适中、筋道十足的要求。宁远米粉的传统做法是现做现烫现吃，其制作流程为淘洗、浸泡、磨浆、蒸粉、压片（挤丝）、复蒸、冷却、干燥、煮制、成品等。

（1）浸泡磨浆　大米洗净，浸泡数小时，用机器磨成浆，要保持米粉品质和原有自然风味。

（2）蒸粉　磨好的米浆在机器中铺成薄片，高温蒸制让粉片熟透，趁热将米粉胚料揉匀。

（3）成形　将米粉胚料放入锅上面的木榨内，然后用力压下榨杆，几十条柔软雪白的湿米粉从木榨出粉口滑入滚水大锅，挤丝成形之后，还需要在100℃的高温中复蒸，使粉条的表面淀粉形成凝胶，让粉条富有弹性。复蒸后的米粉需冷却、干燥后包装成成品。

（4）熬汤　宁远米粉的汤料讲究一个"鲜"字，而且要制作两锅鲜汤，一锅烫粉，一锅入碗，制汤时选用的是猪骨熬汤，将猪骨放入滚水中汆烫，捞起洗净，放入汤锅内，加入黄豆、桂皮、八角、茴香等材料用小火熬煮，这样熬制的高汤特别鲜美。

（5）烫粉　准备两锅浓汤，一锅用来烫粉，反复用汤汁浇在半生的米粉上，来回多次，直到粉烫熟变软。碗内佐料的调配是制作宁远米粉至关重要的一步，放入一点葱花、酱料和煨好的鲜肉末，第二锅的汤放入碗内，直接烫熟肉末，浓郁的汤汁，鲜嫩的肉末，入味的米粉，搭配葱花，成就了一碗美味汤粉，非常有特色。

（三）社会影响

一方水土养一方人，当地人世世代代食用宁远米粉，对宁远米粉有着深厚的美食情结，在外务工的年轻人，回到宁远家乡就是去街头早餐馆来碗宁远米粉，以解舌尖上的乡愁。为了满足更多人的需求，宁远的米粉现在采用机械加工批量生产，制作过程更为讲究，属于名副其实的宁远特色美食。

十五、麻阳漏兜面制作技艺

项目名称：麻阳漏兜面制作技艺
类别：2019年入选怀化市第六批非物质文化遗产保护项目
申报地区或单位：怀化市麻阳苗族自治县

（一）概述

麻阳位于湖南省西部、怀化市西北部，当地长寿饮食文化底蕴深厚、苗乡风俗独特，过年烫“漏兜面”就是一种别具风味的习俗。漏兜面俗称米面，在麻阳苗乡，流行“过苗年”，期间，苗家群众都要杀猪宰羊，打糯米粑粑，做漏兜面，祭祀祖先，庆祝丰收，祈求来年平安。麻阳漏兜面历史悠久，传说源于明洪武年间，当时朱元璋带领八千义军屯兵于川洞寨（现报木山村），因粮草不够，将白米、红薯、绿豆等粮食磨成汁，各将士因饥饿难忍，故将米汁偷出，用盾牌做锅，弄巧成拙，成为一张张白色面皮。

（二）特点

麻阳漏兜面质地柔软、韧性好，有着独特的一套制作流程，主要经过磨浆、煨蒸、晾晒、蒸制等环节。

（1）磨浆　选用上好的米，用水浸泡一晚，等米泡涨后用特制的石磨将米磨成浆。

（2）煨蒸　四方铝铁皮镀盘中抹上熟茶油，将米浆舀进去，让米浆在铁盘里均匀流动至满盘，使其在盘底覆盖薄薄的一层，放进蒸笼里加热至熟，一般加热两三分钟就可以，然后小心翼翼地将蒸熟的面皮揭下。

（3）晾晒　将面皮摊平晾到竹竿上，把晾干后的漏兜面卷成烟卷样，再切成1厘米宽的丝状，使其自然风干。

（4）煮制　锅内水烧沸，将漏兜面放入锅中稍煮，配上一碗浓汤盖上浇头即可。

（三）社会影响

“漏兜面”是麻阳地区特有的风味，是麻阳上山区一带苗家最爱做、最喜欢吃的传统食品。麻阳漏兜面制作技艺历史悠久，传承完整，工艺简单但颇为讲究。通过手工制作的米面光亮剔透，口感绵韧，风干后可长期保存，是当地人家家户户必备的美食，通常还作为礼品馈赠亲友。

十六、蒿子粑粑制作技艺

项目名称：蒿子粑粑制作技艺

类别：2016年入选益阳市第六批非物质文化遗产保护项目

申报地区或单位：益阳市

（一）概述

粑粑是中国南方长江流域，特别是西南三省以及湖南、湖北等地的一种食品总称，蒿子粑粑食用的历史悠久，其是以艾蒿为原料之一，与米粉及其他佐料相混合做成的饼状食物。蒿子名叫蒿草，属草本植物，叶面呈绿色，叶底微白带茸毛，蒿子本身就是一种野菜，有抗疟、抗菌、祛湿、解热等药用价值。因此，以蒿子做成的蒿子粑粑风味独特，深受湖南人喜爱。蒿子粑粑作为湖南益阳独有的特产之一，也是益阳人爱吃的清明特色美食，已有数百年历史。

（二）特点

益阳蒿子粑粑主要是以糯米粉和蒿子为主要原料，经过浸泡、去汁、拌粉、熟制等工序制作而成，成熟时可用蒸笼蒸，也可用平锅油煎，热吃冷食均可，具有清甜甘香、软糯可口的特点并带有艾叶的清香。蒿子粑粑制作流程为选料、初加工、磨粉、制馅、调制粉团、制熟。

（1）选料　选用清明节前后正是蒿子生长的时节，塘边、山坡上或野地里的嫩梢蒿子，这时节的蒿子一般比较肥嫩，米选用糯米和籼米磨成粉。

（2）初加工　净锅加水烧沸，放入少许食用碱，采摘的新鲜蒿叶洗净放碱水中焯水，快速翻动，捞出浸清水中漂洗干净，拧干水以除去大量的墨绿色汁水和细毛，最后将其剁碎备用。

（3）磨粉　糯米与籼米按比例混合，用冷水浸泡，待能用手指头捏碎为宜，用细筛沥干水分，磨成粉备用。

（4）制馅　将芝麻（或花生）入锅中炒香，捣碎成末，与白糖、猪油一起擦匀成馅备用，也可用腊肉、咸菜制成荤馅。

（5）调制粉团　处理好的蒿子与米粉、适量的白糖均匀拌和，然后加温水反复揉搓成团，分坯包入馅心按扁成圆饼形状。

（6）制熟　蒿子粑粑可采用炸、蒸、煎等烹饪方法，味道各有特色。若是入笼蒸制，将蒿子粑粑用洗净的棕叶或桐叶包住，这样可防黏，而且蒸熟后蒿子粑粑有着棕叶、蒿叶、糯米的天然清香，口感软糯细腻。若采用煎炸的方法成熟，蒿子粑粑表面呈金黄色，外香酥内黏软，清香扑鼻。

蒿子粑粑

（三）社会影响

“清明吃青”已经演变成湖南人的一种节气饮食食俗，在益阳，清明食蒿子粑粑成为当地人的饮食习俗。清明时节，正值青蒿鲜嫩，每当这个时候，家家户户都会采摘或购买青蒿制作蒿子粑粑，一是用来缅怀先祖，二是青蒿具有较好食疗功效，有益于身体健康。蒿子粑粑因其独特的口味，在益阳得以代代相传，经久不衰，并已成风俗。

十七、桂东黄糍粑制作技艺

项目名称： 桂东黄糍粑制作技艺

类别： 2014年入选郴州市第四批非物质文化遗产保护项目

申报地区或单位： 郴州市桂东县

（一）概述

桂东县位于湖南省东南部，每逢过年过节，桂东家家户户都要做黄糍粑，餐桌上第一道上桌的必是黄糍粑，因为家乡话“糍”和“齐”同音，而“齐”有“全”的意思，象征着一家人团团圆圆，寓意吉利喜庆。糍粑是用糯米蒸熟捣烂后所制成的一种食品，而黄糍粑所采用的独特制作技艺使之区别于一般的糍粑，作为桂东的特产之一，也是桂东历史上流传悠久的一种名吃，其名享誉省内外，成了桂东人招待客人的美味佳肴。

（二）特点

桂东黄糍粑具有色泽金黄、软糯香甜的特点，选料讲究，原材料主要来自大禾米，制作工艺比较复杂，吃法也是丰富多样，可炒、蒸、煮、炸、烤，既可以作主食，也可以作配料，因此风味独特。桂东黄糍粑制作流程为熬碱水、配米、磨浆、蒸熟和捣合、成形。

桂东黄糍粑

（1）熬碱水　用一种桂东人称“黄泥柴”的灌木趁新鲜烧成灰，在箩筐内垫上棕或布后将灰装到里面，锅内烧开水，把灰筐架到锅上将开水反复地往灰上淋，滤出来的溶液就是碱水了。同时，将槐花熬成溶液过滤，趁两种溶液都还在沸腾时将它们混合、搅匀。

（2）配米　一般按籼米和糯米2∶1的比例，糯米多则软，反之则硬，配好后用水充分浸泡膨胀，反复搓洗直到水清为止，然后滤干再用碱水浸泡一昼夜。

（3）磨浆　将用碱水浸泡的米磨成浆后用布袋吊起来滤干。

（4）蒸熟和捣合　将吊干的米浆扒开成小团放到蒸笼里急火蒸熟，蒸好后趁热充分捣烂，然后揉搓均匀使之成团。

（5）成形　按照个人喜好进行成形，也可在黄糍粑表面压上各种各样的精美图案，然后分散凉至表面干硬，最后用前面制作的碱水将黄糍粑及时浸泡起来，即可慢慢享用。

（三）社会影响

桂东黄糍粑是桂东特产“四件宝”之一，曾以“桂东贡品”的面貌示人，作为桂东县的特色美食，寄托了桂东人对生活的美好祝愿，是桂东人民千百年来劳动和智慧的结晶。目前，桂东黄糍粑的加工技术由家传形式传承，配方都相当保密，其独特的手工技艺，使黄糍粑色、香、味独具一格，在众多糕点类小吃中脱颖而出，成为当地人馈赠亲友的佳品。

十八、龙潭葛面制作技艺

项目名称：龙潭葛面制作技艺

类别：2018年入选怀化市第六批非物质文化遗产保护项目

申报地区或单位：怀化市溆浦县

（一）概述

溆水盆地是沅水中上游地域最大的河谷盆地，这里盛产稻米，素有“湘西粮仓”之称。龙潭葛面是当地特色美食，已有一千多年的历史，龙潭葛面主要原料为蕨根粉或野生葛根粉，龙潭地处雪峰山高寒山处，海拔在千米，土地肥沃，气候宜人，也十分适合蕨根的生产。葛面（又称锅面），相传宋时饥荒，百姓为填饱肚子上山去挖葛根，发现葛根里面淀粉很多，于是做成葛面，葛面具有色泽晶莹、细腻柔和、圆润有筋道的特点，成为龙潭美食一绝。

（二）特点

每年的十一、二月份，是龙潭葛面出产的时节，龙潭葛面制作主要有淀粉加工、晒干封存、葛粉制作、烹饪等流程。

龙潭葛面

（1）淀粉加工　洗净蕨根与葛根粉，用纱布过滤蕨根浆与葛粉浆，一次沉淀淀粉与五次过滤淀粉，彻底清除淀粉残渣，淀粉晒干封存备用。

（2）葛粉制作　将淀粉和井水按1：3的比例调匀，烧开做成葛糊，再用0.5千克葛糊配0.15千克干粉和匀成不可流动的糍糊状，用铁锅将水烧开，水温保持100℃，将糍糊状的淀粉倒入线粉器具，用手均匀用力捶动线粉器，将粗细均匀的葛粉条置开水中煮5分钟，起锅，再将起锅的葛粉条包圆，每团一碗放置冷水中冷却。

（3）烹饪　用鸡骨头、猪骨头熬制成骨头汤，搭配葱、辣椒、酸萝卜、豆丝、猪油，将冷葛粉包团，用开水泡热，将猪油放入碗中，一份色香味俱全的葛面做成。龙潭葛面，有圆形和长方形样式。吃的方式有汤煮和干拌。但它的作料有许多种，如酸萝卜、油发辣椒、葱、姜末、牛肉、猪肉丝、鸡肉、鸭肉、羊肉等。其样式、吃式和作料的品种，看食客的喜好、爱好而定。不同的人有不同的饮食风俗和习惯。一碗正宗的龙潭葛面，除了要有正宗手工葛面，还必须有酸萝卜、豆豉、葱、姜、辣椒等作料。

（三）社会影响

龙潭葛面是溆浦县龙潭镇的一种传统美食，龙潭镇贵和村是龙潭葛面的主产地之一，这里的大部分人家都会制作葛面，每年从这里出产的葛面有数万斤，形成了产业，成为当地人的一项经济来源，是来本地旅游的游客必尝的特色美食，特别是对身在异乡的龙潭人，更是他们最想念的家乡味道，很多人从外面回乡后必做的一件事就是吃上一碗葛面，重拾那久违的家乡味道。

十九、龙潭姜氏粑粑（广公糍粑）制作技艺

项目名称：龙潭姜氏粑粑（广公糍粑）制作技艺

类别：2018年入选怀化市第六批非物质文化遗产保护项目

申报地区或单位：怀化市溆浦县

（一）概述

龙潭有三宝，即糍粑、茶油、腊膀腿。溆浦龙潭糍粑，又名年粑，是溆浦龙潭人民传统工艺美食，具有拉如丝、白如雪、软如棉等优良品质，古时曾为贡品。龙潭糯谷的种植和糍粑的制作技艺，历史悠久。它源于西汉，发展于唐宋。传说诸葛亮在南下平蛮时，在龙潭建立了兵营《诸葛诚》，龙潭十八寨寨主用糍粑、甜酒、腊肉招待孔明。诸葛孔明对龙潭糍粑赞不绝口，并勉励各位寨主们要精诚团结，要像糍粑一样绵长，共同维护龙潭村寨社会的安定与繁荣。

（二）特点

龙潭姜氏粑粑（广公糍粑）制作流程是浸泡、蒸制、击打成团、成形。

（1）浸泡　打糍粑的前一天，要把白丝糯米洗净，用山泉水浸泡好。

（2）蒸制　灶上罩木甑，甑里盛满浸泡好的糯米，糯米需要一层层撒上去，以保证糯米在蒸制过程中透气、受热均匀，蒸出来的糯米松软，灶下生大火，锅里的水不能过多，不时往锅里加入开水。

龙潭姜氏粑粑

（3）击打成团　将蒸好的适量糯米放入石臼，石臼是用花岗岩制成的，坚硬无比，事先涂好食用油，洒上淘米水，避免糯米粘连在石臼上，用木槌先擂起来，顺时针敲打，木槌是用油茶树的木头制成，有茶油的香气，最终米粒就成了黏糊糊的一团，扯不开，割不断，就像藕断丝连那样，越黏糊糍粑才越好吃。

（4）成形　对击打好的热气腾腾的糯米团，挤出一个个圆球，然后将圆球按成圆圆扁扁的糍粑，等着冷却成形即成。

（5）食用　糍粑最佳保存方法是泡水，泡水后糍粑会更白、更香、更软。糍粑可烤、煎、炸、煮。特别是切成小块后煮甜酒，浮水即捞，口感细腻，清香。

（三）社会影响

逢年过节，龙潭人有三件大事：打粑、杀猪、磨豆腐，龙潭人在过年时，将糍粑称为“圆宝”，它会给人们带来吉利，有“圆宝一对，金银就来”“圆宝一双，幸福无疆”的说法，故常将糍粑送亲朋好友。后来，糯谷的生产得到较快的发展，糍粑的用途也越来越广，除了食用以外，还广泛用在节庆礼品、嫁娶礼品、生意礼品和旅游礼品上。

合田姜氏于2015年在溆浦县黄茅园镇横坡村成立了一家白丝糯种植专业合作社，组织龙潭贡品糍粑，合田核心产区的原横坡、王家山、合田三个村的几十户农户一起种植白丝糯进行深加工，采用公司+合作社+农户的管理模式，实行六统一管理（统一品种、统一种植技术、统一病虫害防治、统一收购、统一加工、统一销售），经过两年努力经营，已经建立了“合田姜氏糍粑”品牌，为传承与弘扬龙潭糍粑技艺做出了积极贡献。

二十、羞山官厅面条传统制作技艺

项目名称：羞山官厅面条传统制作技艺
类别：2015年入选益阳市第五批非物质文化遗产保护项目
申报地区或单位：益阳市桃江县

（一）概述

羞山官厅面条产于益阳市桃江县修山镇官厅村。桃江县位于湘中偏北，因境内桃花江而得名，修山镇官厅村坐落在资江中游北岸的羞女山（羞山）下，清道光年间，益阳一带连年灾荒，百姓流离失所、食不果腹，羞山钟氏面坊便行善举、开仓济民，此后便成为家族传统，每逢小年，官厅面坊都会发放福面，百姓争相领取，以祈求来年丰衣足食，平安吉祥，一时传为佳话。据《桃江县志》也有记载，羞山面始于清代，取羞女泉水和面精制而成，由于水质纯美，面条柔软耐煮，面片光亮、久煮不浑汤、不黏口，回锅如初、飘汤如带。

（二）特点

羞山官厅面条制作流程为泉水和面、发酵、压面切条、晒干干燥等。

（1）泉水和面　选用优质小麦粉、食用碱与食用碘盐按比例混合，使用当地富含偏硅酸的“羞女泉”山泉水为水源，水质纯美，偏硅酸又具有美容养颜之功效，同时采用传统方法和面，最大限度地保留了小麦原有的纯香和筋道。

（2）发酵　面团调好后静置熟化，俗称“醒面”或“存粉”，将和好的面团存放一段时间，促使水分子最大限度地渗透到蛋白质内部，进一步形成面筋质，改善面团的工艺性质。

（3）压面切条　将面团压成薄片，再用面刀切成适宜的长度、宽窄一致的面条。

（4）晒干干燥　采用传统晾晒干燥工艺，在合理的温度和湿度条件下，使面条内部的水分向外扩散、汽化，从而降低面条的水分，固定面条组织，待面条晒干后再切短即成。如此做出的面条色泽纯正、质地柔韧爽口、久煮不浑汤、口感筋道。

羞山官厅面条

（三）社会影响

经过钟氏几代人的努力经营，羞山官厅面的口碑越传越远，远近的人到修山来，都沿着资江，羞女山脚下的纤夫路，在此品尝羞山官厅面的美味，羞山官厅面之名由此流传到长沙、汉口、宜昌。羞山官厅面已经成为所有游客游历时一项必不可少的体验，2011年12月，湖南省工商行政管理局为“羞山官厅面”商标颁发湖南省著名商标证书。2014年6月，益阳市修山钟氏面业有限公司被评为“湖南省老字号”企业，成为首批“湖南老字号”企业，是桃江县首家也是唯一的“湖南老字号”企业。

二十一、浏阳文市油饼制作技艺

项目名称：浏阳文市油饼制作技艺

类别：2013年入选浏阳市第二批非物质文化遗产保护项目

申报地区或单位：长沙市浏阳市

（一）概述

文家市油饼，简称文市油饼，是浏阳茴饼的一个分支品种。清光绪年间，浏阳文市一些饼行利用当地盛产茶油的优势，将原称“二八酥”的饼子，按茴饼的操作和配料，将烘烤出炉的热饼子，放置滚开的热茶油中浸至饼子沉底再捞上，使饼子更增加一个香味，称“文市油饼”。浏阳茴饼是浏阳著名的传统产品，已有300多年的历史。

（二）特点

浏阳油饼由本地山茶油、精粉、白糖、桂花、百合粉、芝麻、八角等十余种香料精制而成，具有酥、脆、香、甜的特点，面皮制作必须全用熬熟冷却的茶油来和，不能掺一丁点水，才能将油饼做得酥脆且不油腻，工艺独树一帜。馅心主要有上等金橘花、花生仁等，将馅料包裹进揉搓好的酥皮中，包圆，这是油饼制作中最重要的一道手法叫“小包酥”，从案板上的一大块面团上揪下一小块，揉、捏、压、搓，再用擀面杖将小面团做成两头尖的圆柱状，才能保证油饼在做出来之后会有酥脆的口感。再用木槌将两面压成形，呈饼状，摆烤盘中，放进烤箱中烘烤15分钟，冷却后，将个小的饼放入油锅中浸油后迅速捞出。市场销售的油饼分两类，一类是仍然浸泡的熟油罐中，另一类是从油罐取出晾干后包装出售。

文市油饼

（三）社会影响

20世纪八九十年代，社会经济生活水平比较落后，“文市油饼”对于生活在农村的居民来说，只有逢年过节才可以尝到，过去，浏阳人过年过节走亲戚送礼都是送一些本地特产，比如油饼、面条、本地副食品之类的，其中油饼占有相当分量，文市油饼承载了几代人共同的美好回忆。

第三节　风味小吃传统制作技艺非物质文化遗产

一、橙子糖制作技艺

项目名称：橙子糖制作技艺

类别：2015年入选永州市第四批非物质文化遗产保护项目

申报地区或单位：永州市东安县

（一）概述

橙子糖是湘南湘中远近闻名的特色美食，过去，在东安及永州北部地区、邵阳、衡阳等地，逢年过节、走亲访友，橙子糖是首选的馈赠之物，深受人们喜爱。永州市东安县的中田橙子糖制作技艺已有上千年历史，至今仍保持传统做法，选用天然食材，纯手工制作，已被列入永州市非物质文化遗产目录。橙子糖色泽红亮、软硬适中、入口软滑、细腻无渣、甜而不腻，制作橙子糖的主要原料是橙子皮（有的地方也用柚子皮代替橙子皮）和饴糖，中医认为橙子皮性温而甘，有润肺顺气的功效，用橙子皮制作的橙子糖有一定的保健作用，因此橙子糖不仅口感好，营养价值也高，是东安人钟爱的特色美食。

（二）特点

橙子糖

橙子糖主要是以大米、谷芽、橙子肉为原料，选用的橙子有讲究，必须是东安本地产的橙子，果子还是青嫩未成熟时就采摘，这样的果子肉嫩松软，制作出来的橙子糖色泽红褐、通体透亮、气味清香、口感浓甜、营养丰富。橙子糖制作流程为初加工、浸泡、洗涤、制糖、熬糖。

（1）初加工　橙皮选用当地出产橙子，将新鲜橙子洗净，削去表皮后切片去籽。

（2）浸泡、洗涤　将橙片置于碱水（或盐水）中浸泡并进行焯水漂洗，可以让橙子质地脆嫩。焯水后再一次浸水，足够时间的浸泡，在水中反复搓洗数十次以上，才能除掉橙皮中苦涩的味道，反复揉搓中，橙片越来越白，同时纤维中的酸涩味循环地被水带出来，然后将橙片放在太阳下晾晒，除尽水分，以便更长久的储存，把晒干的橙片加水浸泡2小时，再一次去味，拧干橙片，压缩水分。

（3）制糖　将大米浸泡碾成米浆并倒入大锅中，用文火慢慢熬制，边熬边搅拌，防止米浆烧糊。米浆加热煮熟后，再冷却到恰到好处时加入谷芽粉，搅拌均匀后，放置发酵一晚上，使糖水分离，让大米中的淀粉转化为糖分。继续熬煮，煮到锅里溢出纯清的液体状时，出锅过滤，澄清残渣，制成“麦芽糖”。

（4）熬糖　将橙片放入麦芽糖浆中熬煮，待煮成色泽红褐、通体透亮时，出锅、冷却，就制成橙子糖。橙片在沸腾的糖汁中需要熬煮1小时，吸收足够的糖分后，橙片将沉入锅底。用一根长木夹把每一块橙片层层叠加，再成堆地压至锅底，如此循环，称为排糖，这是熬糖最为重要的一步。橙子糖的成色和酥嫩程度，全靠排糖，反复地排糖，糖分才会紧紧吸附于橙片的纤维上，橙片吸收糖分后色泽变得金红透亮，产生更加醇厚酥软的味道。

（三）社会影响

在永州首届旅游文化美食节“永州十大特色小吃”评选活动中，中田橙子糖排名第一。近年来，东安人对橙子糖的口感进行了改良，把含糖量降低了一半，产品更加适合现代人绿色消费、健康饮食的习惯，橙子糖作为东安本地土特产已成为当地群众走亲访友、居家待客抢手的美食。为传承橙子糖传统技艺，带领乡亲们发家致富，中田橙子糖制作技艺第五代传承人胡学祥发起成立沙子铺村橙子糖产销专业合作社，目前成员已发展到130人，橙子种植面积4500多亩，年产值3000余万元，带动110余户贫困群众增收。

二、望羊麻花制作技艺

项目名称：望羊麻花制作技艺

类别：2019年入选常德市第五批非物质文化遗产保护项目

申报地区或单位：常德市石门县

（一）概述

石门县是湖南省常德市下辖县，位于湖南省西北部，地处湘鄂边陲，是湘西北门户，也是丰富特色食品的主产区。望羊麻花主要产于石门县望羊桥一带，其制作技艺可追溯到清朝中期，距今已经有三百多年的历史，经过数代人不断摸索传承，制作技艺日趋完善独特，目前已成为湘西北部主要旅游食品之一。望羊麻花采用纯手工制作，选料精细，没有任何添加剂，素以香、甜、酥、脆闻名，食之满口余香，一直是当地人居家、旅游、馈赠的佳品。

（二）特点

望羊麻花采用高筋小麦粉、白砂糖为主要原料，配以桂皮、大桂、小桂、肉桂五香，用浓香菜籽油榨制，结合配方精制而成。具有色泽金黄，体型粗壮，香脆味美，甜而不腻等特点。望羊麻花的制作工艺流程极其严格，整个工艺有发肥、配料、和面、压条、劈条、对条、成形和炸制等工序。

麻花

（1）调制面团　将面粉倒入盆中，加入面肥、小苏打、白糖、豆油等配料拌匀，再倒入水搅拌均匀，揉成面团。

（2）出条　面坯揉匀后搓成长条，切成小剂子，分别沿剂口搓成小长条，刷上油并排摆在案板上静置醒放。

（3）成形　取一根小条搓成绳子状，再搓上劲，扭成三股，把两头掖住即成麻花生坯。

（4）炸制　锅内倒入菜籽油，在旺火上烧开至六成热时，将麻花生坯逐个下入锅内，待其炸成棕黄色，浮出油面成熟后即可捞出。

（三）社会影响

望羊麻花制作技艺在石门县白云、皂市等地有着广泛的群众基础，能充分体现当地的人文和经济特点。目前能够熟练掌握望羊麻花传统制作技艺的人近300余人，产品市场已经辐射到湖南、湖北、重庆等多个地区，产品还远销美国、加拿大、日本等8个国家。望羊麻花以其独特的制作技艺和风味受到社会各界的关注，成为小食品中的品牌，2007年被授予“常德市最畅销产品”称号，2014年被湖南省旅游局自驾游推荐为湖南省30个值得一买的湖南特产，2015年荣获中国湖南第七届（国际）农博会金奖。

三、凤凰姜糖制作技艺

项目名称：凤凰姜糖制作技艺

类别：2008年入选湘西土家族苗族自治州第二批非物质文化遗产保护项目

申报地区或单位：湘西土家族苗族自治州凤凰县

（一）概述

凤凰县地处湖南省西部边缘，隶属湘西土家族苗族自治州，姜糖为凤凰县历史悠久的土特产。凤凰姜糖起源于清朝乾隆年间，大约有两百多年历史，其是用生姜提炼姜汁配以红糖等原料混合熬制再经拉糖精制而成，多为固体糖块。姜有祛湿驱寒的作用，适合南方潮湿气候以及北方多雨季节时食用，以姜为原料制作的姜糖更具祛寒生津、开胃健脾、止呕、开痰、治疗风寒感冒之功效。姜糖在湘西各市县都有制作，尤以凤凰姜糖制作技艺名气最大，其色泽光亮，入口脆、香、辣、甜。凤凰古城内生产姜糖的小店很多，最有名的姜糖百年老字号名店就有张、刘、熊、贾四家。

（二）特点

凤凰姜糖制作技艺并不繁杂，但不同的配方做出的姜糖口味相差却很大，主要原料有白糖、红糖、生姜等，凤凰姜糖制作流程要经过初加工、熬糖、拉糖、切块等过程。

凤凰姜糖

（1）初加工　挑选优质老姜，将生姜洗净泥垢，切除干枯节段，去皮后再次清洗切成姜末备用。

（2）熬糖　锅内加适量水、白糖拌和均匀，小火熬煮，再加入红糖熬成糖稀，倒入切碎的姜末继续熬制一段时间，熬时要不停地搅拌，使其底部不至焦煳。

（3）拉糖　待糖稀熬至水分适度，可以黏连成团拉抻时，便将糖稀起锅置于石板上稍加冷却，使其凝固成半流质半固体，然后把糖稀挂在铁钩上用木棍不停地来回拉伸、扭转、抛起，增加韧性和光泽感。

（4）切块　拉好的姜糖质地会变硬，重新置于石板上，用手扦薄成长条，用剪刀剪成小块状即可。

（三）社会影响

凤凰姜糖作为游客旅途中不可多得的地方特产、保健食品和馈赠佳品，当地人不断深入研究创新，在姜糖中加入一系列有益于身体健康的中草药，制作出不同口味的姜糖，2011年初，贾氏姜糖第八代传人贾光文利用电商平台拓展凤凰姜糖的销售渠道，凤凰姜糖开始畅销省内外。

四、韩家谷芽糖制作技艺

项目名称：韩家谷芽糖制作技艺

类别：2016年入选永州市第六批非物质文化遗产保护项目

申报地区或单位：永州市双牌县

（一）概述

永州市双牌县有一个远近闻名的村庄——韩家村，该村虽偏僻却因谷芽糖这一特色产品而出名。谷芽糖在中国出现的历史较长，在南朝陶弘景《本草经集注》云："方家用饴糖，乃云胶饴，皆是湿糖如厚蜜者，建中汤中多用之。其凝强及牵白者不入药。今酒用曲，糖用蘖，犹同是米麦"。陶弘景论述中的要点是酒和饴糖都是用米麦制作而成的，不同的是酒用曲制作，饴糖则用蘖（谷麦之芽）制作。韩家谷芽糖是永州市韩家村加工生产的一种风味小吃，制作的主要原料为大米、谷芽，谷芽糖吃起来有点黏牙齿，但过后没多久就会自动融化，表面沾上芝麻或花生米后味道更香，现有谷花糖、橙子糖、冬瓜糖、生姜糖等多种风味。

韩家谷芽糖

（二）特点

韩家谷芽糖不含防腐添加剂，营养健康，具有促进消化、润肺止咳之功效，深受广大消费者喜爱。双牌县的韩家谷芽糖主要是以萌发的谷芽、大米为原料熬制而成的，制作谷芽从谷子浸水到谷芽晒干，需要半个月左右时间，饴糖必须是谷芽加上米类熬煮成的。制作好的谷芽糖需要细分成小块，然后粘裹上芝麻或花生碎即成，口感独特，味道醇美香酥。据制作谷芽糖的老传承人的口述，韩家谷芽糖制作技术难度大，制作的好坏与天气、火候、水质、谷芽的质量等多种因素息息相关，某一环节不到位就会影响整个产品的质量。

（三）社会影响

韩家谷芽糖是当地人儿时的记忆，现在很多年轻人了解得少，能真正掌握其传统制作技艺的人则更少。在2018年湖南省“文化和自然遗产日”主场活动暨长沙雨花非遗展演周活动中，韩家谷芽糖传统手工技艺代表永州市的非遗项目赴省参展，在展区现场，韩家谷芽糖非物质文化遗产项目的传承人进行现场制作、解说等，省级的多家媒体也对其进行了现场专访与报道。目前，永州市还将走“非遗+扶贫”之路，把非遗和精准扶贫紧密结合起来，打造韩家谷芽糖这一地方性特色产业，让谷芽糖走向广阔的市场，在带动当地经济发展的同时让传统手工技艺得到更有效的保护与传承。

五、火宫殿八大传统小吃制作技艺

项目名称： 火宫殿八大传统小吃制作技艺

类别： 2009年入选湖南省第二批非物质文化遗产保护项目

申报地区或单位： 长沙市

（一）概述

火宫殿八大传统小吃

火宫殿位于长沙市坡子街。明朝年间据传此处有一座小庙，原为火神庙，过去是一座祭祀火神祝融君的庙宇。1577年（明万历五年）火宫殿有一大铁香炉，香炉上标有“明万历五年铸造”等字样，但在1938年长沙“文夕大火”后不知去向。火宫殿又称“乾元宫”，始建于清乾隆十二年，据1747年《长沙府志》十五卷第十页记载：“火宫殿在小西门坡子街。”距今已有250余年，晚清时期，此地发展成为祭祀、看戏、听书、观艺、小吃的庙市。民国时期，摊担罗列、支棚撑伞，饮食业已经非常繁荣。每当早晨，火宫殿晨钟敲响，午时，钟鼓齐鸣，下午六时，击鼓，钟鼓声伴随缥缈香烟，弥漫着浓郁的火庙文化。人们把它同北京的天桥、上海的城隍庙、南京的夫子庙相媲美，是长沙集民俗文化、饮食文化于一体的具有代表性的大众场所，特别是火宫殿的风味小吃享誉三湘。火宫殿的“八小吃十二名肴”中的八小吃是指：臭豆腐、龙脂猪血、煮馓子、八宝果饭、姊妹团子、荷兰粉、红烧蹄花、三角豆腐。

（二）特点

1. 臭豆腐

臭豆腐是长沙传统风味小吃，民间流传有话道：“住在长沙没吃过臭豆腐，不为地道长沙人；来到长沙不吃臭豆腐，有如白到长沙走一遭。”早在清同治年间，长沙府湘阴县姜氏在当地世代经营豆腐脑、白豆腐干子、酱腌豆腐等制品，深受当地人喜爱。酱腌豆腐的制作工艺非常讲究，偶尔放置时间过长，就会发臭、变黑，虽然可惜，但为了保持声誉，姜老板也只好忍痛倒掉。一次，又有一罐酱干因久置发臭，姜老板执意倒掉，老板娘却心痛舍不得，偷偷留下几片另做打算。第二天，她用豆豉辣椒蒸了几片发臭的酱干，谁知越蒸越臭，实在难闻，无法入口。老板娘并没有灰心，又将有臭味的酱干拿茶油去炸，结果奇迹出现了，一股异香飘满了她家里，引得大家都来观看，口水都流了出来。姜老板知道后，经反复试验、不断改进，终于制作出了远近闻名的“臭豆腐”。姜老板的后人于清道光十六年进入火宫殿，并将臭豆腐的制作工艺流传至今。

臭豆腐

2. 姊妹团子

20世纪初，长沙有一位叫姜立仁的铜匠，练得一手制铜器的好手艺。生意的兴隆使他衣食无忧，经常就着店铺的灶台做点小吃打打牙祭，做得最好的是糯米团子。姜师傅生有一对孪生女儿，亭亭玉立，聪明美丽。姜老爹想把养家的铜器手艺传给两个女儿，女儿却对铜器手艺不感兴趣，偏偏喜欢上了做糯米团子。姜老爹无奈，做了一副担子让姐妹俩在火宫殿的庙会场上卖起了糯米团子。团子，用糯米粉蒸制而成，一甜一咸、一高一矮，高的馅咸，矮的馅甜；一团一尖，圆的矮的像荸荠，尖的高的像蒜球。姊妹俩经营的小摊子，因为糯

姊妹团子

米团子口感好，时间一长，团子很快就在长沙城出了名。一天，有位爱吃的食客说："妹子，这团子还叫什么'糯米团子'，干脆叫'姊妹团子'算了。"于是这名字很快就在市面上传开了，而"姊妹团子"也成了姜氏两姐妹的谋生品牌，流传至今。姊妹团子以糯米为主要原料，有糖馅和肉馅两种，糖馅团子为蟠桃状，肉馅团子为石榴形。姊妹团子看起来白嫩喜人，吃起来糍糯柔软，糖馅团子甜香不腻，肉馅团子鲜嫩上口，风味别具一格。有的时候还会在糖馅团子上撒些红丝，红白相映，十分悦目。

3．红烧蹄花

红烧蹄花历来就是火宫殿的著名小吃。早在一百多年前，火宫殿里有一摆摊的邓姓人家，以卖红烧蹄花出名。邓氏将猪脚加桂皮、干椒、八角、香叶等配料煨之，其口味独特，总能引得食客驻足品尝。到20世纪30年代，邓家一能干媳妇把红烧蹄花牌子做得更响，取店名为"邓春香"。邓春香制作红烧蹄花选料讲究，猪脚采用宁乡所产米坨子猪的前脚，经火炙去毛后泡水刮净，再用开水焯去气味，砍块后加入桂皮、八角等佐料，用文火慢慢煨制即成，做出来的红烧蹄花色泽红亮，骨肉分离而不烂，肥而不腻，味浓鲜香，至今仍为饕餮一族必选。

4．荷兰粉

荷兰粉名字洋气，却是地道的长沙风味，俗称"鳞皮豆腐"。清末年间，有一民间小贩以卖蚕豆粉为生，也就是"鳞皮豆腐"。20世纪30年代，火宫殿的周福生对其加以创新，将其切成薄片后加入上等汤料，其味爽开胃，取名"荷兰粉"。

5．八宝果饭

早在唐代，湖南人每逢腊月时，使用糯米、红枣、湘莲、核桃仁等干果果料蒸熟，掺入白糖做成一道甜品，以庆五谷丰登，又兆来年吉祥。旧时火宫殿小贩用此法制成小碗八宝果饭分装出售，大受食客欢迎。如今的八宝果饭在原来的基础上加以改良，选用上等糯米，配以核桃仁、葡萄干、瓜子仁、莲子、红枣、枸杞、乔饼、香柚条八种干果，经蒸熟、加糖、洒果、上色、搅拌、装钵等程序，再稍加蒸制即成。做出来的八宝果饭软糯油润，香甜可口。

八宝果饭

6．龙脂猪血

清同治年间，火宫殿卖猪血的摊担有好几家，但长沙胡家猪血摊担的生意最好。胡家世代在火宫殿经营猪血，从收取血浆、上火烫血，到入碗调料，各道工序都有他自己非常严格的制作方法，做出的猪血佐以小磨麻油与葱花，吃时有如龙肝凤脂般细嫩，故得

“龙脂”之名。

7. 三角豆腐

清代，火宫殿的豆腐经营者为吸引顾客，在豆腐的外形和汤料上加以创新，制作出了“三角豆腐”。三角豆腐采用上等大豆制成豆腐，成形后再将四方豆腐干子对角切开呈三角形，油炸后用加入香料的高汤煨之，出锅后颜色翠黄、口感嫩滑、鲜美多汁，广受食客喜爱，老长沙称其为“三角干子”。

8. 煮馓子

馓子在我国有千余年的历史，宋代苏轼曾为一位做馓子的少妇写了一首诗：“纤手搓来玉色匀，碧油煎出嫩黄深。夜来春睡知轻重，压扁佳人缠臂金。”火宫殿的煮馓子是其一大创新，从20世纪40年代张桂生制作馓子开始，就开始了对原料的精挑细选和对制作工艺也越来越精致。

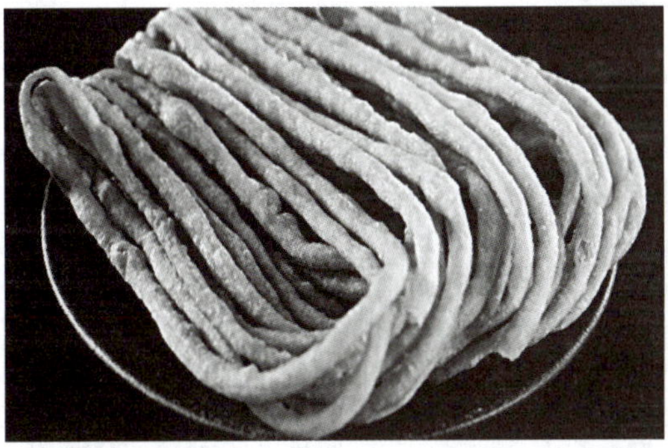

馓子

（三）社会影响

火宫殿以其独特的风格使历代名人纷纷慕名而来，由清朝书法家何绍基撰写在戏台两侧的楹联：“象以虚成，具几多世态人情，好向虚中求实；味于苦出，看千古忠臣孝子，都从苦里回甘。”火宫殿八大传统小吃制作技艺多由师徒之间口手相传，有许多独到的技术特点和复杂的工艺要求，是不可多得的民间手工技艺瑰宝，小吃品种极富地域特色，具有各自的特色。火宫殿是湖湘饮食文化的活化石，而小吃是火宫殿最为人们所关注和欢迎的主元素。火宫殿至今仍然保留了民国时期老茶馆的风格，已成为长沙民食民俗的缩影，火宫殿同时是一家驰名中外的“中华老字号”企业。

六、雕花蜜饯制作技艺

项目名称：雕花蜜饯制作技艺

类别：2009年入选湖南省第二批非物质文化遗产保护项目

申报地区或单位：怀化市靖州苗族侗族自治县

（一）概述

靖州雕花蜜饯技艺主要分布在湖南省西南、怀化市南部、湘黔桂交界的靖州苗族侗族自治县渠阳镇及周边一带。靖州雕花蜜饯，又名万花茶，来源于湖南省怀化市靖州县，流传于苗族和侗族之间，属于古代雕花食品的一种，它是将未成熟的柚子青果切成片，用柳叶刀雕出龙、凤、鱼、虾、花、鸟、虫、叶等一些图案的工艺茶点，放在水中煮洗，然后拌白糖或蜂蜜，晒干而成。据史料记载，雕花蜜饯距今已有一千多年的历史，它起源于东周时期，发展于五代末年，世代相传，成为靖州民间历代上贡朝廷的御品。雕花蜜饯是一种独具特色的民族食品，又是美如玉琢、形色别致的工艺品，既可以作为观赏品、茶品、礼品，又可以作为食品，蕴藏着丰富的民族文化，是美食文化与民族文化完美结合的民间艺术珍品。

（二）特点

靖州雕花蜜饯构图饱满、造型生动、工艺奇特、花样繁多，观之赏心悦目，食则口感脆爽、口味香甜，还有润肺生津的药用价值，是当地最出名的特产。雕花蜜饯在选材、雕刻、加工等方面形成了一套独具特色的完整工序，要经过选料雕刻、清水漂洗、铜锅煮沸、蔗糖腌酿、翻晒烘烤等多道工序精制而成，制作的造型花样繁多，有双龙戏珠、孔雀开屏、鸳鸯戏水、喜鹊含梅、雄鹰展翅等千姿百态的图案。制作完成的蜜饯可以直接食用，也可以用于泡茶待客，其形状精美、色泽晶莹、清香扑鼻，靖州雕花蜜饯也被人誉为“指尖上的艺术”。

雕花蜜饯

（三）社会影响

靖州雕花蜜饯是苗侗人民社会生活的真实写照，其艺术形式映射了当地居民的民族风情和意识形态，其制作技艺作为民族民间艺术形态得到了保护和利用。过去，靖州人只是把雕花蜜饯用作招待贵客嘉宾的茶饮食品和馈赠亲朋好友的往来礼物。改革开放以来，雕花蜜饯作为小礼品已经有了大市场，成为一项富民产业，它还作为特色产品屹立于市场经济之列，至今仍有很高的经济和文化价值。如今，全县雕花蜜饯生产企业已达10余家，年产雕花蜜饯100多万千克，经营雕花蜜饯的特产店和超市近100家，从业农户达3000多户。产品不仅在湘黔桂周边地区声名远播，还远销到海内外，备受消费者的青睐。

知识链接

靖州雕花蜜饯制作技艺传承人

汪永珍，女，侗族，是靖州苗族侗族自治县江东管委会江东街人，是靖州县“雕花蜜饯”市级传承人。汪永珍自幼读过几年私塾，受书香文化的影响和熏陶，看过不少古典名著和书籍，并爱好雕刻、写字，谈吐文雅，颇有大家风范的气质。

她在七八岁时开始拜当地雕花蜜饯名师洪克温为师，认真学习雕花蜜饯技艺。凭着一把简单的柳叶小刀在柚子、冬瓜等瓜果皮上仔细琢磨、雕刻，不断学习和总结靖州少数民族地方雕刻技艺。1963年，她代表靖州县参加全省雕花蜜饯竞赛，荣获银质大奖。1984年应邀到新疆建设兵团传艺，获得赞誉，同时应邀到乌鲁木齐传艺，受到维吾尔族人民的赞扬。2002年以汪永珍雕花蜜饯为题材的电视短片获“五个一”工程奖，并曾获新疆建设兵团“雕花蜜饯大师”锦旗，为推介靖州，宣传靖州县，促进靖州民族文化的发展，彰显靖州民族工艺和民族文化做出了贡献。2006年获靖州县首届雕花蜜饯比赛一等奖，2007年被靖州县人民政府授予“雕花蜜饯能手”称号。

七、醴陵红薯脆片制作技艺

项目名称：醴陵红薯脆片制作技艺

类别：2011年入选株洲市第三批非物质文化遗产保护项目

申报地区或单位：株洲市醴陵市

（一）概述

醴陵地处湖南省东部，盛产陶瓷、花炮，红薯也是醴陵主要旱粮作物之一，当地出产的红薯品质优良，自古以来，当地老百姓就将种植红薯作为谋生的一个手段。醴陵人制作红薯脆片的历史悠久，技艺独特，具有浓厚的文化底蕴，堪称“湖湘一绝”。清朝嘉庆年间，左宗棠在醴陵渌江书院讲学时，特派专人从醴陵西乡买回红薯脆片，食后赞不绝口。原湖南省委书记熊清泉同志，一直对醴陵西乡的红薯脆片情有独钟，多次考察红薯脆片制作的加工流程，并亲笔为其传承人肖新志提词、赠画。“世界杂交水稻之父”袁隆平，2010年来醴陵考察农业时，指定要品尝醴陵西乡传承人肖新志手工制作的红薯脆片。

（二）特点

醴陵红薯脆片制作十分讲究，强调绿色天然，要选用本地优质红薯和本地压榨纯天然清质茶油为主要原料，从原料制作到产品制成，要采用手工清洗去皮、切片、炸制等技艺，成品色泽橙黄，香甜松

醴陵红薯脆片

脆，风味独特，其制作流程如下。

（1）选料清洗　选择个大无病虫害的优质鲜薯，除去薯块上的泥沙及夹杂物，刨去表皮，并放入清水中洗净。

（2）切片脱水　将清洗的红薯用菜刀去除两端薯蒂，整平切片，切片时必须要将红薯片切成横切面，以保持食用时的松脆，切片后用竹盘晾干，以风干部分水分。

（3）油炸冷却　锅内倒入清质茶油，升高油温，将生食薯片放入锅内，慢慢炸制，轻轻翻动，使水汽蒸发散去。待薯片浮出油面，呈嫩黄色时即可从锅中捞出，沥油、摊凉、冷却，此时橙黄松脆的红薯脆片制作完成便可密封包装。

（三）社会影响

醴陵红薯脆片虽然生产制作历史悠久，也曾被名人品尝，但因其制作规模小，没有被人们广泛认知。红薯脆片手工制作技艺第九代传承人肖新志顺应经济发展的历史潮流，看准这一技艺的传承价值和市场前景，成立了农民专业合作社，建立了红薯种植基地和油茶生产基地，建设了规模化生产作坊继承传统技艺，注册了“旺侬”薯片商标，不仅推动了当地的农产品经济发展，也使醴陵红薯脆片制作技艺得到了更好的传承与保护。2008年，红薯脆片在中国湖南第十届（国际）农博会上一举获得金奖；2009年，在中国中部国际农博会荣获金奖，自此，醴陵红薯脆片引起了省内外各家媒体的高度关注，数十家媒体相继对其进行了多次报道。

八、慈利葛粉传统制作技艺

项目名称：慈利葛粉传统制作技艺

类别：2012年入选张家界市第三批非物质文化遗产保护项目

申报地区或单位：张家界市慈利县

（一）概述

慈利县地处湖南省张家界西北部，是一个“七山半水分半田，一分道路和庄园”的山区县，当地药材资源丰富，生长着许多药食同源的植物，曾被评为“省级中药材规范化种植示范县”，葛根就是其中最具代表性的一种。葛根，又名葛条、甘葛，为多年生豆科藤本植物野葛的肥大块根，药用的历史悠久，在《神农本草经》《伤寒论》《金匮要略》等药学古籍中均有使用。葛根粉是慈利有名的土特产，慈利葛粉以深山密林中多年野生葛根为原料，采用民间传统工艺精制而成，选料严格，制作工艺复杂，具有清热解毒、生津止渴、清心明目的药用价值，也因此名声远扬。

（二）特点

野生葛粉要经过采挖、刮皮、打浆、清洗、过滤、沉淀、分离、脱水、低温干燥等10多道工序才能制作完成。

（1）采挖葛根　采挖野生葛最好的季节在每年的九月至来年开春前，这个时期的野生葛，营养成分最为丰富。

慈利葛粉

（2）打浆　采挖的葛根需要清洗块根，选取表面光滑、无霉烂、无破损的葛根，用水洗去泥土、沙子等杂质，刮去表皮后再进行粉碎打浆。打浆时必须加水，葛根和水的比例以1∶3为宜。

（3）清洗沉淀　备一块纱布和一个大木桶，将浆末盛于纱布上，注入清水，充分搅动、清洗，使淀粉随水漏入木桶内，反复加水，直至淀粉与粉渣分离干净。过滤出来的清水中含有丰富的葛根淀粉，使其慢慢沉淀，待淀粉浆沉淀后舀干淀粉上面的水，取出淀粉块，即分离出来纯葛粉。

（4）脱水干燥　刚分离的葛根粉块里面还含有水粉，不能形成干粉，为了便于保存以及食用方便，还需经过脱水、低温晾干，粉块才会因为水分失去而形成粉。最好不要选择晾晒，当地人习惯烘干葛粉，烘干温度不可太高，60℃左右为宜，以保证葛粉的质量。

（三）社会影响

当地人在保留传统的葛粉制作技艺的同时，把现代机械应用到葛粉加工流程中，实行机械操作，用新工艺生产后，慈利葛粉劳动生产率和质量都大大提高，产品更加纯白，滑嫩可口，清香宜人，是原汁原味的绿色食品，慈利葛粉已经逐步开发了凉粉、粉丝、糕点和可口的调味食品，产品还远销广州、上海、济南等多个城市。

九、苗家社饭制作技艺

项目名称：苗家社饭制作技艺

类别：2017年入选湘西土家族苗族自治州第三批非物质文化遗产保护项目

申报地区或单位：湘西土家族苗族自治州花垣县

（一）概述

苗家社饭

社饭历史十分悠久，起源于古代祭祀社稷的一种食物，古代以立春后第五个戊日为社日，戊日属土，所以这天也是祭祀土神的日子。湖南湘西凤凰、保靖、花垣土乡苗寨在这天都有过春社吃社饭的习俗，民间习惯将“春社”称为“过社”“拦社”，湘西苗族人会在春社当天食“社饭”，祈年景顺利、五谷丰登。清《潭阳竹枝词》“五戊经过春日长，治聋酒好漫沽长。万家年后炊烟起，白米青蒿社饭香。”就是对“过社”的真实写照。

苗家社饭是存在于湘西民间的一种食俗文化，其做法比较讲究，《凤凰县志》记载：先把采回的嫩绿社蒿洗净、切细、捣烂，去尽苦水，与腊肉丁一起炒成“社菜”。用糯米黏米各半合煮，将熟时拌入“社菜”和野葱，加腊肉汤焖煮而成。仲春时节，湖南湘西苗族家家户户都会做社饭，邻居互相赠送品尝，这种淳朴的乡风民情，至今还在一代代延续。

（二）特点

苗家社饭是以糯米、粳米为主料，混合青蒿、胡葱、腊肉等蒸煮而成。制作苗家社饭的食材有极强的季节性，春天最早破土而出的青蒿便是做好社饭的重要原料，鲜嫩清香的青蒿再配上独具湘西风味的腊肉、胡葱和甜香的糯米，其味鲜美，油而不腻，软而不黏，香气扑鼻。苗家社饭的制作流程为初加工、炒制、煮饭。

（1）初加工　将采摘的新鲜青蒿叶（带嫩苔）洗净剁碎，把苦水揉尽，放入锅里焙干炒熟。胡葱洗净切末，腊肉洗净切成小丁备用。

（2）炒制　腊肉丁入油锅爆炒，再加入胡葱、青蒿及调料小炒半熟，即成“社菜”。

（3）煮饭　糯米、粳米分别用水淘洗干净，灶锅内放水，烧开后，先放粳米煮制，待水沸腾后再放糯米拌匀，用大火同煮，水再次沸腾后，捞出米汤，把炒好的“社菜”倒入锅中，与米饭拌和均匀，切几片腊肉置于米饭表面，盖紧盖，用微火焖熟后，即可食用。

（三）社会影响

仲春时节，当地家家户户都会做社饭，一家人围桌而坐，共享美味。如今，苗家社饭已经成为湘西苗族人的一种根深蒂固的饮食文化，成为邻居互相赠送、分享美食的一种乡土风俗，这种淳朴的乡风民情，至今还在一代代延续着，凡是来湘西旅游的游客都会品尝当地的特色美食。

十、乌饭制作技艺

项目名称：乌饭制作技艺

类别：2015年入选永州市第四批非物质文化遗产保护项目

申报地区或单位：永州市东安县

（一）概述

民间有“四月八、乌饭香”的俗语，乌饭又称黑饭，每年的农历四月初八，在永州东安县大庙口、紫溪市镇一带，村民们都有用乌饭树叶煮乌米饭的习俗，乌饭是一种紫黑色的糯米饭，饭粒黝黑光亮，软糯滑嫩，黏口催津，有一股独特的清香。

（二）特点

乌饭制作的主要材料为采自山上的一种野生植物南烛（也称乌饭树）的叶子，乌饭树的叶汁浸泡优质糯米后蒸熟即成乌饭，蒸熟后将其拌入红糖或加入腊肉末用油炒均可，乌饭制作流程为选料、捣汁、浸泡、熟制。

乌饭

（1）选料　永州东安县的乌饭采用当地六种植物混合制作而成，分别为：风见香、鸡湿木、地蓝子、螺丝木、枫木树叶和乌叶，每种植物分别发挥着不同的功效，其中最主要的乌叶用于给米饭染色，而风见香则能更好提升米饭的清香味，鸡湿木有美容养颜之功效。

（2）捣汁　采摘的每种植物摘去老叶去掉杆子后洗净，放入石臼中捣碎，加水浸泡揉搓，用纱布挤汁并滤去叶渣，再将流露出的乌黑色汁液倒入容器中备用。

（3）浸泡、熟制　选用新鲜糯米，洗净后放入乌树叶的汁液中浸泡将其染黑，然后蒸熟。蒸熟后的吃法也有讲究，东安乌饭的吃法多种多样，可拌入红糖食用，可添加腊肉末、辣椒用油炒香，也可加入五谷杂粮一起蒸制。

（三）社会影响

乌饭原为当地的一种食疗饮食文化，现在发展成为节日食俗，具有止咳、安神、补益脾肾、明目和乌发的功效，适宜体质衰弱者食疗调补，另外还有祛湿的功效，不管是保健功效还是制作工艺，东安县的乌饭都极具特色，如今，乡村旅游兴起后，乌饭也成了东安县舜皇山接待游客的一道特色美食，在永州首届旅游文化美食节活动中东安乌饭入选永州十大特色小吃之一。

十一、修山洗耳溪印粑制作技艺

项目名称：修山洗耳溪印粑制作技艺

类别：2017年入选益阳市第六批非物质文化遗产保护项目

申报地区或单位：益阳市桃江县

（一）概述

桃江县修山镇柳溪明灯山，以盛产印粑而闻名于世。修山洗耳溪印粑是孔子拜访陆通而诞生的一道美食，已有2000多年历史。据清同治《益阳县志》记载，陆通，号接舆，称楚狂，居修山柳溪……现存陆通屋场遗址，当地一直延续着祭典黑嗲嗲粑祖陆通习俗。春秋末期，孔子周游列国，来到修山柳溪拜会高人陆通，遇陆妻在做米粑粑，故上前行礼，随手将装有楚皇御赐的通关金印包衬搁在晾晒的米粑粑上，陆妻见之，气不打一处来，搂起粑粑转身就走，把孔子晾在一边。傍晚，陆通回家见粑粑上竟有“通关玉玺”印迹，唤妻问为何故，得知后拊掌大笑，遂按字样雕成印模，印制粑粑。当地村民纷纷仿效，孔子金印压过的粑粑被称为“印子粑粑”。陆通也被明灯山人称之“印粑始祖”。传至清咸丰年间，印粑传人钟达绘，在继承传统的基础上，对印粑配方、加工程序和外观进行改良，技艺日臻完善，形成如今印粑的柔而不糯、软而不黏、又香又脆、老少皆宜等品质特点。

（二）特点

修山柳溪洗耳溪印粑制作技艺复杂，难度较大，印粑主要以本地原产香米、糯米为原料，经浸泡、磨浆、蒸熟、擂打、揉搓、压模、干燥、包装等十余道工序而完成。浸泡时间长短以米内无白为标准，浸得不透或不长毛都直接影响印粑的色泽和口感，用石磨磨浆后，必须滤干，以不黏手，手捏即开为准；上笼蒸前，必须将滤好的米浆分成2～3厘米大小的团块，蒸煮时受热均匀，成熟一致，在火候的掌握上主要凭借制作人的经验。擂打动作须快捷有力，擂打越细口感越好，揉搓时，要求动作要快，下料要准。压膜是十分考究的工序，压制时要用力均匀，以边缘饱满为度，印模有十多种类。

（三）社会影响

洗耳溪印粑是普通百姓过年过节，走亲访友必不可少的礼物，近二十年来，制作印粑的农家越来越少，愿意钻研印粑技艺的年轻人更是凤毛麟角，曾经盛极一时的印粑技艺面临着断层危机。

十二、宁乡四碟制作技艺

项目名称：宁乡四碟制作技艺
类别：2016年入选长沙市第五批非物质文化遗产保护项目
申报地区或单位：长沙市宁乡县

（一）概述

宁乡最出名的传统小吃就是宁乡四碟，即刀豆花、砂仁糕、紫苏梅和冰姜，历史悠久，盛行于清代。

（二）特点

1. 刀豆花

刀豆花产在宁乡县花明楼乡，是当地民间传统的工艺美食，以其栩栩如生的生物姿态，鲜艳透亮的色彩，酥脆甜蜜的味道，被人们誉为“蜜饯之王”，闻名三湘四水。刀豆，豆科，一年生草本植物，因所结豆荚形态像刀，故名，俗称“大刀豆”。当地农村，历来家家都种刀豆。妇女们采用鲜嫩的刀豆，巧制刀豆蜜饯，俗称“刀豆花”，是迎宾待客、馈赠亲友的珍品。据记载：“宋时邑之城厢，即有专以刀豆花为业者。宋孝宗淳熙十二年，邑人易祓字山斋者，殿试第一，孝宗召见于便殿，询及楚沩风物，祓于对答中，盛赞邑中妇女巧手制之刀豆花，形、色、味、艺，无不绝妙。后祓官礼部，曾以蜜浸刀豆花进孝宗，孝宗称喜。”相传自此刀豆花一直列为“贡品”，《宁乡县志》记载：“家用食品有刀豆花，切薄片穿织兰花、竹枝、花篮诸样，浸糖染红，甘美。”

刀豆花在四小碟中名气最大，是宁乡民间传统的工艺美食。刀豆可编织成菊花、梅花、牡丹，有的盘成蝴蝶、鱼虾、虫鸟，有的雕刻成龙凤、狮虎、人物，还有花篮、宝塔以及各种神话幻想形象。切花之后需要放入淘米水中漂白，再用开水焯熟刀豆，随后才能去编织，要等到大太阳天气才完成这道工序，刀豆花还需要跟捣碎的白糖、冰糖，一起放入大陶缸腌制，至少要两个月，糖才能完全浸透刀豆花。大概到了农历九月，它又需要持续的晴天来完成晒制。

2. 砂仁糕

早在清代，宁乡的砂仁糕，以其酥松香甜，柔软松口而得名，为湖南四大名糕（包括灯芯糕、麻香糕、烘糕）之一，在省内外享有盛名。据传已有200多年的生产历史。民国时期，宁乡城关有义沅、隆和、杨同春、德兴斋等20多家南货食品作坊生产经营砂仁糕，产品色、香、味俱佳，远销全国10多个省市，备受各界人士推崇。砂仁糕主要选用优质籼稻米，将其洗净、滤干、炒熟成金黄色，粉解成细粉，装布袋贮存6个月以上待用，将白砂糖碾成粉，与炒米粉混合，加进适量茶油、清水搅匀，进炉烘烤，包装即成。成品的砂仁糕呈长方形，四角周正，薄厚一致，底面呈谷黄色，有独特的黄米粉芳香，滋味酥松香甜，回味悠长。

3. 紫苏梅

制作紫苏梅选用的紫苏，是本土特有的观音紫苏，最适合跟紫苏混搭的是一个月后成熟的青梅，选用的青梅是宁乡黄材和祖塔地区的桐梅，青梅只需分拣好洗净，置入用糖和盐调配好的陶缸里腌制，等完全浸透入味就可以跟半成品的紫苏拌起。紫苏的紫红和青梅的青色在竹篾簸箕里漫开，这种遵循传统方法的制作，让这些食材味道相互渗透、交融，最终配合得恰到好处。

4. 冰姜

宁乡盛产“冰姜”，光绪年间，冰姜和刀豆花曾销往甘肃、新疆等地，在海内外颇有名气。宁乡人民喜欢把姜作为驱寒、健胃、防止晕车的重要药品，有“一杯茶一片姜，驱寒健胃是良方”的美谈。冰姜历史悠久，在明朝初期就有用糖水浸渍姜片晒后经摊担出售的人，因冰姜形、色、香、味俱佳，又有兴奋发汗、止呕暖胃、解毒扶寒等功效，深受人们喜爱，逐渐成为传统特产食品和民间馈赠珍品。宁乡的冰姜采用农历八月的鲜嫩子姜，手工去皮，经米汤水漂白，盐浸后晒成，色泽黄而透明、薄布白色糖霜，质地柔嫩，美观素雅，食之甘甜微辛，姜香芬芳，爽心开胃，回味绵长。宁乡籍的学者、教育家谢觉哉尤爱冰姜，他曾在《忆江南》中写道：“家乡好，吃得十分香。腊肉咸鱼煎豆腐，细茶甜酒子盐姜，擦菜打清汤”。

（三）社会影响

紫苏梅、冰姜、砂仁糕、刀豆花，宁乡四碟不仅是零食，也是被保存在岁月之中的生活和记忆，更是宁乡人与自然磨合共处的方式。紫苏梅、冰姜、砂仁糕、刀豆花是宁乡人招待客人的吃食，宁乡四碟获得2000年湖南省第二届农博会优质奖。

第四节　调味品、加工食品传统制作技艺非物质文化遗产

一、传统木榨油制作技艺

项目名称：传统木榨油制作技艺

类别：2015年入选常德市第四批非物质文化遗产保护项目

申报地区或单位：常德市

（一）概述

湖南常德，古称“武陵”，别名“柳城”，是一座拥有2000年历史的文化名城。常德传统木榨油制作采用的是精选优质的茶籽、菜籽、芝麻、大豆、棉花仁等原材料，将包装好的饼胚一个个装入木榨的榨膛槽内，有序排列，装好料胚后，在籽饼的一侧塞进木块，然后利用重锤或吊着的撞锤撞击木块之间的一个楔片。随着楔片被打入榨膛，榨膛中横放的木块会对料胚产生挤压的力量而产出油。这种传统榨油设备被称为楔式木榨。传统木榨油制作虽繁杂、费人力、耗时长，但这种传统手工木榨制出来的油比机械压榨油更加香醇与健康。

（二）特点

传统木榨油制作使用工具，由一个双灶台、一个碾盘、一根硕大的榨槽木和一个悬空的油锤组成，木榨油制作流程为选料、炒干、碾粉、蒸粉、做饼、入榨、出榨、入缸。传统木榨油技艺制作讲究，每个环节的把控都需千锤百炼。

木榨油

（1）选料　选择菜籽时“宁选新不选陈”，以新菜籽为上乘，目的是使榨出的油色亮、质纯、口感好。晾晒是非常关键的工序，以菜籽呈松散片状为最佳。太湿、太干都不可取，如出现出油状，就不能再用。用风车除尘，摇动风车把油籽中杆、壳除去，再用筛子、簸箕等工具去除沙土，保证油籽洁净、无杂物。

（2）炒干　炒籽是榨油的关键环节，首先把茶籽放在火炕上慢慢烘烤，并隔一段时间就要翻炒，时间和火候全凭手艺人经验，将籽烤得到位，出油率才会最高。

（3）碾粉　把炒好的籽放在碾槽中，碾压成粉。将炒熟后的油籽用石磨碾压均匀，

菜籽要磨成泥状，越细越好，要求油籽粉末不沾不黏，易于包饼成形。

（4）蒸粉　把茶粉置于木甑蒸上几分钟。油菜籽碾成粉末之后放入木甑或揭口（木缸）中蒸。甑中有木制甑桥、竹制甑箦，内垫干净稻草，稻草要选长100～120厘米，将霉变、腐烂的稻草择取不用。将菜籽粉放入甑中后，用稻草挽成结放在菜籽粉上面。加火蒸煮，待甑子各方来汽且蒸汽均匀就可以了。

（5）做饼　把洁净的稻草顺嵌入油圈中，将蒸好的菜籽胚装入其中，用“木拐”（用硬杂木制作成榔头状的工具）夯实，用稻草将菜籽胚上部包裹严实，踩实，制成饼状。

（6）入榨　把做好的茶饼放入木榨中。将籽饼装入木槽内，叠放在一起，有序排列，以木楔初步固定。

（7）出榨　将重达100多千克的撞锤一次次沉重地撞向木榨的榨楔，给木槽中的茶饼不断施加压力，油脂在压力的作用下被撞击出来。

（8）入缸　刚榨出来的油脂会顺着重力的方向滴入油缸中。

（三）社会影响

20世纪80年代，随着机榨油设备的推广，这种成本高、工序繁杂、耗时长、工具笨重、出油率低的传统木榨油技艺很快退出了历史舞台，导致该传统手工技艺濒临失传，近年来，随着人们对食用油脂品质的认识不断加深，为了让人们食用最健康、最香醇的油，一些手艺人也重新拾起了这项传统木榨油制作技艺。

二、邵阳手工榨油术

项目名称：邵阳手工榨油术
类别：2012年入选湖南省第三批非物质文化遗产保护项目
申报地区或单位：邵阳市邵阳县非物质文化遗产保护中心

（一）概述

邵阳县地处湖南中南部，境内山多地少，四季分明，油茶林在境内分布甚广，自古以来就是我国优质茶油和优质桐油的主产地。邵阳手工榨油术是一种历史悠久的压榨制油方法，其工作原理和工艺流程在北魏贾思勰的《齐民要术》和明朝宋应星的《天工开物》中就有详细记载，在境内的地方志中也能找出文字佐证，清嘉庆二十五年《邵阳县志》（卷47・物产）便有“……桐油、茶油……俱採仔剖仁，用槽榨油……”等文字记载。1957年，邵阳全县共有手工榨房1618个，到20世纪80年代初，每个乡、村都还保存有传统榨油坊。在现存的榨油坊中，建于清道光三年（1823年）的蔡桥乡石河村蔡家院子油榨坊经市、县文物部门鉴定，认定其距今已有190年以上的历史，是邵阳地区现存年代最久、保存最完整的一座手工榨油坊。

（二）特点

由于盛产茶油和桐油，传统的手工榨油技术一直是邵阳县内一项主要的油脂加工技艺，手工榨油采取“以槽取油”法，即采用一个石制的大型碾盘和一个大型的石碾轮，以牲畜或水能为动力碾磨原料，用铁锅蒸热，用木制油榨设备进行人工压榨的一种油茶加工方式。手工榨油工艺比较繁细，包括石碾碾筛、蒸料包饼、木榨取油三大工序，有采果、堆沤、晒果、脱壳、晒籽、碾粉、过筛、烘炒、蒸粉、包饼、榨油、过滤等十多个步骤。

（1）堆沤　将采摘的茶籽进行堆沤，让茶籽起后熟作用增加油分。

（2）晾晒脱壳　将茶籽晾晒至茶籽壳自然开裂，然后去除外皮，选出果实饱满、颗粒大、颜色乌黑、有光泽的茶籽，整个过程要晒至少一个星期，才能使淀粉和可溶性糖等有机物充分转化成油脂，再将茶籽烘烤一遍，提升出油率。

（3）碾粉蒸料　将烘烤过的茶籽放入大碾槽中碾成粉末并过筛，保证茶籽碾细碾均匀，再用厚底的圆形木桶蒸熟茶籽粉。

（4）包饼榨油　茶粉蒸好后，包饼师傅要将铁匝叠放在平地上扭一个稻草结，呈放射状铺在铁匝上作为包饼底衬，再将热气腾腾的茶粉倒进铁匝中，将茶粉踩平踩实，形成一个圆茶饼。将包好的茶饼叠放在一起，竖着放入木榨膛内，用专门制作的撞杆大力撞击扦头，不断挤压茶饼榨出油来，最后经过沉淀过滤即成。

（三）社会影响

手工榨油技术是古代农业科学技术高度发展的产物，是中华民族勤劳和智慧的结晶，它的出现不仅改变了人民的生活习俗，而且在很大程度上解放了生产力，促进了社会的发展。随着油茶业的发展，邵阳县已被列为全国油茶基地示范县，全县现有油茶林面积达56.2万亩，2009年、2012年，邵阳县被国家食品工业协会和国务院分别授予“中国油茶之都”和“中国油茶之乡”的称号。邵阳茶油也因其优质的品质和丰富的营养价值而广受欢迎和好评，如今的邵阳茶油正逐步走出湖南，走向全国甚至世界。

三、保靖酱油制作技艺

项目名称：保靖酱油制作技艺

类别：2008年入选湘西土家族苗族自治州第二批非物质文化遗产保护项目

申报地区或单位：湘西土家族苗族自治州保靖县

（一）概述

酱油是中国传统的调味品，早在东汉时期，就有“酱清”的史料记录，至明代，酱油已经有一套系统的制作工艺，酱油的专业名词在宋代开始出现，宋代林洪《山家清供》中有“韭叶嫩者，用姜丝、酱油、滴醋拌食”的调味应用。世人只知道湖南湘潭所产的龙牌酱油具有两百多年历史，然而湘西保靖酱油的源流正是来自于湘潭酱油。根据湘西土家族苗族自治州人民政府官网湘西大事记中的记载，1931年，保靖县迁陵镇的一位商家名叫黄庆春，在湘潭延师建立“黄庆春酱园”，此为名牌“保靖酱油”制造之始，保靖酱油至今已有近80年的酿造历史。保靖酱油传统制作技艺源于湘西保靖县。保靖县始建于清雍正七年（1729年），其地处云贵高原的东端，武陵山脉的中段，世代在此居住的苗族人、土家族人因交通闭塞、落后，以至于保靖酱油几代人都是采用的传统工艺制作，形成酱香味浓，余味醇厚悠长的独特风格。至今，当地人还流传着“保靖的酱油，河溪的醋”的俗语。

保靖酱油

（二）特点

保靖酱油在湘西地区及湘、鄂、渝、黔四省市地区享有盛名。保靖酱油以大豆、小麦为原料，经微生物发酵制成具有特殊色、香、味的液体调味品。保靖酱油核心酿造技艺采用传统技艺，利用天然晒露发酵工艺，系高盐稀态发酵酱油，即以黄豆、小麦为原料，经蒸煮，与曲霉菌所制曲及盐水混合成稀醪，经长时间晒露发酵后，再提炼而成。其色光泽，具有浓郁的酱香及脂香气，味道鲜美，醇厚，咸、甜适口。保靖酱油制作流程为选料、清洗、蒸料、拌料上架、发酵成坯、取油。

（1）选料　保靖酱油选用山地黄豆和当年酱麦加工成的面粉做基本原料。

（2）清洗　取县城断龙山麓脚下的水坝源、西门古井、董家冲古井、茅庵古井的井水洗料、浸泡。

（3）蒸料　将漂洗干净的豆料烧大火煮至手捏可烂的程度，为避免煮豆糊锅，需不时用木桡片透底搅动。

（4）拌料上架　将蒸好的豆料舀入广口篾箩，置架上滤干，冷却至要求的温度后，拌料上架。

（5）发酵成坯　霉房中，温度按不同季节自行掌握，不能烧坏。发酵期多在3～5天（一般在桃李花盛开季节）。

（6）取油　几年后，当酱缸达到发酵期后，开始取油。

（三）社会影响

保靖酱油酱香浓郁，醇厚悠长。在保靖当地，很多特色菜肴都离不开保靖酱油的调色增香，如传统手工杠子面、保靖土鸭、炒肉、烧肉等，保靖酱油品牌也荣获了很多奖项，如斩获1958年湖南省酱油评比第二名“巨龙牌”金奖。1985年，其质量评比获“湖南省第二名”等。

四、保靖松花皮蛋制作技艺

项目名称：保靖松花皮蛋制作技艺
类别：2008年入选湖南省第二批非物质文化遗产保护项目
申报地区或单位：湘西土家族苗族自治州保靖县

（一）概述

保靖松花皮蛋是湘西保靖县传统名产，据《保靖商业志》记载：“保靖松花皮蛋的生产，相传已有两百年历史。”保靖松花皮蛋的配料、制作工艺十分讲究，蛋体饱满、晶亮，有弹性，蛋白有弹性，蛋内有如松枝的银灰色图案，宛如镶嵌在翡翠里的玉花，故名“松花皮蛋”。食之肉质清爽、醇香、易消化、多食不腻，具有清凉明目、平肝开胃、降血压等作用，是家常食用、宴席上的美味佳肴。保靖松花皮蛋传统手工制作技艺主要分布在保靖县以及周边邻近的永顺县、花垣县、龙山县、吉首市、古丈县等区域，保靖有广阔的水域，素有养鸭的习惯，为皮蛋的加工制作提供了充足的原料。

（二）特点

保靖松花皮蛋的民间传统制作过程复杂，主要有处理鲜蛋、配制原料、配制黄泥水、裹蛋、封坛、存放等环节。现在常用的松花皮蛋为泡制松花皮蛋，其制作流程为鲜蛋处理、料液配制、装缸、成熟阶段、包泥、滚糠。

松花皮蛋

（1）鲜蛋处理　必须用新鲜的鸭蛋，蛋壳色泽要鲜明。在灯光透视下，蛋白浓厚、澄清、透明，蛋黄位于中心，无散黄、发黑等现象，按蛋的大小进行分级加工。

（2）料液配制　将纯碱3千克、茶叶1.2克、盐2千克放入缸中，倒入开水50升使其溶解，并立即加入黄丹粉0.15千克，经搅拌溶解后，再逐步投入石灰16千克（注意分批投入，避免沸水翻滚），边搅边加，使其混合均匀，待冷却后使用。

（3）装缸　鸭蛋放入清洁的缸内，蛋要放平稳，以防震碎蛋壳。最上层的蛋离缸口18厘米，以便封缸，再将冷却好的料液加以搅动，使其浓度均匀，按需要量缓慢地倒入缸内。料液灌好后，用竹盖压住，防止蛋漂浮。料液温度以15～20℃为宜。

（4）成熟阶段　处理灌料数天后（夏季3～4天，冬季6～7天），蛋的内容物开始发生变化，蛋白首先变稀，呈清水状，称为作清期，再经2～3天，蛋白逐渐凝固，这时一定要注意不要移动缸位，以免影响蛋的内容物的凝固。温度一般以控制在20～25℃最为理想，同时要求温度恒定，要及时检查。一般情况下，灌料后30～40天松花蛋即可成熟，及时出缸。

（5）包泥和滚糠　浸渍后蛋壳变脆，因此出缸后需包泥和滚糠，以防蛋破裂及变质。通常用黄泥和出缸后的残料，调成一定的黏稠度以能包蛋为宜。包泥时将蛋逐只用料泥包裹，然后在稻糠上滚动，使稻糠均匀黏在包泥上。

（三）社会影响

保靖松花皮蛋以优良的品质，声名远播，形成产业。对于年纪稍微偏大的保靖人，无论是身居家乡还是远游的赤子，保靖松花蛋与保靖原汁酱油一样，已成为酉水乡愁的最深刻的一个记忆。如今，保靖松花蛋已销往全国十余个省、市，海外远销日本、美国、马来西亚、韩国等十余个国家，数次被评为湖南省“优质产品”，曾先后荣获“芙蓉”“龙凤”、第五届亚太地区国际贸易博览会金奖等殊荣。

五、腊八豆制作技艺

项目名称：腊八豆制作技艺

类别：2012年入选长沙市第三批非物质文化遗产保护项目

申报地区或单位：长沙市

（一）概述

腊八豆是湘菜传统特色发酵食品，利用黄豆发酵，用姜盐腌制，与辣椒、蒜等多种调料混合炒熟后制成。腊八豆由来已久，每年立冬后民间开始腌制，到腊月八日后食用，故称之为“腊八豆”。长沙及周边地区自古即生产大豆、生姜，且气候夏热冬寒，潮湿多雨，有利于霉菌的生长，为腊八豆发酵提供了有利条件。在湖南城乡及寺庙道观盛产腊八豆，农村几乎家家会制作，代代相传。

（二）特点

腊八豆

腊八豆制作技艺有两个要点：一是选料方面，制作腊八豆的原料必须颗粒饱满、色泽均匀，才能保证口感；二是传统工艺精细，要经历清洗、蒸煮、发酵等多道工序，制作过程中，发酵是最难最关键的一步，气温高时，腊八豆容易产生气体，导致瓶体开启时腊八豆飞溅。为了避免这种情况出现，宜选择用炒熟的辣椒、姜、蒜作为制作的佐料，这样既保留了口味，还更安全。腊八豆的制作流程如下。

（1）煮发　将颗粒饱满、色泽均匀的大豆选择出来，放入水中煮发，煮发后放入蒸锅蒸熟，出锅后摊凉。

（2）接种　将黄豆放置在空气中，自然接种。

（3）发酵　种上了菌种的黄豆被送至干净、恒温的发酵房，等待长霉。

（4）腌制　将长满菌丝的黄豆倒进缸内，撒好姜丝和盐，倒入特制的大缸内密封，腌制出缸后，放在油锅里进行煸炒，加入盐、糖、红辣椒粉。

（三）社会影响

腊八豆作为湖湘特色的发酵食品，具有鲜香酸辣、刺激食欲的特点，一直是湖湘老百姓的餐桌佐餐必备品，并广泛应用于湘菜的调料、开胃小碟、拌面、凉菜中。如今，随着腊八豆制作技艺的改良，其生产也走向了工业化和标准化，黄豆变成腊八豆，工艺更加复杂、精细，须经过泡豆、蒸豆、摊凉、制曲、配料、入坛、发酵、熬制、灌装、清洗、灭菌、包装等十几道工序，腊八豆经过调味、杀菌等工艺，成为既可烹饪佐餐也可开瓶即食的风味发酵罐装食品，畅销省内外。

六、酱麦酱制作技艺

项目名称：酱麦酱制作技艺

类别：2009年入选湘西土家族苗族自治州第三批非物质文化遗产保护项目

申报地区或单位：湘西土家族苗族自治州古丈县

（一）概述

酱在古代谓之“醢”，酱的酿造技术历史十分悠久，从先秦的肉酱，发展为后来的豆酱和麦酱两大类别，麦酱是麦子通过发酵工艺制作的，早已有文献记载，《齐民要术》卷八第七十便有麦酱的记载，麦酱即是面酱，因为酱的制作涉及微生物发酵的作用，在古代科学无法解释的情况下，酱的制作一直是长辈口传心授，世代相传的手工绝活。

古丈酱麦酱是湘西自治州中部古丈县传统的民间加工调味品，酱麦酱的生产分布在古丈县以及周边邻近土家族民众。古丈县旧时称“古仗坪”，因建城设置古丈坪而得名。1912年，名为古丈县。古丈县以土家族人数居多，古丈土家族人民对酱麦酱情有独钟，酱麦酱在古丈民间世代传承，风味独特，食用方便，在当地，大多数家庭都会制作，在烹调中常以取代酱油使用，成为厨房重要的调味品之一。

（二）特点

古丈土家族人酱麦酱制作工艺较为讲究，选用优质小麦、食用盐，经过蒸、煮、发酵、拌料、装坛等多道传统工序精制而成。酱麦酱制作过程中，将所选材料的各种香味进行充分融合，香气特殊，味道柔和绵长，鲜中带酸，是开胃佐餐的佳品。

湘西酱麦酱

酱麦酱主要选择优质小麦，配以花椒、食盐。酱麦酱主要工艺流程是将小麦洗净，用清水浸泡2～3天，煮熟后，滤干水分与酱叶（酱草）一同密封，使其发酵，待有霉丝和香味后取出在太阳下晒干，用石磨将晒干的麦粒磨成粉状，用井水搅拌和上精盐，调成糊状，盛于钵头内，用网格状竹篾圈盖住，在户外晾晒，在晾晒过程中不能移动位置，也不能搅拌，不然会变酸变味。若遇雨天，可在上面盖斗笠避雨水。待到八成干后，酱麦酱呈金黄色，散发出阵阵酱香味，便可转为坛子装好备食。

（三）社会影响

酱麦酱是湘西土家族传统的调味品，是土家族人炒肉、煮鱼或是拌面时必不可少的调味品，特别是用酱炒回锅肉、麦子酱炒青椒，酱香浓郁，咸辣可口，是不可多得的美味佳肴。目前，随着电子商务的兴起，古丈土家族老一辈掌握传统酱麦酱制作技艺的传承人，将自己用传统方式制作的麦酱利用网上销售平台，批量生产销售，不仅让更多人了解喜爱这种土家特色的调味品，也可以通过生产性保护，使这种传统酱麦酱制作技艺赢得了生机，得以延续。

七、湘西香醋传统制作技艺

项目名称：湘西香醋传统制作技艺

类别：2016年入选湖南省第四批非物质文化遗产保护项目

申报地区或单位：湖南边城生物科技有限公司

（一）概述

湘西酿醋场景

湘西香醋又称“河溪香醋”，因醋色泽橙红，当地又称之为“赤醋”，具有液酸而不涩，黏稠挂杯，醇美可口，密封储存，久不变味等特点，因其香气馥郁，后来改为“河溪香醋”。湘西香醋是湘西著名的传统调味佳品之一。湘西香醋的起源地是湘西吉首市河溪镇的张排村，河溪镇有千年历史文化沉淀，镇境内土壤为红砂岩地，土壤呈微酸性，这种土壤中所渗出泉水的水质，属碳酸盐或硅酸盐型，富含多种人体必需的矿物元素，加之此地气候温和湿润，极有利于真菌和酵母菌的生长和繁殖，成为酿造食醋的绝佳之地。

（二）特点

湘西香醋制作工艺极为讲究，体现了湘西民族的饮食养生文化。香醋酿造选用的是本地优质大米为原料，兑以当地高山清泉，在纯天然条件下液态发酵，历经两年左右时间而成，与普通的固态发酵工艺相比，香醋酿造具有发酵充分、不易染杂菌的特点，它可将自然界群体微生物引入发酵过程，全过程自然发酵，生产过程中不加盐，不加色素，不加防腐剂，保持产品的纯天然性，从而赋予食醋优良色、香、味等品质特征，湘西香醋的传统制作流程为选料、浸泡、蒸煮与发酵、晒干、浸泡、熬煮。

（1）选料　精选优质大米，为了取色，宜用花红米；过筛后，去碎用粗。

（2）浸泡　选用河溪当地矿质成分低、无色无味、水质纯正的泉水浸泡。

（3）蒸煮与发酵　泡7天后，把米滤干上甑蒸熟。在楼板上铺一层黄荆叶（落叶灌木，马鞭草科），第二层铺辣蓼草（一年生草本，蓼科），第三层铺篾垫，垫上构皮叶一层，将饭推平于构皮叶上，厚2～3厘米，饭上盖构皮叶再盖辣蓼草，上又盖黄荆叶，还可加盖棉絮，增温发酵。

（4）晒干　密封7天后揭开，将散落在饭上的碎草叶片捡净，把饭团揉散晒干即为半成品，称为醋子。

（5）浸泡　将醋子置于缸内，再用当地山泉水浸泡，以1∶5兑水，每天早晨用去皮生桎木搅拌2～3分钟。醋胚应放置室内，温高则来势快，温低则慢些。

（6）熬煮　待至重阳节前后，即可熬制，先滤渣，待醋水里的残渣沉后，便舀置于锅，同时用布将八角、丁香、三柰、小茴、花椒、肉桂等香料裹好，同熬煮。观察到锅里的醋水下降，锅边形成红色醋圈时，可舀出半碗，闻其香味，看其色泽（呈红色），摇能黏碗，尝味醇美，直到锅边起了水印3圈，色、香、味、形均达标后，才离火，醋即成。舀后，要过滤三次，直到醋水不存渣，不浑浊，保持红亮为佳。

（三）社会影响

湘西香醋不同于镇江香醋的酱香、山西陈醋的陈香，而以其独特的清香风味成为当地最重要调味品之一。湘西香醋的用途十分广泛，可除腥、解腻、去膻、降暑、调味、帮助消化、增加食欲，还有极高的药用价值，医疗部门常用于消毒灭菌，滋润皮肤，消肿祛毒，治疗痢疾、头癣和皮肤发痒等。目前，湘西香醋已销全国各地，远销欧美等国家。

八、长沙玉和醋传统酿醋技艺

项目名称：长沙玉和醋传统酿醋技艺
类别：2012年入选湖南省第三批非物质文化遗产保护项目
申报地区或单位：长沙玉和酿造有限公司

（一）概述

油、盐、酱、醋是百姓人家不可或缺的寻常味道，创始于1649年的“玉和醋”是湖南老百姓家家必备的老品牌。清朝顺治年间，众多苏帮酿造技师先后来湘开设酱园，使湖湘酿造业得到空前发展。江苏苏帮酿造大师董玉和于清朝顺治六年（1649年）来湘开设酱园，并以自己的名字命名为“玉和酱园”，原址位于古城小西门，现长沙“玉和园巷”就因此而得名。玉和酱园以玉和醋（俗称玉醋）驰名，迄今已有300多年历史。历久不衰。

玉和酱园数百年来都是沿用压印有“玉”字的泥团封坛口，既是商标品牌，又可确保醋的风味不变。相传，康熙年间玉和醋曾作为朝廷贡品，为众贵妃美容养颜之饮品。日饮玉醋三两，面色红润，肌肤柔嫩。玉和醋由此受宠皇宫，到名噪京城，进而饮誉大江南北。史料记载，长沙曾流传有“陈年老醋出坛香，玉字封泥走四方”的说法，可见玉和当年的兴盛。清朝中晚期至20世纪初，玉和醋成为与山西醋、镇江醋齐名的全国三大名醋之一。300多年来，玉和醋发展一波三折。玉和酱园自创始人董玉和后，几易其主，但品牌名一直保存至今。

（二）特点

玉和醋选用优质糯米为主原料，采用传统工艺“静面发酵”酿造，以紫苏、花椒、茴香、食盐为辅料，以炒焦的糙米为着色剂。从原料到成品的各道工序，严守操作规程，精工细作，消毒封口，并添加八角、桂皮、生姜、蜂蜜精制而成，玉和醋液态静面发酵法的工艺流程主要分为11部分。

（1）精选原料糯米　要求米粒颗颗浑圆饱满、粒头大，经过严格的检验合格后，方可作为酿醋原料使用。

（2）泡米　糯米的浸泡根据时节的变化各不相同，要求糯米在浸泡后，用手指捻成粉状才算合格。

（3）洗浆　将浸泡完成后的糯米，捞出放入竹篓内，以清水冲去白浆，沥干至不滴水。

（4）蒸饭　把沥干的糯米倒入甑中，大火蒸煮至冒气熟透。

（5）淋饭　用清水淋饭降温，要求饭粒分离。

（6）拌酒药　每缸拌匀后，然后开塘搭窝，用草盖将缸盖好，以减少杂菌污染和保持品温。

（7）酒化发酵　保持低温、恒温，糖化发酵。

（8）卤汁满塘　将卤汁浇于饭面，直到饭粒脱离缸底浮起。

（9）酒精后发酵　此阶段需要及时加水，并严格控制温度。

（10）醋酸发酵　酒醪成熟并发酵完成后，掀起缸盖可闻到液态静面发酵米醋所特有的香味，醋液为澄清状态。

（11）后期调配及陈酿　将成熟的酸液进行米醋特殊的调配、灭菌和陈酿。

经过15～21天方可成品，成品制成后要储存1～2年后方可出厂销售，经过复杂的工艺酿造而成的玉和醋，自然与普通的勾兑醋口感不一样，它具有浓（浓而不浊）、香（芳香醒脑）、醇（越陈越香）、鲜（酸而鲜甜）四大特点，具有独特的米香风味，玉和醋不仅是湘菜调味佳料，还具有开胃生津、和中养颜、醒脑提神等多种药用价值。

（三）社会影响

“玉和”品牌是几百年来一直坚守“坦坦荡荡做人、明明白白做醋”的职业操守，将“做醋如做人，醋品如人品”的祖训变为“玉和”醋业的文化核心。其“静面发酵法”已成为全国一绝，仅为“玉和”所有，“玉和”已成为湖南乃至全国的知名品牌和高质量放心产品的标志性品牌，具有很高的知名度。“玉和”被国家商务部评为首批“中华老字号”，2007年被评为“湖南省著名商标”，2010年，长沙玉和酿造有限公司为更好地保护和传承玉和传统酿醋技艺，长沙民俗、民食、民风一条街——坡子街建成湖南省首家醋文化主题博物馆——长沙玉和醋文化博物馆，并同时成立玉和醋培训基地和醋文化交流中心，为湖湘文化融入新的元素，增添了实质内涵。

随着时代发展，食醋的其他用途也被不断开发，2016年玉和推出了“玉和最恋山楂醋”和“玉和秘制醋”两款果醋饮品，大受市场欢迎。同时，玉和醋利用老法酿醋的前期工艺引进全新料酒生产线，至此，原来品种单一的玉和醋，经过几代人的努力，已成长为“玉和家族”。酿醋工艺是一道特殊而复杂的过程，是“活文物”，凝聚着民间传统工艺的精华，它是历代酿醋人智慧的结晶，更是酿造技艺中的一笔珍贵文化遗产。

九、湘潭龙牌酱油（原生态）酿造技艺

项目名称：湘潭龙牌酱油（原生态）酿造技艺

类别：2010年入选湘潭市第二批非物质文化遗产保护项目

申报地区或单位：湘潭市

（一）概述

龙牌酱油是湘潭市的老字号产品，拥有两百多年的传统酿造史。据《湘潭县志》记载，早在清朝乾隆初年（1740年），湘潭就有了制酱作坊。清朝道光年间（1850年），浙江省吴兴县的丝绸商人吴子楚到湘潭贩卖丝绸，见湘潭酱油鲜美，获利颇丰，便将全部资金投入，转营酱业，于清道光三十年（1850年）在市内十三总新梁街创办吴元泰酱园，前店后场，生产酱油，兼制酱菜。清代著名诗人及书法家何绍基（湖南道县人）在湘潭同僚家中，曾用龙牌酱油拌白米饭，鲜香嗤鼻，一时食欲大开，一连吃了四碗酱油拌饭，吃完后赞叹不已，留下了“三餐人永寿，一滴味无穷”的赞誉。

（二）特点

龙牌酱油

从古至今，龙牌酱油一直以色深、汁浓、含糖不甜、含盐不咸、含酸不酸、氨基酸含量高、酱香味浓郁的独特风味著称于世。蕴藏在龙牌酱油里的这份“原汁原味”，凝聚了数代湘潭制酱人的集体智慧。龙牌酱油选用优质黄豆、面粉为原料，采用传统的天然发酵酿造，酿造好的龙牌酱油具有色美味鲜、汁浓液香、咸中带甜、

滋味鲜美、久贮无浑浊、无沉淀、无霉花、保质期长等特点。

酿造一瓶醇正的龙牌酱油，需经过浸籽、蒸煮、拦料、发酵、踩缸、晒坯、取油等工序，以传统的天然发酵为主，利用自然温度，整年生产。主料必须选择干燥光泽、颗粒饱满、成熟适度的黄豆，投料前要多次漂洗，除去泥沙杂物，然后经水泡、蒸熟、冷却后加拌面粉，接种曲精，按黄豆：面粉：盐水为2：1.5：1配制组成一个酱醅，拌匀后入室发酵，加速蛋白质的分解与淀粉糖化，制曲后再加盐水发酵。经30多道工序、1年左右的日晒夜露，酱醅的颜色逐渐变成红褐色，并具有浓郁的酱香味。成熟后抽出原曲，除尽沉淀物，经灭菌处理即为成品酱油。

（三）社会影响

1966年，龙牌酱油作为湘潭市最早一批出口商品，远销新加坡、日本、美国等地。1978年6月在全国出口酱油评议会上获第一名。1993年，龙牌酱油被国内贸易部授予“中华老字号”牌匾。2010年，龙牌酱油再次被国家商务部评为“中华老字号”称号。

十、衡阳酃酒传统酿造技艺

项目名称：衡阳酃酒传统酿造技艺

类别：2016年入选湖南省第四批非物质文化遗产保护项目

申报地区或单位：湖南省酃酒酒业有限公司

（一）概述

酃酒，产于古酃县，今衡阳市东及衡南县，此地雨水充足，气温偏高，空气湿度大，独特的气候为酿造好酒创造了条件。酃酒是我国酒文化历史中，记录最早最全，脉络清晰有序的名酒，至今已有两千多年的历史。早在公元280年，司马炎建立西晋，举行开国大典，便将出产于酃县的酃酒荐于太庙，作为国酒来祭祀祖先，犒劳功臣。《水经注》卷三十九记载：“酃县有酃湖，湖中有洲，洲上民居彼，人资以给酿，酒甚醇美，谓之酃酒，岁常贡之。”唐代以后如《资治通鉴》《元和郡国志》《舆地纪胜》等都介绍了衡阳酃酒。酃酒呈奶黄色或琥珀色，味觉甘甜醇厚，回味鲜美清正，气味芳香馥郁，有琼浆玉液的美誉。《齐民要术》中也记载了酃酒酿造之法，并命之为酃酒法，我国第一篇酒赋《酃酒赋》中，赞誉酃酒“备味滋和，体淳色清”，给予了酃酒极高的评价。

（二）特点

衡阳酃酒具有香气扑鼻、口感柔和、醇厚、余味绵长等特征，酃酒酿造选取本地特有带胚芽的麻矮糯，在甘洌的井水中浸泡24个小时左右。将泡好的糯米放进木甑桶中，蒸40分钟左右，用木甑来蒸是为了融合木质的香味，同时平衡糯米的蒸熟度。将蒸好的糯米饭舀出并摊凉，等待温度从最初木甑桶里的100℃一直冷却到40℃左右。将冷却后的糯米饭放入备好的井水中淘洗，使其减弱黏性，保持干净、疏松与清爽，让其能与酒曲更加紧密融合。酒曲是我国独特的酿酒用糖化发酵剂，也是我国优异的酿酒菌种保藏制剂。

在酿造工艺上，酃酒分两次发酵而成。首先将淘洗好的糯米饭放入荷叶缸中，按量与祖传草本植物所制酒曲反复翻拌均匀，在一个面积较小、高度较矮的密闭房间进行初发酵，目的是保证温度，以助于更好发酵。经1～2天，待糖化透彻，酒液浮面后铲出荷叶缸装入陶瓷小坛，叠置二次发酵间，进入常温发酵期。1个多月后，使糖化后的酒糟充分醇化，以增加酒度，改善口感。酒糟经古法压榨出酒，再倒入富含有益菌的酿酒缸。从而酿制成酒度低、糖度高、酸味少的酃酒。酿造在秋季，成事在春季，酃酒的酿造要通过秋冬春三个季节，长达90多天，在这样漫长的酿造过程中，酒中优良菌就比较稳定，其保质期一般在10年以上。

（三）社会影响

衡阳湖之酒最初是酃湖附近农民自制的家作酒，后规模逐渐扩大，进入市场，1935年上海版《中国实业杂志》记载：清末民初，衡阳城内有酿酒作坊179家，每年产酒达32600担。衡阳城的酒店遍及大街小巷，有“青草桥头酒百家”之赞。今衡阳四乡，每家每户都会酿制。逢年过节、红白喜事，都用湖之酒待客。湖之酒用途广泛，除作饮料酒外，还用来作烹调佐料，除腐去腥，添色添香。

十一、君山银针茶制作技艺

项目名称：君山银针茶制作技艺
类别：2018年入选湖南省第四批非物质文化遗产保护项目
申报地区或单位：湖南省君山银针茶业有限公司

（一）概述

君山又名洞庭山，为湖南岳阳市君山区洞庭湖中的岛屿。岛上土壤肥沃，多为砂质土壤，气候非常湿润，自然环境适宜茶树生长，山地遍布茶园。君山银针产于君山，是中国名茶之一，属黄茶种类。君山茶旧时曾称黄翎毛、白毛尖等名，后来因其茶芽挺直，布满白毫，故名君山银针。宋时君山僧侣在白鹤寺等处种茶，取名白鹤茶，用岛上白鹤井的水冲泡白鹤茶，茶如白鹤在水中行走，起落不定，奇景万千，形美味佳。乾隆皇帝下江南时，品尝君山茶后赞不绝口，并把君山茶定为贡茶，规定每年进贡9千克。1957年君山茶正式命名“君山银针”，岳阳地区著名的“全鱼席”中的名菜“君山鸡片”，就是将君山银针作为辅料，菜品清秀高雅，清香鲜嫩，是湘菜中为数不多的使用名贵茶叶制作的菜肴。

君山银针

（二）特点

君山银针由芽头制成，茶身满布毫毛，色泽鲜亮，香气高爽，汤色橙黄，滋味甘醇。虽久置而其味不变。冲泡时可从明亮的杏黄色茶汤中看到根根银针直立向上，几番飞舞之后，团聚一起立于杯底。其采制要求很高，比如采摘茶叶的时间只能在清明节前后7~10天内，还规定了9种情况下不能采摘，即雨天、风霜天、虫伤、细瘦、弯曲、空心、茶芽开口、茶芽发紫、不合尺寸等。

君山银针的采摘和制作都有严格要求，每年只能在清明节前后7~10天采摘，采摘标准为春茶的首轮嫩芽。制作这种茶，要经过杀青、摊晒、初烘、初包、复烘、复包、焙干、分级、贮藏等多道工序。

（1）杀青　在斜锅中进行，锅在鲜叶杀青前磨光打蜡，火温掌握先高（100~120℃）后低（80℃），每锅投茶叶量300克左右。茶叶下锅后，两手轻轻捞起，由怀内向前推去，再上抛抖散，让茶芽沿锅下滑。动作要灵活、轻巧，切忌重力摩擦，防止芽头弯曲、脱毫、茶色深暗。经4~5分钟，芽蒂萎软，清气消失，发出茶香，减重率达30%左右，即可出锅。

（2）摊晒　杀青叶出锅后，盛于小篾盘中，轻轻扬簸数次，散发热气，清除细末杂片。摊凉4~5分钟，即可初烘。

（3）初烘　放在炭火炕灶上初烘，温度掌握在50~60℃，烘20~30分钟，至五成干左右。初烘程度要掌握适当，过干，初包闷黄时转色困难，叶色仍青绿，达不到香高色黄的要求；过湿，香气低闷，色泽发暗。

（4）初包　初烘叶稍经摊凉，即用牛皮纸包好，每包1.5千克左右，置于箱内，放置40~48小时，谓之初包闷黄，以促使君山银针特有色香味的形成，为君山银针制造的重要工序。每包茶叶不可过多或过少，过多则化学变化剧烈，芽易发暗，过少则色变缓慢，难以达到初包的要求。由于包闷时氧化放热，包内温度逐升，24小时后，可能达30℃左右，应及时翻包，以使转色均匀。初包时间长短，与气温密切相关。当气温20℃左右，约40小时，气温低应当延长。当芽现黄色即可松包复烘。通过初包，银针品质风格基本形成。

（5）复烘　复烘的目的在于进一步蒸发水分，固定已形成的有效物质，减缓在这个过程中某些物质的转化。温度50℃左右，时间约1小时，烘至八成干即可。若初包变色不足，即烘至七成干为宜。下烘后进行摊凉，摊凉的目的与初烘后相同。

（6）复包　方法与初包相同。历时20小时左右。待茶芽色泽金黄，香气浓郁即为适度。

（7）焙干　足火温度50～55℃，烘量每次约0.5千克，焙至足干为止。

（8）分级　加工完毕，按芽头肥瘦、曲直、色泽亮暗进行分级。以壮实、挺直、亮黄者为上；瘦弱、弯曲、暗黄者次之。

（9）贮藏　将石膏烧热捣碎，铺于箱底，上垫两层皮纸，将茶叶用皮纸分装成小包，放在皮纸上面，封好箱盖。只要注意适时更换石膏，银针品质经久不变。

君山银针由未展开的肥嫩芽头制成，芽头肥壮挺直、匀齐，满披茸毛，色泽金黄光亮，香气清鲜，茶色浅黄，味甜爽，冲泡看起来芽尖冲向水面，悬空竖立，然后徐徐下沉杯底，形如群笋出土，又像银刀直立。

（三）社会影响

君山银针作为贡茶，名声早已在外。每逢君山银针采摘的季节，采茶的人们都要忙碌好久，才可以换得几两上好的茶叶，由此可见它的名贵。新中国成立后，君山银针在1956年参加德国莱比锡国际博览会荣获金奖，赢得“茶盖中华，价压天下”的美誉；1959年被国家评定为“中国十大名茶”，也是唯一入选的黄茶品牌；“君山”商标于2009年被认定为中国驰名商标。

十二、苗市腊肉制作技艺

项目名称：苗市腊肉制作技艺

类别：2008年入选湘西土家族苗族自治州第二批非物质文化遗产保护项目

申报地区或单位：湘西土家族苗族自治州

（一）概述

腊肉是湘人用来保存肉制品常用的方法，在两千多年前的《易经》中有腊肉的记载：“于阳而炀于火，曰腊肉。”在湘西，一般所说的“腊肉”专指用猪肉熏制的腊肉，是指肉经腌制后，日光曝晒、再经过烟熏的过程所制成的传统肉制加工品。湖南的腊肉质量闻名遐迩，在湖南又以湘西的腊肉最佳。在龙山县洗车河流域，以苗儿滩镇最为地道，采用土家族人特殊的腌制法和熏烤法，苗市腊肉色泽红艳，香味浓厚，肉色似火，质地不亚于金华火腿，腊肉烹调方法多样，可蒸、可烤、可煮，食法多样，苗市腊肉在周围地域也有较大的名气。

（二）特点

苗市腊肉

苗市腊肉制作主要在农历腊月加工而成。熏好的腊肉，表里一致，煮熟切成片，透明发亮，色泽鲜艳，黄里透红，吃起来味道醇香，肥不腻口，瘦不塞牙，风味独特，素有“一家煮肉百家香”的赞语。腊肉从鲜肉加工、制作到存放，肉质不变，长期保持香味，还有久放不坏的特点，制作腊肉有三个关键。

第一个关键是选肉腌制关。制作腊肉最好选用75～100千克重的武陵黑猪，杀猪剖膛后，趁热腌制为佳。熏腊肉要选取猪腰上的肉，称“腰方”。每块腰方砍成2.5千克左右为宜，肉块过大熏不透。猪头、猪脚也一并用来熏腊肉。肉砍好后，不要清洗。将盐和花椒微炒至香，肉与盐之比以10∶1为宜。把盐和香料均匀地抹在肉上。这时猪肉还有余温，吸收香料快。然后放入大缸腌十天半月，其间翻一两次，盐和香料渗进肉内，肉内的水分也被盐挤出一些。

第二个关键是烟熏关。火坑上方一人多高的地方倒悬一斗形木炕，四方封闭，顶部开小口，下方敞口。肉就挂在炕内，烟从下面进入，聚集在炕内反复熏肉，然后从顶部小口慢慢散去。腊肉挂上炕后，先要用柏子毛微火慢熏，或借助做饭时的烟火熏，如果火中放一些柑橘皮或茶籽壳，则可以增加腊肉的色感和香味。熏腊肉时要时刻保持有火，不能时冷时热。一个月后，满屋就飘荡着腊肉的浓浓香味。

第三个关键是收藏关。待到来年清明时节，腊肉一定要取下，再挂在炕上容易变黑不易清洗。腊肉取下后，最好的办法是放在谷仓的稻谷堆里，由于稻谷干燥，吸湿性强，使腊肉不会发潮，或者将腊肉洗净切成坨泡进茶油缸里。用这两种土办法存放腊肉，可保腊肉在两三年内不会变质。

（三）社会影响

腊肉是湘西苗人最重要的一种美食，无论是日常饮食还是逢年过节，他们都喜欢食用腊肉，苗人切腊肉时，也比较讲究，乡人常切成巴掌大小待客，可盖住一碗白米饭，从碗的一边搭向另一边，俗称“乌龙过江”或“过桥猪肉”，这充分表现了对客人的尊贵与主人的热情，湘西人将热情与豪爽全然融入每一块腊肉中。

十三、茶陵腐乳加工工艺

项目名称：茶陵腐乳加工工艺
类别：2008年入选株洲市第一批非物质文化遗产保护项目
申报地区或单位：株洲市茶陵县

（一）概述

茶陵腐乳

腐乳俗称霉豆腐，是茶陵县一种民间传统特色风味食品。茶陵豆腐乳兴起于唐朝，盛行于南宋，据史志记载：南宋绍兴二年，岳飞率部转战茶陵秩堂（今茶陵县秩堂镇），食用了当地百姓腌制的豆腐乳，赞不绝口，便带回一坛供奉皇上，宋高宗食用赞曰“此物只应天上有”，并要求茶陵人每年向朝廷专项供奉。茶陵地理位置优越，气候宜人，土壤肥沃，水源充足，境内多山丘，适宜大豆、辣椒、山茶等农作物的生长。饱满的大豆，辣味十足的红椒，纯绿清香的山茶油，再加上清纯的云阳山泉水，这些气候物产条件，为茶陵县豆腐乳加工提供了十分有利的条件。

（二）特点

茶陵豆腐乳的制作过程精细、严密，要经历泡豆、磨豆、筛浆、熬浆、点浆、收浆、压榨等诸多程序，制成优质的豆腐，是保障豆腐乳的重要保证。腌制豆腐乳的最佳时节是每年的立冬后到第二年立春前。因为气温寒冷，适宜豆腐长菌发霉。当地人制作豆腐乳首先需要准备一只足够大的竹篮，竹篮里平铺一层稻草梗，稻草梗上平摊着一块一块豆腐，然后放置在通风的房里。竹篮稻草梗要注意干燥清洁，不然，就会积垢产酸，造成“逃浆”，从而影响豆腐乳的味道，在气温温和的情况下，只需五六天的时间，豆腐块表面就会长出黄霉，空气中弥漫着丝丝豆腐乳香。待到青霉长成后，便可以切成小方块，添加适量白酒，杀菌增加香味，拌上炒好的盐和辣椒粉，收入坛中，淋上茶油，密封即成，半个月后，揭开坛盖，清香扑鼻，挑入碗里，色泽红橙，口感鲜、软、嫩、香，令人馋涎欲滴。

（三）社会影响

在茶陵县城大大小小餐馆及粉馆的餐桌上，大多备有一小碟豆腐乳。人们在尝够众多美味佳肴时，总不忘蘸点豆腐乳来调剂口味，以达到促进食欲、促进消化等目的，久而久之，茶陵腐乳成为茶陵人餐桌上一道习以为常、不可或缺的开胃小食，如今，茶陵豆腐乳已声名远扬，其传统的制作工艺也传播到了省内的多个地方。

十四、馥蒜加工工艺

项目名称：馥蒜加工工艺

类别：2007年入选株洲市第一批非物质文化遗产保护项目

申报地区或单位：株洲市茶陵县

（一）概述

茶陵馥蒜

茶陵县农产品紫皮大蒜、生姜和白芷并称为“茶陵三宝”，茶陵三宝是茶陵县传统的经济作物，相传炎帝采药于茶陵县云阳山时，因病食蒜而愈，随手植大蒜于茶陵，茶陵蒜开始闻名于世。茶陵地区属于湿润气候区，土质肥美，阳光充足，雨量充沛，适合种植大蒜，此地出产的大蒜个大瓣壮、皮紫肉白而且香辣浓郁。茶陵大蒜的加工历史十分久远，据茶陵县县志记载：明正德年间，明武饮宴群臣，典膳官茶陵人欧钦甫，偶以茶陵馥蒜入筵，其味香之美无与伦比，令君臣胃口大开，赞不绝口，武宗遂钦定茶陵馥蒜为“贡品”，以备御膳。近年来，随着人们对食品的要求程度提高，馥蒜的基本腌制方式和加工技术也随之改善、提升，口味更加独特，在茶陵当地，大蒜加工大到作坊，小到家家户户，其中茶陵下东乡、洣江乡、平水镇的馥蒜尤为出名。每年清明至谷雨期间，当地民众有采集新鲜大蒜头腌制大蒜的习俗。

（二）特点

茶陵馥蒜采用茶陵优质紫皮大蒜精制而成，风味独特爽口、香辣适中，口感纯正，馥蒜腌制基本分为选蒜、清洗大蒜、剥皮、晾干、用盐腌制、入坛密封等环节。

（1）选蒜、剥皮　将选好的新鲜、个大的紫皮蒜头清洗干净，拔去蒜茎和须根，剥去外面2～3层粗皮，再擦净晾干。

（2）上盐腌制　将洗净晾干后的大蒜用大盆装好，再撒上适当的食盐、白糖、醋拌匀。

（3）装坛加水密封　将用盐腌制好的大蒜装入泡菜坛子，盖上坛盖，在坛子边上倒上适量水，以水封坛，保障密封性能，能起到保湿作用，大蒜腌制半个月即可食用。在大蒜加工过程中，整个流程一定要保持清洁干爽。大蒜头和坛子都应清洗干净，晾干水分，避免细菌污染，否则，馥蒜会变酸甚至发臭。

（三）社会影响

茶陵大蒜在明代时期便成为当地主要农作物，到了民国时期，当地种植大蒜的面积达到了万亩以上。近年来，通过当地政府的努力，茶陵大蒜种植面积稳定在1.5万亩左右，年总产量约2000吨，茶陵大蒜曾因品质优良，明清时就被列为“贡品”，20世纪80年代曾荣获湖南省农业厅颁发的“湖南省首届优秀农产品证书”。茶陵馥蒜加工产品是居家、旅游、宴请及馈赠的上等佳品，并销往广东、湖北、福建、江西等多省。

十五、陶岭三味辣椒制作技艺

项目名称： 陶岭三味辣椒制作技艺
类别： 2018年入选永州市第六批非物质文化遗产保护项目
申报地区或单位： 永州市新田县

（一）概述

湖南剁辣椒

陶岭镇位于新田县的最南端，该地种植辣椒历史悠久，特别是“三味辣椒”一直是美名远扬，是中国国家地理标志产品。陶岭三味辣椒独特风味的形成离不开新田县的地理气候，陶岭境内属典型的亚热带大陆性季风湿润气候，气候温和，雨量充沛，四季分明，此气候特征非常合适辣椒的生产，陶岭三味辣椒的“三味”还与当地的土壤密切相关，据新田《土壤志》记载，陶岭镇土壤类型以钙质页岩风化物土壤为主，一般呈弱碱性，质地较黏重，钙、硒、钾等元素含量丰富，旱土为钙质页岩风化的饭石土，高氮高钾并富含稀土元素的饭石土有利于辣椒干物质和萜烯类、酯类芳香等风味物质的形成。

只有在陶岭乡这块土地上栽种的本地品种才具备“香、甜、辣”三味这一特性，这就是陶岭三味辣椒不可取代的天然生产基地。如果移栽外地，辣椒就没有独特的香甜味，也不会有血红透明的特征，因此被称作“陶岭三味辣椒”。

（二）特点

陶岭三味辣椒具有肉厚、鲜红、带甜味、香辣、干椒通透明亮等特点，是餐桌上常见的菜品，当地最常见的做法就是做成剁辣椒和干辣椒，陶岭三味辣椒是一味绝佳的调料品，当地名菜“新田血鸭”就使用了三味剁椒调味，风味非常独特。陶岭剁辣椒的具体做法是把新鲜的三味辣椒去掉辣椒蒂，擦拭干净，放在木桶中用铁铲来回切碎，切到一定程度后开始加盐，不断搅拌，让盐和辣椒碎末不断融合，再把切碎的辣椒放入坛子中，加茶油密封好，一坛纯手工的剁辣椒就做好了。隔天就能吃，但一般密封7天以上味道会更好。

（三）社会影响

当地流传俗话：“陶岭辣椒三味绝，一尝顿觉口生津”。陶岭三味辣椒始终保持着“甜、香、辣”的独特风味，既给当地人民带来了回味无穷的味觉享受，又赋予了陶岭独到传奇的饮食文化。“三味辣椒”种植已成为新田县的主导产业之一。截至2017年，陶岭乡从事陶岭三味辣椒种植的农户达2000余户，年产鲜辣椒约3000吨，年产值2000万元。先后开发了剁辣椒、三味香辣酱、三味剁辣椒、香辣牛肉酱、香辣鱼仔等系列辣椒加工产品，产品远销新加坡、斯里兰卡和印度尼西亚等国。

十六、龙山大头菜制作技艺

项目名称：龙山大头菜制作技艺
类别：2010年入选湘西土家族苗族自治州第三批非物质文化遗产保护项目
申报地区或单位：湘西土家族苗族自治州龙山县

（一）概述

龙山县位于湘西土家族苗族自治州的北边陲，清雍正七年（1729年）设置龙山县，龙山县域四季分明、气候湿润，酉水、澧水及其支流纵横其间，农业资源十分丰富。龙山大头菜性喜冷凉，湘西酉水一带的气候湿润，为种植优质大头菜提供了天然的气候保障，龙山大头菜种植地区主要分布于湘、鄂、渝边区的大山中，是山区独有的传统作物。龙山大头菜在当地称“大兜菜”，大头菜的学名为“芥菜”“蔓茎”，属于根菜类，属十字花科二年生草本植物，质地紧密，水分少，纤维多，有强烈的芥辣味，一般不宜生吃，外形类似萝卜，烹饪多为炒食，主要是用来制作酱菜。龙山大头菜制作技艺是用大头菜加工精制而成的传统特产酱菜或腌菜，品种优良，制作精细。食用时，香气四溢，清脆可口，是食堂、餐馆的上乘风味食品。

（二）特点

龙山大头菜

大头菜为芥菜类根用品种，肉质根极肥硕，宜用于腌渍，为当地山民常备菜食，制成酱菜的加工工艺很独特，龙山大头菜选料讲究，采用本地所产的老嫩程度适中的新鲜大头菜，其颜色金黄，味道甜而香。大头菜在每年二三月份收获后，经过清洗、晾干、盐腌、翻晒、卤浸等工序制成，辅以食盐、冰糖、五香大料等传统作料，制品色泽金黄，肉质脆嫩，香气馥郁，味美爽口。腌渍须严格按规定的工艺流程进行，要求腌渍过程中密封性完好情况下，可贮存三五年不变质走味，出缸时可见全身结有米粒大小的珍珠霜，用刀剖开，有胶质冒出，清亮如油，既香又脆，为宴席上珍品。

（三）社会影响

据当地有经验的老师傅介绍，在民国中期，龙山的大头菜就远销长沙、常德、沅陵、大庸、桑植及湖北的恩施、建始、咸丰、宣恩、鹤峰等地，年销量160万千克以上，当时售价高出猪肉一倍，誉满三湘，闻名遐迩。1986年1月全国供销系统在北京举办土特产品展销会，龙山大头菜获得好评。如今，当地农民依托政府产业优势，大力发展大头菜种植和精深加工，拓宽致富门路。

十七、沙坡里腊制品制作技艺

项目名称：沙坡里腊制品制作技艺

类别：2018年入选株洲市第七批非物质文化遗产保护项目

申报地区或单位：株洲市云龙示范区

（一）概述

沙坡里位于株洲市云田乡。此地出产的腊制品质量上乘，颇具特色。以“沙坡里腊菜”为传统熏制腊味的著名品牌与代表。明代初期，当地周氏家族就开始从事腊制品加工，经过家族传承与创新，名声在外的周氏腊菜在民间广泛流传、极受老百姓喜爱。据史料记载，晚清末期名臣、湘军创始人曾国藩，因喜爱腊菜，特意聘请了擅长烹饪腊菜的周氏家族先祖作为家中主厨，周氏腊菜由此声名远扬。

（二）特点

湖南腊制品

在湖南，腊肉是过年必备的食品。沙坡里制作的腊味具有色泽金黄、鲜香夺人、爽口弹牙的特征，深得百姓喜爱。每逢冬腊月，即“小雪”至“立春”前，家家户户杀猪宰羊，除留够过年用的鲜肉外，大部分肉制品用食盐，配以一定比例的花椒、大茴、八角、桂皮、丁香等香料，腌入缸中。7～15天后，用棕叶绳索串挂起来，滴干水，进行加工制作。烟熏料选用柏树枝、橘子皮、椿树皮或柴草火慢慢熏烤，然后挂起来用烟火慢慢熏干而成，或挂于烧柴火的灶头顶上，或吊于烧柴火的烤火炉上空，利用烟火慢慢熏干。

沙坡里腊肉选择熏制燃料严格采用6种天然燃料作为熏制物，再用设施过滤了烟熏物烟气中的有害物质，使熏制出来的腊菜口感达到最佳，在未添加防腐剂的情况下，延长产品保质期，采用优质茶油进行物理防腐，并降低腊制品的盐含量，真正把腊制品从安全食品升级为健康食品。为保证原材料安全，沙坡里自2006年起自建农产品原料基地，所有原料来自自建基地，所有原材料入库都经过层层检验检疫，从源头上保证产品质量。人们担心传统的熏制品在熏制过程中产生苯并芘和亚硝酸盐等有害致癌物质。沙坡里腊菜得益于“冷烟熏制”，熏房中安装过滤层，过滤掉烟气中的有害物质，同时采用油水隔离，防止油脂直接滴入火中造成油烟、明火产生苯并芘。

（三）社会影响

近20年来，沙坡里腊菜系列产品发展迅速，在当地熏腊制品市场上迅速站稳脚跟，在传承熏腊制品技艺手段上，企业通过在生产车间设计参观通道等方式，还让游客在沙坡里实地体验“沙坡里腊菜制作技艺”从选料、修整、腌制、熏制、储藏、检验等十余个环节，在参观中融入了沙坡里企业文化，让广大的消费者了解沙坡里腊制品制作技艺，也极力提升了“沙坡里腊菜”的品牌效应。

十八、洗车河霉豆腐制作技艺

项目名称：洗车河霉豆腐制作技艺

类别：2008年入选湘西土家族苗族自治州第二批非物质文化遗产保护项目

申报地区或单位：湘西土家族苗族自治州龙山县

（一）概述

洗车河镇隶属湘西土家族苗族自治州龙山县，当地居民以土家族为主，因有一条名叫洗车河的河流经过此地而得名为洗车河，当地地形狭窄沿河分布，其山泉水质极佳。龙山县洗车河古镇自古出产优质豆腐，所产霉豆腐在湘西颇具知名度，洗车河霉豆腐以本地优质泉水，以上等黄豆、辣椒粉、花椒粉、精盐等原料，经过十多道工序制作而成，洗车河霉豆腐口味麻辣、鲜、软、嫩，细腻可口，具有开胃生津，油而不腻的特点，不管是家庭制作，还是批量生产，制作霉豆腐过程不加任何防腐剂，从技术角度达到延长保质期的目的，从而使其色香味俱佳，堪称“湘西一特，湖南一绝”。

（二）特点

冬春季节是霉豆腐制作最佳时期。洗车河霉豆腐的第一步就是要制作出好的豆腐，当地选用的是当年产的粒大饱满的黄豆，用石磨磨制成豆腐，洗车河制作的豆腐含水量比其他地方的水分要少，有弹性，不易碎。将做好的豆腐切成方方正正的小豆腐块，静置一段时间，接下来就用干净透气的白布将豆腐块包裹起来，放在稻草堆或者是谷糠里面，等待两周左右，豆腐块发酵长霉后就将其取出，和调制好的配料搅拌均匀，加食盐、花椒、辣椒粉和少量烧酒，最后放进盛有当地特产香油的罐中进行浸泡，密封7天左右，便可开坛食用。

洗车河霉豆腐

（三）社会影响

早在清朝至民国初期，洗车河霉豆腐就随着兴旺酉水航运出辰沅、入洞庭，出长江，销往常德、汉口等地。因为洗车河霉豆腐独特的制作技艺，生产的产品品质优良，名声渐大，目前这一产品已远销省内外。2007年11月“刘大姐霉豆腐”品牌荣获中国·湖南第九届（国际）农博会金奖。

知识链接

洗车河霉豆腐制作技艺传承人

刘金霞，女，湘西州洗车河霉豆腐制作技艺传承人。她不仅传承了祖辈霉豆腐制作技艺，而且是第一个将当地传统霉豆腐变成商品的传承人，让洗车河霉豆腐走出小镇，远销省内外，成为湘西知名特产。

十九、醴陵焙肉制作技艺

项目名称：醴陵焙肉制作技艺

类别：2011年入选株洲市第三批非物质文化遗产保护项目

申报地区或单位：株洲市醴陵市

（一）概述

醴陵焙肉又称醴陵腊肉，在醴陵周边市县也有此种做法，醴陵市位于湖南东部，湘东一带雨水丰沛，气候潮湿，食物不便于保存，每年立冬之后，空气变得寒冷干燥，民间便开始制作焙肉，尤以醴陵制作的焙肉色泽亮黄，肉香内敛，格外香醇，品质最优，名气最大。

（二）特点

醴陵焙肉

醴陵焙肉流程为选择原料、清洗改刀、腌制、晒制、熏制、储藏等，选择自家养殖的土猪肉，砍成一刀刀的肉，一长条约重1.5~2.5千克，猪身上所有食用部位皆可做成焙肉，最主要的是猪肋条肉和猪肘子，内脏需要初加工干净，将原料清洗，用盐均匀擦遍肉块的表面，盐与肉的比例接近10∶1，放入腌缸中腌制一个星期，视天气而定，待缸中猪肉转色之后，用绳子与铁钩穿孔，挂起来，滴干盐水和水分，或晾在外面让阳光晒制表面略干，然后回屋，用茶种壳、秕谷、花生壳等急火不间断焙三天，再文火焙一天，一周之内就生产出地道的焙肉，肉香醇厚，色泽金黄，猪皮极其松脆。焙肉讲究新鲜，醴陵民间收藏焙肉的方法十分特别，整条焙肉切成一小段一小段的，全部浸泡在茶油坛子里，可以保存到第二年秋天。醴陵焙肉烹制技法讲究，醴陵人喜欢把焙肉和醴陵三辣（醴陵辣椒、醴陵大蒜、醴陵生姜）放在一起炒，熏腊香味扑鼻，十分诱人食欲。另一种烹制方法是清蒸。把焙肉切片后撒上些辣椒粉和调味料，放甑里蒸，别有风味，瘦肉绛红，肥肉通明，肉皮微黑带黄。

（三）社会影响

每年立冬开始，醴陵的家家户户就开始准备焙肉的食材，人们从杀年猪开始忙碌，到精心制作焙肉。对于醴陵人来说，焙肉是一种挥之不去的乡愁，醴陵焙肉腊香浓郁，回味悠长，醴陵人即使背井离乡、远走他乡，甚至是流浪天涯，他们时常会想起家乡焙肉的美味。

二十、十三村酱菜制作技艺

项目名称：十三村酱菜制作技艺

类别：2009年入选湖南省第二批非物质文化遗产保护项目

申报地区或单位：岳阳市临湘市

（一）概述

十三村酱菜起源于三国时东吴大将黄盖屯兵之地——黄盖湖畔（今属湖南临湘市和湖北赤壁市），史料记载，公元208年，三国名将黄盖屯兵力于下隽县地（今湖南省临湘市沿长江一带），士兵战时行军打仗，闲时开荒种地，种植了大量优质蔬菜并腌制成酱菜。在赤壁大战中，黄盖向周瑜献苦肉计，因受棍伤食欲不振，军士奉以酱菜，则胃口大开，后孙权为奖励黄盖赫赫战功，将下隽县地赐为黄盖封地，并命名为十三村，周围的湖泊为“黄盖湖”。随着“十三村”酱菜的口碑越来越好，最后还被带入到宫里，成为皇家御用贡品。而今的“十三村”食品已成为旅行、宴请、馈赠的上等天然绿色食品。

（二）特点

自1894年临湘当地商人陈四海创办黄盖老字号酱菜作坊后，历经一百多年的发展，十三村酱菜制作技艺由最初的少数人的传承，已成为现如今以企业生产性经营为主的传承模式。十三村酱菜制作技艺关键概括起来有“三清”“三洗”“三腌”“三榨”，特别是腌制过程中的泥土埋藏法，用此法所生产的产品口味非常独特，口感以湖湘人的偏辣为主，综合了川味的麻辣、北方风味的酸甜，形成了自成一体的辣中有麻、麻中有酸、酸中有甜的独特风味。

十三村酱菜

十三村酱菜经过选料、制酱、腌菜三个主要流程，古法腌制将新鲜蔬菜清洗干净后，经过传统秘制配方处理后进行腌制，然后放置到特制的土坛里，盖上盖子，用水将坛口进行密封，保证其气密性。窑藏工艺酱菜经过腌制加工装坛处理后，自然储存在冬暖夏凉的古窑中，经过四个月自然发酵，在古窖适宜的气候条件下，产生独特的酱香。十三村酱菜主要产品有古香榨菜、精制剁辣椒、兰花萝卜、沉香腐乳、八味豆豉、乡里豆瓣、腊八豆、芝麻麦酱、什锦菜、酸辣豆角等。

（三）社会影响

十三村酱菜制作技艺为口授心传的纯原生态制作方法，是千百年来劳动人民的智慧结晶，所生产产品口味独特，既保留了民间秘方的风味，又符合时代的绿色健康需求，目前十三村酱菜已立足于湖南，是一个独具民族特色的民族品牌。正逐步向全国各省市辐射，并有力促进了黄盖湖风景区旅游事业以及毗邻地区的三国旅游文化的开发和保护。

知识链接

十三村酱菜制作技艺传承人

十三村酱菜制作技艺省级非物质文化遗产传承人是李国武，2006 年 8 月，李国武投资 100 万整体租赁临湘一家经营不景气的国营酱菜厂，组建了湖南省十三村食品有限公司。短短一年的时间，李国武的十三村酱菜在临湘建立了万亩无公害蔬菜基地。十三村系列产品也获得了中国湖南（国际）农博会金奖、中国中西部特色农产品畅销金奖，近年来，十三村酱菜畅销于上海、北京、广州等市，并漂洋过海进入了欧美国际市场。

李国武为弘扬传统技艺，使十三村酱菜制作技艺得以保护，以公司形式重新改建厂房，并成立了十三村酱菜制作技艺研究机构，对祖传的制作技艺进行深挖研究，加强保护传承，同时借助现代化食品设备，开发研究出新的产品，并将研究成果进行记录，建立了资料档案库。另外，十三村公司系列酱产品申报中国驰名商标获批，形成了品牌保护。

二十一、浏阳豆豉制作技艺

项目名称：浏阳豆豉制作技艺
类别：2016年入选长沙市第五批非物质文化遗产保护项目
申报地区或单位：长沙市浏阳市

（一）概述

浏阳豆豉是湖南浏阳市传统特产，浏阳曾有“无豉不成店，处处豆豉香”的誉称。浏阳豆豉主要是以拖泥豆或小黑豆为原料，利用毛霉、曲霉或者细菌蛋白酶的作用，分解大豆蛋白质，达到一定程度时，采用加盐、加酒、干燥等方法，抑制酶的活力，延缓发酵过程而制成。成品豆豉呈黑褐色或酱红色，皮皱肉干，质地柔软，颗粒饱满。加水泡涨后，汁浓味鲜，是湘菜烹饪菜肴的常用调味佳品，有酱油、味精所不及的鲜味。

浏阳豆豉

浏阳豆豉历史悠久，长沙马王堆汉墓出土物中的豆豉姜与浏阳豆豉距今有2000多年。浏阳农家制作豆豉的历史可以追溯到唐朝中叶，那时浏阳道吾山石霞寺，香火旺盛，各地僧侣来朝，挂单于此，餐席间，尝到豆豉，芳香四溢，豉味独特，食欲顿开，不禁称赞。曾有“吾山风光好，浏阳豆豉香，僧侣悠游处，美名传四方”之誉。据《中国实业志》记载：“浏阳豆豉亦起源于前清，当时制造者不及十家，以杨福和豆豉为最著名，民国以来，家数渐增，民国十年后，增至十余家。”

（二）特点

浏阳豆豉制作工艺精细复杂，黑豆要经过筛选、浸泡、蒸煮、制曲、洗霉、发酵等近二十道工序。拖泥豆是浏阳当地土生土长的小黑豆，常常在收完早稻后种在排田里，拖泥豆形状小而扁，可以发酵彻底，最适合做浏阳豆豉，由于拖泥豆产量不够，目前豆豉制作手艺人多选用河南、宁夏和内蒙古的小黑豆，精挑细选，是豆豉味道鲜美独特的基础。小黑豆挑好后，先蒸干豆，下甑后再将蒸过的豆子浸泡一段时间，等豆子充分吸水，再上甑蒸制第二遍。蒸制完成的豆子冷却后装入圆形篾盘，送进霉房，关好房门密封。待架子上的豆子表面都结着一层细细的绒毛，豆子内部慢慢变得柔软，再开门，等豆子变干燥，即表示已经制好曲。豆豉在经历制曲和洗霉环节后，它们散发出来的大多是“霉”味，还需经过两次发酵。在此期间，豆子的平实味道转化为浓郁的酱香。第一次发酵是在洗霉之后，将豆子放在大簸箕里用围子围起来发酵三天左右，适当加水，让豆子既不至于太干，又不至于过分潮湿，达到最佳状态。在相同的温度和湿度下，再放到池子里进行第二次发酵。随着第二次发酵时间延长，豆豉的酱香随着时间的磨炼越加浓郁。浏阳豆豉经过蒸豆、制曲、洗霉、两次发酵、晾晒后，还需要放置半个月，让空气接触，形成独特风味。

（三）社会影响

浏阳豆豉是湘菜最重要的调味品之一，湘菜名菜腊味合蒸、豆豉蒸扣肉等，均是以浏阳豆豉为佐料，浏阳豆豉也是旅居外地湘人返回探亲时必购的土特产之一。浏阳豆豉以其独特的风味和丰富的营养价值深受民众喜爱，远销我国港澳地区和日本、新加坡、东南亚等地。

二十二、台源乌莲传统制作技艺

项目名称：台源乌莲传统制作技艺

类别：2018年入选衡阳市第七批非物质文化遗产保护项目

申报地区或单位：衡阳市衡阳县

（一）概述

台源镇是远近闻名的“荷塘小镇”，是全国有名的乌莲之乡，乌莲因其表面呈灰棕色或灰黑色而得名。台源镇盛产的乌莲曾是历朝贡品，在明清之际为鼎盛时期。台源乌莲主产于衡阳县台源、杉桥等地。据史料记载，台源、杉桥等地的乌莲为衡阳市莲中之冠。清光绪三十二年出版的《商务官报》称衡莲为“中国各地所产之最上等者”。

（二）特点

台源乌莲

台源乌莲粉而不腻，味甘甜，属于药食两用资源，传统制作方法主要为摘莲子、切莲壳、通莲心、烘干等流程，先将变成灰色的、成熟的莲子采摘下来，将莲壳割开，如果莲子太老是割不开的，其次是将乌莲肉表面一层丝衣除掉，这个环节最耗时，然后就是将莲心去掉，莲心要及时用清水洗一下，防止莲子上的黏液，使莲心黏在一起，然后放在网筐上面准备烘干，莲子在一个网筐最好不要堆起来，将干净的莲子和莲心放入烤箱，莲心放在最上层，用传统柴火烤的方式将莲子烘干，莲子放凉后要迅速用密封袋装起来，防止受潮长虫。

（三）社会影响

台源镇年产莲量达1000吨以上，产品远销我国港澳地区和新加坡、马来西亚等国。这让台源一度成为中国最大的莲子交易市场之一。近年来，台源镇围绕乌莲种植、生产、加工等环节，大力发展特色产业，打造台源乌莲产业品牌。同时，以实施乡村振兴战略为抓手，结合美丽乡村建设，使乌莲产业发展与脱贫攻坚有机融合在一起，全力挖掘乌莲的经济价值，使乌莲产业与旅游、观光、休闲美丽乡村建设融为一体，利用自身特色食材发展旅游，形成了独具特色的“湘莲文化”，走出了一条颇具亮点的特色小镇之路。

第五节　饮食习俗非物质文化遗产

一、饮食习俗（土家十大碗习俗）

项目名称：饮食习俗（土家十大碗习俗）
类别：2017年入选张家界市第五批非物质文化遗产保护名录
申报地区或单位：张家界市永定区

（一）概述

土家十大碗习俗在土家族已经流传了几百年，起源于当地民间节庆及办酒席时惯用的方式，土家族人生性好客，但由于以往生活贫困，无力安排好足量的菜肴，但又想使餐桌上菜品的数量多，面子足，因此一般每桌都安排十碗菜，荤菜下面用素菜垫底，久而久之就形成了当地举办红白喜事时的固定菜式。土家十大碗最大的特点是半荤半素、一菜两味、油而不腻，餐桌上看不到盘子，吃饭及装菜全部是蓝边大口碗。

（二）特点

过去，湘西是土司专制，等级制度格外森严，饮食等级分为三个层次，一是土司王盛宴，主要材料都极其讲究，多为仆人采挖渔猎，或下层下官地主上贡。二是土家十大碗，为高官或是小土司招待客人所用。三是老百姓逢年过节的席面，用十大碗制作，取材为自家养殖种植的鸡鸭鱼肉、豆腐青菜，过去，制作土家十大碗的必须是土家族人中的女性，而且双手十指指纹的“锣儿”达到九个或者十个的才行。

土家十大碗

土家十大碗的上菜习俗如下。

（1）安席环节　主人或礼生按长幼、辈分安排客人入席，称之为安席。

（2）品席、赞菜环节　在宴席开始之前，摆好一桌酒菜，每上一道菜，长礼生和赞礼生都会一唱一和的将这道菜称赞一番。

（3）上菜的规矩　客人坐席的席位上下左右，各分大小，待客人坐定，支客先生高叫“出菜”，鞭炮、鼓乐齐鸣，托盘的人大声吆喝：“大盘走动”，规规矩矩托上“头菜”，每上第一碗，端大盘子的人高喊一声“大炮手”，长长的拖腔直到席前，随之鸣炮，吹鼓手吹起欢快的“菜调子”，主人前来敬酒。客人边吃，边上菜。接着出第二碗，端大盘子的人高喊“顺”“菜调子”又吹起。直到上第十碗，大盘子一声“齐”后，吹鼓手便吹“下席调”，客人饭就吃完了。

（4）上花　办婚宴时有“上花”的习俗，即在上头碗时，用一只碗反扣在菜上，碗顶放一朵用胡萝卜和青菜做成的花（现在也有放鲜花的），做菜师傅亲自上这道菜，一名厨师随后捧一只碗。上菜后，大师傅便对宾客说道：“各位，菜弄得不好吃，请多包涵。”客人须掏钱（不论多少）放于碗中，以示对厨师们的慰劳和谢意。

（5）摆法　十碗菜在桌上摆放也有规矩，或摆“四角扳爪”或摆“三元及第”。除十碗菜以外，还要配四个腌菜，为客人解酒解腻。第一、第二道菜是贺菜，这里取“恭贺”之意，须放在正中，把头菜略往大边挪一挪，这时桌上两个菜平放；第三道菜是鸡，放在头两个菜的上方中间；第四道菜上蹄，放在头两个菜的下方中间，蹄子也称蔸子，这里寓意主人有根基，而客人吃这碗菜也不能吃完，留下一点主人好“发”；第五道菜出蒸肉，这是上席大边菜，这时托盘的需要高叫“五碗菜”，吹鼓手要奏乐。主人也开始四处给客人敬酒；第六道菜是扣肉，属下席菜；第七道菜上鱼，是上席菜，这叫“鸡肉鱼，坐上席”；第八道菜是下席菜，至此上、下席的菜上齐了，再就中间两旁各一个菜。这就是十大碗的摆法，当十碗出齐，托盘的高叫“菜圆”！又是一阵鸣炮奏乐。桌上若有人先吃完，不能立即离桌，要等八个人都吃完，才能下席散坐，等这桌宾客全部散后，支客先生才能喊：“拆空”，调席的人才能收桌子准备下一发。

一般来说，上菜时要按顺序上，从第一道到最后一道，不能出错。十大碗荤素搭配，粗细搭配，摆放有序。十大碗依次端上桌，主人殷勤劝酒、奉菜，陪客人大碗喝酒、大块吃肉，不把客人劝醉决不罢休。

（三）社会影响

土家族人凡遇岁时节令、春播秋收、婚娶丧葬、做生祝寿、起屋迁居、亲朋聚会，都必操办宴席。宴席一般不用山珍海味，而是农家自产的鱼、肉、鸡、鸭等。宴席一般多为“十大碗”，土家十大碗来源于土家族节庆及招待贵宾时惯用的菜式。在当地属于最高规格的宴席。现在生活水平普遍提高了，正式开席前，还有奉烟、喝茶、喝油茶汤等前奏；席毕，也有吃点心、水果之后续。随着生活水平的不断提高，十大碗演变成了十几碗，以十大碗为主，有的又增加了鸡、鸭、鱼、海鲜、蔬菜等菜肴，体现了土家族人的豪爽耿直和热情好客。

知识链接

土家十大碗菜谱

土家三道茶如下。

第一道：恭喜茶（原料：红糖、炒米、开水）
第二道：提神茶（原料：高山云雾茶）
第三道：开胃糊米茶（原料：糊米、开水）
土家十大碗如下。
第一碗：农家贺菜（原料：肥瘦肉丝、黄、红薯粉）
第二碗：千张贺菜（原料：墨鱼、千张、胡萝卜、肥瘦肉丝、青红椒丝）
第三碗：木耳土鸡（原料：土鸡、木耳）
第四碗：海带炖猪脚（原料：海带、猪脚）
第五碗：粉蒸肉（原料：鲜猪肉、米粉、山药）
第六碗：土家扣肉（原料：五花肉、豆豉、盐菜）
第七碗：米辣子扣小河鱼（原料：酸黄豆辣子、小鱼）
第八碗：黄豆炖老鸭（原料：大豆、老鸭）
第九碗：四季常青（原料：时蔬）
第十碗：土家和欢（原料：韭菜、豆酱）

二、擂茶习俗

项目名称：擂茶习俗
类别：2009年入选湖南省第二批非物质文化遗产保护项目
申报地区或单位：常德市桃源县

（一）概述

擂茶是常德人经常食用的一种小吃，历史悠久，早在东汉时期，就出现了一种由生姜、生米、生茶叶调制的“三生汤”，据说当时的伏波将军马援征讨五溪蛮，路过乌头村（今桃花源），因水土不服，感染瘴气风寒，病倒无数，当地一农妇献出祖传秘方“三生汤”（生米、生姜、生茶叶在擂钵中捣碎，开水冲兑汤服），以治其病，马援命全军饮用后，病疫顿愈。从此“三生汤”的制作方法在常德沅水流域广为流传，并衍生成浓郁的地方饮食文化。“三生汤”为人工擂制而成，民间又称之为擂茶，后又称为“武陵擂茶”。1988年地改市后，“武陵擂茶”改称为“常德擂茶”。

台湾诗人余光中品过擂茶后，留下咏叹“识得擂茶味，更羡武陵人”。以擂茶待客已成为当地传统、普遍的风俗，无论是婚丧嫁娶还是亲朋好友来访，现制现喝擂茶更是一道必不可少的礼节。

（二）特点

常德擂茶

常德擂茶采用了当地绿色无污染的桃源大叶茶、富硒大米、富硒黄豆及优质花生、芝麻、生姜等为主料，经过炒制、擂制（或粉碎）、调配等独特传统工艺加工而成。凡上等擂茶，碗面热气腾腾，茶面颜色黄绿、呈龟斑状，斑状微动，擂茶自上而下层次分明。做擂茶时，先把原料放在擂钵中，用木棒擂制成浆，称为“脚子”。冲制擂茶时，先在碗里放适量“脚子”，再用少许冷水化开，然后冲上滚水即成，喝擂茶时，桌上往往还要摆上一些农家自制副食品，称为“压桌”。根据不同的配料和工艺，常德擂茶可分为清水擂茶、糊糊擂茶等种类。清水擂茶的主要原料有茶叶、生姜芝麻、黄豆、绿豆、食盐等，有的地方放少量大米。糊糊擂茶只在“脚子”中增加大米粉子，放入锅内加水煮成糊状即成，因此俗称“喝糊”。

（三）社会影响

喝擂茶在常德已成为一种时尚，现在无论是在常德城市的大街小巷，还是田野乡村的农家院落，擂茶馆比比皆是。目前，常德擂茶产业蓬勃发展，已成为常德风味小吃重点展示产品，2018年，常德市启动常德擂茶国家地理标志产品保护工作，2018年12月，首届擂茶文化节及擂王争霸赛在桃花源景区主办。随着知名度和美誉度不断提升，常德擂茶已走出了常德，产品销往北京、上海、重庆、广东等地，年产值2000万元，受到了消费者的欢迎和喜爱。

三、油茶习俗

项目名称： 油茶习俗
类别： 2009年入选湖南省第二批非物质文化遗产保护项目
申报地区或单位： 邵阳市城步苗族自治县

（一）概述

城步苗族自治县是湖南邵阳市辖县，位于湖南省西南部。油茶既是城步苗族人饭前必食的饮料，又是迎宾待客的风味食品。城步苗族称茶为“槚”（茶叶树的古称），称喝油茶为“茹卢贾”，当地油茶自后汉流传至今已有上千年的历史。早在东汉末、三国初，城步的苗民为了预防瘴病，就地采用侗茶加工成油茶饮用，经千百年的改进，在茶汤中加入适量的杂粮和调味品，既能预防疾病，又能充饥解渴，便有了今天的油茶，苗乡人民也形成了天天喝油茶的习惯。清朝光绪年间《靖州乡土志》有对苗乡油茶的记载：苗人“以冻米杂盐豉煮之，谓之油茶”，还有诗句“姜牙蜜饯满盘陈，风味油茶亦可人”也描绘了油茶的独特风味。苗族是最崇尚礼仪的民族，用油茶招待客人是一种高规格的礼仪，他们在各种红白喜事、重大节庆活动中常举行油茶宴。

（二）特点

城步苗乡油茶用料科学，做法精细，香气浓郁，风味独特，具有香、咸、苦、辣、甘等味，并有提精养神、祛湿散寒、驱瘴除病的保健和药用价值，作为绿色健康食品声名远扬，凡到城步的客人，均以喝油茶为快。城步苗族人打油茶，一般有5道工序。

油茶

（1）做阴米　将糯米浸涨，然后用甑蒸熟，再晒干或晾干，用碓舂扁即成阴米。

（2）做茶叶饼　每年春夏，待茶树吐出的新芽长到一指宽左右采摘，放在锅里煮一煮，舀出来浇上米汤水，捏成一团一团的饼状，晒干即成。

（3）炒主料　将阴米炒至略带焦黄、酥脆，将黄豆、花生等原料炒熟用油炸脆，并备好煮熟或炸得松脆的糍粑、蕨粑。

（4）煮茶汤　将茶饼放置锅中加水煮沸，用瓢将茶叶捞出，用擂钵擂烂，再倒入锅中煮成浓茶汁，捞出残渣，放油、盐，佐以擂碎的大蒜、生姜、辣椒等制成茶汤。

（5）撒茶料　按喝茶人数，在茶盘中摆好茶碗，将各种主料分放碗中，冲入滚沸的茶汤，撒上葱、胡椒粉等佐料，即成闻名遐迩的苗寨油茶。

（三）社会影响

城步苗乡油茶是根据苗族先民的居住环境和生活条件而产生的，是苗族古代茶文化的遗存，包含着苗族先民健康的饮食理念和生活智慧，经历了一千多年的演变，已成为当地的一种独特的饮食习惯、生活风俗，成为人们日常交往的一种重要方式。2005年成立“城步油茶协会”；2006年初出台优惠政策支持、扶持民间开办油茶店，组织专门人员对油茶的分布区域、传承谱系、历史沿革、文化内涵进行调查研究，并将调研资料用文字、录音、摄像、多媒体等手段进行全面、系统记录。

四、水府席习俗

项目名称：水府席习俗

类别：2016年入选湖南省第四批非物质文化遗产保护项目

申报地区或单位：娄底市

（一）概述

水府席习俗因流行于水府庙周围地区而得名。水府庙地处娄底市与湘潭市的湘乡市毗邻地段，是湘江支流涟水、孙水交汇地，旧时十年九涝，流传着“丰化湖广响于雷（‘丰化湖广’为两处险潭），惊动神仙下凡来”，水流湍急，农田被淹，人畜遭殃。人们认为这是对水神欠恭所致，因而，便以大块状猪肉、和（合）菜、护兰汤、米粉团子等菜肴祭祀水神。这些菜肴的名称和寓意，符合人民求和谐、盼丰收、祈团圆的愿望，又简便易行，人们将其不断完善和改进，传承和发展至今，已有200余年的历史，广泛被人们用作喜庆宴席，逐渐成为固定为该地区的一种饮食习俗，称之为“水府席习俗”。

（二）特点

水府庙周围地区的人从小吃着水府席长大，对水府席有着特殊的情感，水府席菜品大方朴实，原料多选取动物内脏、畜禽和蔬菜，以对动物内脏加工技艺见长，口味偏酸辣，注重菜肴的色彩和形象。水府席内涵丰富，注重孝道与和谐，讲究节俭，避免浪费和奢华，菜肴营养丰富。由席前、席中、席后三部分组成，席前是宰杀牲口来祭祀敬奉水神和祖先，准备菜肴原料、桌凳和餐具；席中是尊席、安席和用膳；席后是留宿主宾和送别众客。

菜肴有席前的瓜子、炒骨代替现在宴席的冷盘，热菜由合菜、棋子肉、猪肝炒黄花、酸辣肠汤、难粉、爆炒鸡丁、肉圆子、红烧全鱼以及蔬菜汤等构成。前面八道菜为下酒菜，后面两道为下饭菜。寿宴席前还要加寿面，办丧事加豆腐，婚宴加全鸡或海参，这些称为加头，水府席菜肴有固定的食材和烹饪技艺，也有着不同的寓意。

（1）炒骨　用猪排骨捣碎，油沸腾后炸脆，意喻晚清山河破碎，八旗绿营军软弱无能，湘军将士勇挑重担，敢啃硬骨头维护清廷统治。

（2）合菜　用红薯粉丝、干黄花、干笋尖拌炒合成，意寓湘军将士合力、合气，团结合作拧成一股绳同仇敌忾对付太平军。

（3）棋子肉　是先在锅内倒入大量的白糖大火煮开，转小火熬成蜂蜜一样黄色黏稠的糖浆，放入切成棋子样的带皮肉炒均，意寓湘军将领都有将旗，能统一号令；又喻棋盘上的楚汉相争，攻城略地，夺取城池。

（4）酸辣肠子汤　是将水煮沸加醋坛子里的酸汤、辣椒粉、糖和切碎的猪小肠熬制而成，冬季食用可御寒，意寓湘军将士不受八旗绿营军正视，装备落后，攻城艰苦，夺取城池后加官晋爵，心情舒畅，所有酸甜苦辣都尝过。

（5）精肉汤　将瘦肉切成小片，放沸水里煮熟，意喻湘军将士精诚团结，精干高效的作风。

（6）黄花炒猪肝　用干黄花以开水泡发，拌炒猪肝，意喻湘军将士如黄花处子无私心杂念，肝胆相照。

（7）难粉　是用红薯粉油炸加水煮沸，意喻湘军将士与太平军作战艰难。

（8）爆炒鸡丁　是将鸡肉切成丁状小块用油加红辣椒爆炒，意喻湘军将士爆破城池，以迅雷不及掩耳之势杀退太平军。

（9）肉圆子　是将七层肉捣成肉泥加生粉搅拌制成丸子后蒸熟，意喻湘军将士把太平军捣成肉泥包成圆子。

（10）红烧全鱼　是先在热锅里放油烧开后放鱼，将煎成两面金黄加佐料出锅，意喻湘军将士有始有终，直至全面胜利。

（三）社会影响

水府席一般八人一桌，礼仪严谨规范，程式固定，菜肴名称充满爱国爱家、公正公平、敬老尊贤、团结友爱、勤劳节约的优良传统。水府席约萌芽于明万历时期，清代形成习俗。晚清咸丰时期，湘中儿女参加曾国藩所统领的湘军，又吸纳当地风情和民俗，被湘军引作军宴——庆功宴。湘军撤裁后，其将士回归原籍时又将该宴席习俗带回家乡，扩大了传播范围。人们又因地制宜，加以改进，普遍用作红白喜事宴席，在湘中约200平方千米的民间世代传承，在娄星区域内尤为盛行。

课后练习题

一、选择题

1. 祖庵菜是湘菜中的官府菜、高端菜肴的代表，祖庵菜源自于国民党元老、民国政府高官（　）的家菜，最具代表的菜品有祖庵鱼翅、祖庵豆腐等。

A. 张静江　B. 蔡元培　C. 吴稚晖　D. 谭延闿

2. 祖庵家菜的基本刀法有十多种，具体运用使菜肴千姿百态变化无穷。诸如子龙脱袍，就是选用（　）去皮去骨，切成细丝快炒而成。

A. 草鱼　B. 鲶鱼　C. 鳝鱼　D. 鳜鱼

3. (　　) 具有色泽金黄、肉质细嫩、臀脂肥厚、外形美观、久藏不变质、经济而便于运输等特点，是吉首地方传统特产。

   A. 吉首酱鸭　　B. 仙都辣酱鸭　　C. 汝城板鸭　　D. 乾州板鸭

4. 2008年1月，北京市首届城市运营商大会上，(　　) 被中国食品工业协会冠名为“中国卤菜之都”。

   A. 浏阳　　B. 长沙　　C. 武冈　　D. 常德

5. (　　) 是湘西土家族和苗族同胞中独具风味的传统美食。

   A. 曲米鱼　　B. 酸肉　　C. 腊肉　　D. 腊鱼

6. 毛氏菜烹饪技艺主要是指湘潭市韶山冲一带毛氏家族在人民劳作生活中形成的传统菜肴制作工艺，主要由 (　　)、火焙鱼等代表性菜肴构成。

   A. 红烧肉　　B. 东坡肉　　C. 坛子肉　　D. 辣酱肉

7. 张家界三下锅起源于明朝，又称为土家三下锅，过去人们是将 (　　) 萝卜一锅炖，做成“合菜”，味道鲜香，通过时代变迁，三下锅由原来的合菜，演变成现在知名度较高的土家三下锅。

   A. 瘦肉、豆腐　　B. 腊肠、青菜　　C. 火腿、腊肠　　D. 腊肉 、豆腐

8. (　　) 与湘潭的灯芯糕、湘乡的烘糕、宁乡的砂仁糕并称湖南的“四大名糕”。

   A. 醴陵圆蛋糕　　B. 湘西蛋糕　　C. 沅江麻香糕　　D. 雪花糕

9. 2010年，(　　) 被评选为湖南省级非物质文化遗产项目——靖州雕花蜜饯技艺代表性传承人。

   A. 储吉花　　B. 邓中辉　　C. 刘金霞　　D. 吴安英

二、思考题

1. 火宫殿八大传统小吃是指哪些小吃？
2. 张家界三下锅制作技艺的特点是什么？
3. 体现毛氏菜烹饪技艺的代表菜肴有哪些？有什么特点？
4. 祖庵菜制作技艺的特点是什么？代表菜肴有哪些？
5. 浏阳蒸菜的代表菜肴有哪些？
6. 长沙玉楼东现有六大湘菜制作技艺被认定为市级非物质文化遗产，分别是哪些？

附录

附录1 《中华人民共和国非物质文化遗产法》

《中华人民共和国非物质文化遗产法》是为了继承和弘扬中华民族优秀传统文化，促进社会主义精神文明建设，加强非物质文化遗产保护、保存工作而制定。《中华人民共和国非物质文化遗产法》已由中华人民共和国第十一届全国人民代表大会常务委员会第十九次会议于2011年2月25日通过，自2011年6月1日起施行。非物质文化遗产法是我国文化领域继文物保护法之后又一项重要法律，在文化法制建设中具有里程碑的意义。这部法律的出台，对于加强我国的非物质文化遗产保护、保存工作，继承和弘扬中华民族优秀传统文化，促进社会主义精神文明建设，推动文化大发展大繁荣，必将产生重大而深远的影响。

目录

第一章　总　则

第一条　为了继承和弘扬中华民族优秀传统文化，促进社会主义精神文明建设，加强非物质文化遗产保护、保存工作，制定本法。

第二条　本法所称非物质文化遗产，是指各族人民世代相传并视为其文化遗产组成部分的各种传统文化表现形式，以及与传统文化表现形式相关的实物和场所。包括：

（一）传统口头文学以及作为其载体的语言；

（二）传统美术、书法、音乐、舞蹈、戏剧、曲艺和杂技；

（三）传统技艺、医药和历法；

（四）传统礼仪、节庆等民俗；

（五）传统体育和游艺；

（六）其他非物质文化遗产。

属于非物质文化遗产组成部分的实物和场所，凡属文物的，适用《中华人民共和国文物保护法》的有关规定。

第三条 国家对非物质文化遗产采取认定、记录、建档等措施予以保存，对体现中华民族优秀传统文化，具有历史、文学、艺术、科学价值的非物质文化遗产采取传承、传播等措施予以保护。

第四条 保护非物质文化遗产，应当注重其真实性、整体性和传承性，有利于增强中华民族的文化认同，有利于维护国家统一和民族团结，有利于促进社会和谐和可持续发展。

第五条 使用非物质文化遗产，应当尊重其形式和内涵。

禁止以歪曲、贬损等方式使用非物质文化遗产。

第六条 县级以上人民政府应当将非物质文化遗产保护、保存工作纳入本级国民经济和社会发展规划，并将保护、保存经费列入本级财政预算。

国家扶持民族地区、边远地区、贫困地区的非物质文化遗产保护、保存工作。

第七条 国务院文化主管部门负责全国非物质文化遗产的保护、保存工作；县级以上地方人民政府文化主管部门负责本行政区域内非物质文化遗产的保护、保存工作。

县级以上人民政府其他有关部门在各自职责范围内，负责有关非物质文化遗产的保护、保存工作。

第八条 县级以上人民政府应当加强对非物质文化遗产保护工作的宣传，提高全社会保护非物质文化遗产的意识。

第九条 国家鼓励和支持公民、法人和其他组织参与非物质文化遗产保护工作。

第十条 对在非物质文化遗产保护工作中做出显著贡献的组织和个人，按照国家有关规定予以表彰、奖励。

第二章　非物质文化遗产的调查

第十一条 县级以上人民政府根据非物质文化遗产保护、保存工作需要，组织非物质文化遗产调查。非物质文化遗产调查由文化主管部门负责进行。

县级以上人民政府其他有关部门可以对其工作领域内的非物质文化遗产进行调查。

第十二条 文化主管部门和其他有关部门进行非物质文化遗产调查，应当对非物质文化遗产予以认定、记录、建档，建立健全调查信息共享机制。

文化主管部门和其他有关部门进行非物质文化遗产调查，应当收集属于非物质文化遗产组成部分的代表性实物，整理调查工作中取得的资料，并妥善保存，防止损毁、流失。其他有关部门取得的实物图片、资料复制件，应当汇交给同级文化主管部门。

第十三条 文化主管部门应当全面了解非物质文化遗产有关情况，建立非物质文化遗产档案及相关数据库。除依法应当保密的外，非物质文化遗产档案及相关数据信息应当公开，便于公众查阅。

第十四条 公民、法人和其他组织可以依法进行非物质文化遗产调查。

第十五条 境外组织或者个人在中华人民共和国境内进行非物质文化遗产调查，应当报经省、自治区、直辖市人民政府文化主管部门批准；调查在两个以上省、自治区、直辖市行政区域进行的，应当报经国务院文化主管部门批准；调查结束后，应当向批准调查的文化主管部门提交调查报告和调查中取得的实物图片、资料复制件。

境外组织在中华人民共和国境内进行非物质文化遗产调查，应当与境内非物质文化遗产学术研究机构合作进行。

第十六条 进行非物质文化遗产调查，应当征得调查对象的同意，尊重其风俗习惯，不得损害其合法权益。

第十七条 对通过调查或者其他途径发现的濒临消失的非物质文化遗产项目，县级人民政府文化主管部门应当立即予以记录并收集有关实物，或者采取其他抢救性保存措施；对需要传承的，应当采取有效措施支持传承。

第三章 非物质文化遗产代表性项目名录

第十八条 国务院建立国家级非物质文化遗产代表性项目名录，将体现中华民族优秀传统文化，具有重大历史、文学、艺术、科学价值的非物质文化遗产项目列入名录予以保护。

省、自治区、直辖市人民政府建立地方非物质文化遗产代表性项目名录，将本行政区域内体现中华民族优秀传统文化，具有历史、文学、艺术、科学价值的非物质文化遗产项目列入名录予以保护。

第十九条 省、自治区、直辖市人民政府可以从本省、自治区、直辖市非物质文化遗产代表性项目名录中向国务院文化主管部门推荐列入国家级非物质文化遗产代表性项目名录的项目。推荐时应当提交下列材料：

（一）项目介绍，包括项目的名称、历史、现状和价值；

（二）传承情况介绍，包括传承范围、传承谱系、传承人的技艺水平、传承活动的社会影响；

（三）保护要求，包括保护应当达到的目标和应当采取的措施、步骤、管理制度；

（四）有助于说明项目的视听资料等材料。

第二十条 公民、法人和其他组织认为某项非物质文化遗产体现中华民族优秀传统文化，具有重大历史、文学、艺术、科学价值的，可以向省、自治区、直辖市人民政府或者国务院文化主管部门提出列入国家级非物质文化遗产代表性项目名录的建议。

第二十一条 相同的非物质文化遗产项目，其形式和内涵在两个以上地区均保持完整的，可以同时列入国家级非物质文化遗产代表性项目名录。

第二十二条 国务院文化主管部门应当组织专家评审小组和专家评审委员会，对推荐或者建议列入国家级非物质文化遗产代表性项目名录的非物质文化遗产项目进行初评和审议。

初评意见应当经专家评审小组成员过半数通过。专家评审委员会对初评意见进行审议，提出审议意见。

评审工作应当遵循公开、公平、公正的原则。

第二十三条 国务院文化主管部门应当将拟列入国家级非物质文化遗产代表性项目名录的项目予以公示，征求公众意见。公示时间不得少于二十日。

第二十四条 国务院文化主管部门根据专家评审委员会的审议意见和公示结果，拟订国家级非物质文化遗产代表性项目名录，报国务院批准、公布。

第二十五条 国务院文化主管部门应当组织制定保护规划，对国家级非物质文化遗产代表性项目予以保护。

省、自治区、直辖市人民政府文化主管部门应当组织制定保护规划，对本级人民政府批准公布的地方非物质文化遗产代表性项目予以保护。

制定非物质文化遗产代表性项目保护规划，应当对濒临消失的非物质文化遗产代表性项目予以重点保护。

第二十六条 对非物质文化遗产代表性项目集中、特色鲜明、形式和内涵保持完整的特定区域，当地文化主管部门可以制定专项保护规划，报经本级人民政府批准后，实行区域性整体保护。确定对非物质文化遗产实行区域性整体保护，应当尊重当地居民的意愿，并保护属于非物质文化遗产组成部分的实物和场所，避免遭受破坏。

实行区域性整体保护涉及非物质文化遗产集中地村镇或者街区空间规划的，应当由当地城乡规划主管部门依据相关法规制定专项保护规划。

第二十七条 国务院文化主管部门和省、自治区、直辖市人民政府文化主管部门应当对非物质文化遗产代表性项目保护规划的实施情况进行监督检查；发现保护规划未能有效实施的，应当及时纠正、处理。

第四章 非物质文化遗产的传承与传播

第二十八条 国家鼓励和支持开展非物质文化遗产代表性项目的传承、传播。

第二十九条 国务院文化主管部门和省、自治区、直辖市人民政府文化主管部门对本级人民政府批准公布的非物质文化遗产代表性项目，可以认定代表性传承人。

非物质文化遗产代表性项目的代表性传承人应当符合下列条件：

（一）熟练掌握其传承的非物质文化遗产；

（二）在特定领域内具有代表性，并在一定区域内具有较大影响；

（三）积极开展传承活动。

认定非物质文化遗产代表性项目的代表性传承人，应当参照执行本法有关非物质文化遗产代表性项目评审的规定，并将所认定的代表性传承人名单予以公布。

第三十条 县级以上人民政府文化主管部门根据需要，采取下列措施，支持非物质文化遗产代表性项目的代表性传承人开展传承、传播活动：

（一）提供必要的传承场所；

（二）提供必要的经费资助其开展授徒、传艺、交流等活动；

（三）支持其参与社会公益性活动；

（四）支持其开展传承、传播活动的其他措施。

第三十一条 非物质文化遗产代表性项目的代表性传承人应当履行下列义务：

（一）开展传承活动，培养后继人才；

（二）妥善保存相关的实物、资料；

（三）配合文化主管部门和其他有关部门进行非物质文化遗产调查；

（四）参与非物质文化遗产公益性宣传。

非物质文化遗产代表性项目的代表性传承人无正当理由不履行前款规定义务的，文化主管部门可以取消其代表性传承人资格，重新认定该项目的代表性传承人；丧失传承能力的，文化主管部门可以重新认定该项目的代表性传承人。

第三十二条 县级以上人民政府应当结合实际情况，采取有效措施，组织文化主管部门和其他有关部门宣传、展示非物质文化遗产代表性项目。

第三十三条 国家鼓励开展与非物质文化遗产有关的科学技术研究和非物质文化遗产保护、保存方法研究，鼓励开展非物质文化遗产的记录和非物质文化遗产代表性项目的整理、出版等活动。

第三十四条 学校应当按照国务院教育主管部门的规定，开展相关的非物质文化遗产教育。

新闻媒体应当开展非物质文化遗产代表性项目的宣传，普及非物质文化遗产知识。

第三十五条 图书馆、文化馆、博物馆、科技馆等公共文化机构和非物质文化遗产学术研究机构、保护机构以及利用财政性资金举办的文艺表演团体、演出场所经营单位等，应当根据各自业务范围，开展非物质文化遗产的整理、研究、学术交流和非物质文化遗产代表性项目的宣传、展示。

第三十六条 国家鼓励和支持公民、法人和其他组织依法设立非物质文化遗产展示场所和传承场所，展示和传承非物质文化遗产代表性项目。

第三十七条 国家鼓励和支持发挥非物质文化遗产资源的特殊优势，在有效保护的基础上，合理利用非物质文化遗产代表性项目开发具有地方、民族特色和市场潜力的文化产品和文化服务。

开发利用非物质文化遗产代表性项目的，应当支持代表性传承人开展传承活动，保护属于该项目组成部分的实物和场所。

县级以上地方人民政府应当对合理利用非物质文化遗产代表性项目的单位予以扶持。单位合理利用非物质文化遗产代表性项目的，依法享受国家规定的税收优惠。

第五章　法律责任

第三十八条 文化主管部门和其他有关部门的工作人员在非物质文化遗产保护、保存工作中玩忽职守、滥用职权、徇私舞弊的，依法给予处分。

第三十九条 文化主管部门和其他有关部门的工作人员进行非物质文化遗产调查时侵犯调查对象风俗习惯，造成严重后果的，依法给予处分。

第四十条 违反本法规定，破坏属于非物质文化遗产组成部分的实物和场所的，依法承担民事责任；构成违反治安管理行为的，依法给予治安管理处罚。

第四十一条 境外组织违反本法第十五条规定的，由文化主管部门责令改正，给予警告，没收违法所得及调查中取得的实物、资料；情节严重的，并处十万元以上五十万元以下的罚款。

境外个人违反本法第十五条第一款规定的，由文化主管部门责令改正，给予警告，没收违法所得及调查中取得的实物、资料；情节严重的，并处一万元以上五万元以下的罚款。

第四十二条 违反本法规定，构成犯罪的，依法追究刑事责任。

第六章　附　则

第四十三条 建立地方非物质文化遗产代表性项目名录的办法，由省、自治区、直辖市参照本法有关规定制定。

第四十四条 使用非物质文化遗产涉及知识产权的，适用有关法律、行政法规的规定。

对传统医药、传统工艺美术等的保护，其他法律、行政法规另有规定的，依照其规定。

第四十五条 本法自2011年6月1日起施行。

附录 2　湖南省实施《中华人民共和国非物质文化遗产法》办法

第一条　根据《中华人民共和国非物质文化遗产法》，结合本省实际，制定本办法。

第二条　非物质文化遗产保护、保存应当注重其真实性、整体性和传承性，坚持保护为主、抢救第一、合理利用、传承发展的方针。

第三条　县级以上人民政府应当将非物质文化遗产保护、保存工作纳入本级国民经济和社会发展规划；将保护、保存经费列入本级财政预算；加强非物质文化遗产保护、保存工作队伍建设和专业人才的培养；协调处理本行政区域内非物质文化遗产保护、保存工作的重大问题。

省人民政府应当对非物质文化遗产资源丰富的少数民族地区、边远贫困地区的非物质文化遗产保护、保存工作在资金、人才等方面给予扶持。

第四条　县级以上人民政府文化主管部门负责本行政区域内的非物质文化遗产保护、保存的组织、协调、监督和管理工作；其他有关部门按照各自的职责负责非物质文化遗产保护、保存的有关工作。

乡（镇）人民政府、街道办事处协助做好本辖区内非物质文化遗产保护、保存工作。

第五条　县级以上人民政府文化主管部门及其他有关部门进行非物质文化遗产调查时，应当妥善保存相关实物和资料，建立、完善调查档案及相关数据库，及时组织专家对调查信息进行甄别、整理。

鼓励公民、法人及其他组织对非物质文化遗产依法进行调查。

第六条　境外组织在本省行政区域内进行非物质文化遗产调查，应当与境内非物质文化遗产学术研究机构合作进行，并由境内合作机构提交下列资料向省人民政府文化主管部门申请：

（一）非物质文化遗产调查申请书；

（二）境外组织及境内合作机构资质证明文件、法定代表人身份证明；

（三）双方合作协议；

（四）调查方案，包括调查人员、时间、目的、内容、方式、对象及研究成果的最终用途。

境外个人在本省行政区域内进行非物质文化遗产调查，应当向省人民政府文化主管部门提交调查申请、个人身份证明、调查方案。

省人民政府文化主管部门应当自受理申请之日起二十个工作日内作出是否批准的书

面决定；不予批准的，应当说明理由。

第七条 境外组织或者个人在本省行政区域内开展非物质文化遗产调查，应当按照批准的方案进行；需要变更方案的，应当重新提交方案报省人民政府文化主管部门批准；调查结束后，应当及时向省人民政府文化主管部门提交调查报告和调查中取得的实物图片、视听资料、电子档案等资料复制件及拟携带出境的实物、资料清单。

第八条 县级以上人民政府应当建立本级非物质文化遗产代表性项目名录，制定保护规划，对本级非物质文化遗产代表性项目进行有效保护。

公民、法人及其他组织可以向县级人民政府文化主管部门提出列入非物质文化遗产代表性项目名录的申请或者建议。县级以上人民政府可以从本级非物质文化遗产代表性项目名录中向上一级人民政府文化主管部门推荐列入上一级非物质文化遗产代表性项目名录的项目。

第九条 县级以上人民政府文化主管部门应当按照国家和省的规定，组织专家评审小组和专家评审委员会，对推荐列入非物质文化遗产代表性项目名录的项目进行评审。

县级以上人民政府文化主管部门应当建立非物质文化遗产专家库，为本级非物质文化遗产的保护、保存工作提供专业咨询和评审论证。

第十条 县级以上人民政府文化主管部门应当将拟列入本级非物质文化遗产代表性项目名录的项目通过公众媒体予以公示，听取公众意见。公示时间不得少于二十日。

县级以上人民政府文化主管部门根据专家评审委员会的审议意见和公示结果，拟订本级非物质文化遗产代表性项目名录，报本级人民政府批准后公布，并报上一级人民政府文化主管部门备案。

第十一条 非物质文化遗产代表性项目因客观环境改变等原因不能活态存续的，经县级以上人民政府文化主管部门组织专家论证后报请本级人民政府批准，退出本级非物质文化遗产代表性项目名录，并向社会公布。

第十二条 县级以上人民政府文化主管部门应当在确定非物质文化遗产代表性项目的同时，明确代表性项目保护单位。

保护单位应当具有法人资格，具备该项目相对完整的资料，具有实施该项目保护规划的能力和开展传承展示活动的场所，并履行下列职责：

（一）制定并实施该项目保护计划，每年向确定该项目的文化主管部门报告保护情况；

（二）全面收集、保管该项目的实物、资料，并登记、整理、建档；

（三）培养和推荐该项目代表性传承人，并为传承活动提供必要条件；

（四）保护该项目所依存的场所；

（五）组织开展该项目的研究和展示、展演活动；

（六）配合县级以上人民政府文化主管部门和其他有关部门进行非物质文化遗产调查。

第十三条 县级以上人民政府文化主管部门应当对本级非物质文化遗产代表性项目

保护单位履行职责情况进行监督检查；对因保护不力或者保护措施不当导致代表性项目存续状况恶化或者出现严重问题的，应当责令限期整改。整改期满，存续状况未明显改善的，应当取消保护单位资格并向社会公告，重新认定保护单位。

第十四条 县级以上人民政府文化主管部门对本级人民政府公布的非物质文化遗产代表性项目，可以参照本办法关于非物质文化遗产代表性项目评审的有关规定认定代表性传承人，并向社会公布。

公民、法人及其他组织在征得被推荐人的书面同意后，可以向县级以上人民政府文化主管部门推荐非物质文化遗产代表性项目的代表性传承人人选，公民也可以自行申请认定为代表性传承人。

第十五条 代表性传承人依法开展传承活动，可以享受政府给予的传承补助；参加和开展传承活动有困难的，可以申请县级以上人民政府予以支持。

第十六条 代表性传承人应当履行下列义务：

（一）保护、保存所掌握的知识、技艺、文化表现形式及有关原始资料、实物、场所；

（二）按照师承形式或者其他方式选择、培养传承人；

（三）积极开展展示、传播等活动；

（四）根据认定其传承资格的文化主管部门的要求报告传承、传播情况；

（五）配合县级以上人民政府文化主管部门和其他有关部门进行非物质文化遗产调查。

第十七条 县级以上人民政府文化主管部门应当建立非物质文化遗产代表性项目代表性传承人档案。代表性传承人因身体等客观原因丧失传承能力的，文化主管部门可以重新认定该项目的代表性传承人。

代表性传承人无正当理由不履行法定义务情节严重，或者在非物质文化遗产传播与商业开发过程中导致非物质文化遗产异化、失去原真性，或者违反法律法规规定造成恶劣社会影响的，县级以上人民政府文化主管部门经核实后应当取消其代表性传承人资格，向社会公布，并重新认定代表性传承人。

第十八条 县级以上人民政府对非物质文化遗产资源丰富、集中且保存比较完整的特定区域，可以实行区域性整体保护。

第十九条 对实行区域性整体保护的特定区域，县级以上人民政府城乡规划主管部门应当会同文化主管部门组织制定专项保护规划，经本级人民政府批准后实施。编制专项保护规划应当听取当地居民意见。

第二十条 县级以上人民政府应当对与非物质文化遗产代表性项目直接关联的建筑物、场所、遗迹及其附属物划定保护范围，作出标志说明，建立专门档案，并采取有效措施予以保护。

第二十一条 鼓励和支持公民、法人及其他组织合理利用非物质文化遗产代表性项目，开发具有地方、民族特色和市场潜力的文化产品和文化服务，参与贸易、旅游等活动。

利用非物质文化遗产进行创作、改编、展示、表演、产品开发、旅游观光等活动，应当尊重非物质文化遗产原真性和文化内涵，保持其原有的文化生态和文化风貌，不得歪曲、贬损。

第二十二条 教育主管部门和中小学校应当将具有本地特色的非物质文化遗产知识纳入素质教育内容，开展相关教育活动，提高青少年保护和传承非物质文化遗产的意识。

鼓励和支持高等院校、职业学校、科研机构设置非物质文化遗产相关专业、课程，或者建立教学、研究基地，开展非物质文化遗产研究，培养专业人才。

报纸、刊物、网络、电视等新闻媒体应当加强非物质文化遗产公益宣传。

第二十三条 县级以上人民政府应当采取禁止或者限制开采、捕猎、采集等措施，保护与非物质文化遗产密切相关的珍稀矿产、动物和植物等自然资源。

第二十四条 非物质文化遗产资源丰富地区的县级以上人民政府可以根据需要，建立非物质文化遗产博物馆、展示中心、传习所或者数据中心等场馆设施，用于非物质文化遗产的保护、保存和有关交流活动。

鼓励公民、法人及其他组织通过建设或者资助专题博物馆和传习所等方式，参与非物质文化遗产保护、保存工作。

第二十五条 公民、法人或者其他组织在申报非物质文化遗产代表性项目、保护单位或者代表性传承人的过程中弄虚作假的，由县级以上人民政府文化主管部门取消其参评资格；已被认定为非物质文化遗产代表性项目、保护单位或者代表性传承人的，予以撤销，并责令有关单位和个人返还保护经费和传承补助。

第二十六条 县级以上人民政府及其有关部门在非物质文化遗产保护、保存工作中有下列情形之一的，对直接负责的主管人员和其他直接责任人员依法给予行政处分；构成犯罪的，依法追究刑事责任：

（一）违法批准境外组织或者个人在本省行政区域内进行非物质文化遗产调查的；

（二）违反法定条件和程序认定非物质文化遗产代表性项目、保护单位或者代表性传承人的；

（三）不依法制定非物质文化遗产代表性项目保护规划，或者不对保护规划的实施进行监督检查，造成严重后果的；

（四）其他玩忽职守、徇私舞弊、滥用职权的行为。

第二十七条 本办法自2016年7月1日起施行。

附录3 国家级饮食类传统烹饪技艺非物质文化遗产名录

序号	批次	名称	申报地区或单位
1	第一批（2006年）	茅台酒酿制技艺	贵州省
2	第一批（2006年）	泸州老窖酒酿制技艺	四川省泸州市
3	第一批（2006年）	杏花村汾酒酿制技艺	山西省汾阳市
4	第一批（2006年）	绍兴黄酒酿制技艺	浙江省绍兴市
5	第一批（2006年）	清徐老陈醋酿制技艺	山西省清徐县
6	第一批（2006年）	镇江恒顺香醋酿制技艺	江苏省镇江市
7	第一批（2006年）	武夷岩茶（大红袍）制作技艺	福建省武夷山市
8	第二批（2008年）	北京二锅头酒传统酿造技艺	北京红星股份有限公司
9	第二批（2008年）	衡水老白干传统酿造技艺	河北省衡水市
10	第二批（2008年）	山庄老酒传统酿造技艺	河北省平泉县
11	第二批（2008年）	板城烧锅酒传统五甑酿造技艺	河北省承德县
12	第二批（2008年）	梨花春白酒传统酿造技艺	山西省朔州市
13	第二批（2008年）	老龙口白酒传统酿造技艺	辽宁省沈阳市
14	第二批（2008年）	大泉源酒传统酿造技艺	吉林省通化县
15	第二批（2008年）	宝丰酒传统酿造技艺	河南省宝丰县
16	第二批（2008年）	五粮液酒传统酿造技艺	四川省宜宾市
17	第二批（2008年）	水井坊酒传统酿造技艺	四川省成都市
18	第二批（2008年）	剑南春酒传统酿造技艺	四川省绵竹市
19	第二批（2008年）	古蔺郎酒传统酿造技艺	四川省古蔺县
20	第二批（2008年）	沱牌曲酒传统酿造技艺	四川省射洪县
21	第二批（2008年）	封缸酒传统酿造技艺	江苏省金坛市
22	第二批（2008年）	金华酒传统酿造技艺	浙江省金华市
23	第二批（2008年）	菊花白酒传统酿造技艺	北京仁和酒业有限责任公司
24	第二批（2008年）	张一元茉莉花茶制作技艺	北京张一元茶叶有限责任公司
25	第二批（2008年）	西湖龙井制作技艺	浙江省杭州市
26	第二批（2008年）	婺州举岩制作技艺	浙江省金华市
27	第二批（2008年）	黄山毛峰制作技艺	安徽省黄山市徽州区
28	第二批（2008年）	太平猴魁制作技艺	安徽省黄山市黄山区
29	第二批（2008年）	六安瓜片制作技艺	安徽省六安市裕安区

续表

序号	批次	名称	申报地区或单位
30	第二批（2008 年）	祁门红茶制作技艺	安徽省祁门县
31	第二批（2008 年）	铁观音制作技艺	福建省安溪县
32	第二批（2008 年）	贡茶制作技艺	云南省宁洱哈尼族彝族自治县
33	第二批（2008 年）	大益茶制作技艺	云南省勐海县
34	第二批（2008 年）	千两茶制作技艺	湖南省安化县
35	第二批（2008 年）	茯砖茶制作技艺	湖南省益阳市
36	第二批（2008 年）	南路边茶制作技艺	四川省雅安市
37	第二批（2008 年）	海盐晒制技艺	浙江省象山县、海南省儋州市
38	第二批（2008 年）	井盐晒制技艺	西藏自治区芒康县
39	第二批（2008 年）	酱油酿造技艺（钱万隆酱油酿造技艺）	上海市浦东新区
40	第二批（2008 年）	郫县豆瓣传统制作技艺	四川省郫县
41	第二批（2008 年）	永川豆豉酿制技艺	重庆市
42	第二批（2008 年）	潼川豆豉酿制技艺	四川省三台县
43	第二批（2008 年）	王致和腐乳酿造技艺	北京市海淀区
44	第二批（2008 年）	六必居酱菜制作技艺	北京六必居食品有限公司
45	第二批（2008 年）	涪陵榨菜传统制作技艺	重庆市涪陵区
46	第二批（2008 年）	龙须拉面和刀削面制作技艺	山西省全晋会馆
47	第二批（2008 年）	抿尖面和猫耳朵制作技艺	山西省晋韵楼
48	第二批（2008 年）	富春茶点制作技艺	江苏省扬州市
49	第二批（2008 年）	周村烧饼制作技艺	山东省淄博市
50	第二批（2008 年）	郭杜林晋式月饼制作技艺	山西省太原市
51	第二批（2008 年）	安琪广式月饼制作技艺	广东省安琪食品有限公司
52	第二批（2008 年）	功德林素食制作技艺	上海功德林素食有限公司
53	第二批（2008 年）	同盛祥牛羊肉泡馍制作技艺	陕西省西安市
54	第二批（2008 年）	金华火腿腌制技艺	浙江省金华市
55	第二批（2008 年）	全聚德挂炉烤鸭技艺	北京市全聚德（集团）股份有限公司
56	第二批（2008 年）	便宜坊焖炉烤鸭技艺	北京便宜坊烤鸭集团有限公司
57	第二批（2008 年）	东来顺涮羊肉制作技艺	北京市东来顺集团有限责任公司
58	第二批（2008 年）	鸿宾楼全羊席制作技艺	北京市鸿宾楼餐饮有限责任公司
59	第二批（2008 年）	月盛斋酱烧牛羊肉制作技艺	北京月盛斋清真食品有限公司
60	第二批（2008 年）	北京烤肉制作技艺	北京市聚德华天控股有限公司
61	第二批（2008 年）	冠云平遥牛肉传统加工技艺	山西省冠云平遥牛肉集团有限公司
62	第二批（2008 年）	烤全羊技艺	内蒙古自治区阿拉善盟
63	第二批（2008 年）	天福号酱肘子制作技艺	北京天福号食品有限公司

续表

序号	批次	名称	申报地区或单位
64	第二批（2008 年）	六味斋酱肉传统制作技艺	山西省太原六味斋实业有限公司
65	第二批（2008 年）	都一处烧麦制作技艺	北京便宜坊烤鸭集团有限公司
66	第二批（2008 年）	聚春园佛跳墙制作技艺	福建省福州市
67	第二批（2008 年）	真不同洛阳水席制作技艺	河南省洛阳市
68	第二批（2008 年）	美和居老陈醋酿制技艺	山西省太原市
69	第三批（2011 年）	福鼎白茶制作技艺	福建省福鼎市
70	第三批（2011 年）	仿膳（清廷御膳）制作技艺	北京市西城区
71	第三批（2011 年）	直隶官府菜烹饪技艺	河北省保定市
72	第三批（2011 年）	孔府菜烹饪技艺	山东省曲阜市
73	第三批（2011 年）	五芳斋粽子制作技艺	浙江省嘉兴市
74	第三批（2011 年）	吴裕泰茉莉花茶制作技艺	北京市东城区
75	第三批（2011 年）	碧螺春制作技艺	江苏省苏州市吴中区
76	第三批（2011 年）	紫笋茶制作技艺	浙江省长兴县
77	第三批（2011 年）	安吉白茶制作技艺	浙江省安吉县
78	第三批（2011 年）	下关沱茶制作技艺	云南大理白族自治州
79	第三批（2011 年）	天津“狗不理”包子制作技艺	天津市和平区
80	第三批（2011 年）	稷山传统面点制作技艺	山西省稷山县
81	第三批（2011 年）	宣威火腿制作技艺	云南省宣威市
82	第四批（2014 年）	小米醋酿造技艺	山西省襄汾县
83	第四批（2014 年）	福州茉莉花茶窨制工艺	福建省福州市仓山区
84	第四批（2014 年）	赣南客家擂茶制作技艺	江西省全南县
85	第四批（2014 年）	婺源绿茶制作技艺	江西省婺源县
86	第四批（2014 年）	信阳毛尖茶制作技艺	河南省信阳市
87	第四批（2014 年）	恩施玉露制作技艺	湖北省恩施市
88	第四批（2014 年）	都匀毛尖茶制作技艺	贵州省都匀市
89	第四批（2014 年）	滇红茶制作技艺	云南省凤庆县
90	第四批（2014 年）	赵李桥砖茶制作技艺	湖北省赤壁市
91	第四批（2014 年）	六堡茶制作技艺	广西壮族自治区苍梧县
92	第四批（2014 年）	淮盐制作技艺	江苏省连云港市
93	第四批（2014 年）	卤水制盐技艺	山东省寿光市
94	第四批（2014 年）	先市酱油酿造技艺	四川省合江县
95	第四批（2014 年）	桂发祥十八街麻花制作技艺	天津市河西区
96	第四批（2014 年）	南翔小笼馒头制作技艺	上海市嘉定区
97	第四批（2014 年）	亓氏酱香源肉食酱制技艺	山东省莱芜市莱城区

附录 4　前四批省级饮食类非物质文化遗产项目统计

序号	省、自治区、直辖市	省级饮食类非遗总数量（项）	菜点制作技艺项目数量（项）
1	四川（川菜）	73	47
2	山东（鲁菜）	40	27
3	江苏（苏菜）	75	65
4	广东（粤菜）	64	50
5	浙江（浙菜）	75	53
6	福建（闽菜）	58	34
7	安徽（徽菜）	77	41
8	湖南（湘菜）	27	16
9	陕西	97	81
10	山西	94	73
11	重庆	61	54
12	河北	60	40
13	湖北	57	35
14	吉林	55	41
15	江西	48	31
16	河南	43	36
17	广西	42	29
18	天津	35	32
19	云南	35	25
20	北京	29	27
21	黑龙江	29	19
22	上海	26	24
23	青海	23	16
24	内蒙古	17	14
25	甘肃	17	10
26	贵州	14	8
27	辽宁	13	6
28	新疆	11	10
29	西藏	11	9
30	海南	8	6
31	宁夏	7	5

附录 5 湖南省省级饮食类非物质文化遗产名录

序号	批次	名称	申报地区或单位
1	第二批	麻香糕传统手工技艺	益阳市沅江市
2	第二批	古丈毛尖茶制作技艺	湘西土家族苗族自治州古丈县
3	第二批	武冈卤菜制作技艺	邵阳市武冈市
4	第二批	雕花蜜饯制作技艺	怀化市靖州苗族侗族自治县
5	第二批	酒鬼酒酿制技艺	湘西土家族苗族自治州
6	第二批	永丰辣酱制作技艺	娄底市双峰县
7	第二批	保靖松花皮蛋制作技艺	湘西土家族苗族自治州保靖县
8	第二批	火宫殿八大传统小吃制作技艺	长沙市
9	第二批	十三村酱菜制作技艺	岳阳市临湘市
10	第二批	杨裕兴面条制作技艺	湖南杨裕兴面业有限公司
11	第二批	擂茶习俗	常德市桃源县
12	第二批	油茶习俗	邵阳市城步苗族自治县
13	第三批	长沙玉和醋传统酿醋技艺	长沙玉和酿造有限公司
14	第三批	玲珑茶制作技艺	湖南省桂东县
15	第三批	邵阳手工榨油术	邵阳市邵阳县非物质文化遗产保护中心
16	第三批	安仁元宵米塑	郴州市安仁县
17	第四批	湘菜烹饪技艺	湖南省餐饮行业协会
18	第四批	常德米粉制作技艺	常德市武陵区
19	第四批	湖南工夫红茶制作技艺	湖南省食文化研究会
20	第四批	栖凤渡鱼粉制作技艺	郴州市苏仙区
21	第四批	岩泊渡红薯粉丝传统制作技艺	张家界丝丝湘食品有限公司
22	第四批	毛氏菜烹饪技艺	湘潭湖南韶山毛家饭店发展有限公司
23	第四批	衡阳酃酒传统酿造技艺	湖南省酃酒酒业有限公司
24	第四批	君山银针茶制作技艺	湖南省君山银针茶业有限公司
25	第四批	湘西香醋传统制作技艺	湖南边城生物科技有限公司
26	第四批	配制酒传统酿造技艺	永州市
27	第四批	水府席习俗	娄底市

附录 6　湖南省各市州饮食类非物质文化遗产名录

序号	批次	名称	申报地区或单位
1	（市级）第六批	茶陵祖庵家菜制作技艺	株洲市
2	（市级）第六批	攸县坛子菜制作技艺	株洲市
3	（市级）第三批	醴陵红薯脆片制作技艺	株洲市
4	（市级）第六批	攸县米粉制作技艺	株洲市
5	（市级）第六批	醴陵圆蛋糕制作技艺	株洲市
6	（市级）第七批	沙坡里腊制品制作技艺	株洲市
7	（市级）第三批	醴陵焙肉制作技艺	株洲市
8	（市级）第一批	茶陵腐乳加工工艺	株洲市
9	（市级）第一批	茶陵冬酒酿造	株洲市
10	（市级）第一批	攸县皇图岭豆腐制作技艺	株洲市
11	（市级）第一批	茶陵大蒜加工工艺	株洲市
12	（市级）第二批	玉楼东六大经典湘菜制作技艺	长沙市
13	（市级）第五批	浏阳蒸菜制作技艺	长沙市
14	（市级）第三批	龙田扎肉制作技艺	长沙市
15	（市级）第一批	浏阳卤菜制作技艺	长沙市
16	（市级）第六批	靖港八大碗制作技艺	长沙市
17	（市级）第二批	浏阳文市油饼制作技艺	长沙市
18	（市级）第五批	宁乡四碟制作技艺	长沙市
19	（市级）第一批	浏阳素食菜制作技艺	长沙市
20	（市级）第三批	浏阳白沙豆腐制作技艺	长沙市
21	（市级）第五批	浏阳豆豉制作技艺	长沙市
22	（市级）第一批	长沙火宫殿八大名小吃	长沙市
23	（市级）第二批	长沙杨裕兴鸡蛋面制作技艺	长沙市
24	（市级）第三批	腊八豆制作技艺	长沙市
25	（市级）第三批	浏阳河酒酿造技艺	长沙市
26	（市级）第三批	长沙绿茶制作技艺	长沙市
27	（市级）第四批	沩山擂茶制作技艺	长沙市
28	（市级）第四批	浏阳小曲古法酿造技艺	长沙市
29	（市级）第四批	徐长兴烤鸭制作技艺	长沙市

续表

序号	批次	名称	申报地区或单位
30	（市级）第五批	饮食习俗（土家十大碗习俗）	张家界市
31	（市级）第三批	慈利葛粉传统制作技艺	张家界市
32	（市级）第三批	土家三下锅制作技艺	张家界市
33	（市级）第四批	七姊妹剁辣椒	张家界市
34	（市级）第四批	桑植土方榨油	张家界市
35	（市级）第四批	岩泊渡红薯粉丝传统制作技艺	张家界市
36	（市级）第四批	百根冰酒制作技艺	张家界市
37	（市级）第五批	绿茶制作技艺(牧羊冲古茶高氏传统制作技艺)	张家界市
38	（市级）第一批	长乐甜酒制作工艺	岳阳市
39	（市级）第一批	酒糆制作技艺	岳阳市
40	（市级）第一批	十三村酱菜制作技艺	岳阳市
41	（市级）第一批	长寿酱干	岳阳市
42	（市级）第三批	龟蛇酒制作技艺	岳阳市
43	（市级）第三批	张谷英油豆腐制作技艺	岳阳市
44	（市级）第四批	中国黑茶——临湘青砖制作技艺	岳阳市
45	（市级）第四批	洞庭全鱼席制作技艺	岳阳市
46	（市级）第四批	谷雨烟茶制作技艺	岳阳市
47	（市级）第三批	永州“异蛇”鞭酒酿泡技艺	永州市
48	（市级）第四批	乌饭制作技艺	永州市
49	（市级）第四批	橙子糖制作技艺	永州市
50	（市级）第四批	石羊醋水豆腐制作技艺	永州市
51	（市级）第四批	道州酿酒饼药制作	永州市
52	（市级）第五批	瑶族打油茶	永州市
53	（市级）第五批	宁远米粉制作技艺	永州市
54	（市级）第五批	水岭羊肉制作技艺	永州市
55	（市级）第五批	江村剁椒河鱼	永州市
56	（市级）第五批	祁阳釉米鱼制作技艺	永州市
57	（市级）第六批	道州鱼泡丸子制作技艺	永州市
58	（市级）第六批	韩家谷芽糖制作技艺	永州市
59	（市级）第六批	陶岭三味辣椒制作技艺	永州市
60	（市级）第二批	沅江麻香糕制作技艺	益阳市
61	（市级）第六批	修山洗耳溪印粑制作技艺	益阳市
62	（市级）第五批	安化松针制作技艺	益阳市
63	（市级）第五批	安化工夫红茶制作技艺	益阳市
64	（市级）第五批	安化黑砖茶传统制作技艺	益阳市

续表

序号	批次	名称	申报地区或单位
65	（市级）第五批	安化天尖茶传统制作技艺	益阳市
66	（市级）第五批	羞山官厅面条传统制作技艺	益阳市
67	（市级）第六批	蒿子粑粑制作技艺	益阳市
68	（市级）第六批	安化黑毛茶传统制作技艺	益阳市
69	（市级）第六批	桃江瞿峰米醋传统制作技艺	益阳市
70	（市级）第六批	安化工夫红茶制作技艺	益阳市
71	（市级）第六批	谭记发饼传统制作技艺	益阳市
72	（州级）第二批	保靖松花皮蛋制作技艺	湘西土家族苗族自治州
73	（州级）第二批	酒鬼酒酿制技艺	湘西土家族苗族自治州
74	（州级）第二批	古丈毛尖制作技艺	湘西土家族苗族自治州
75	（州级）第二批	河溪香醋酿制技艺	湘西土家族苗族自治州
76	（州级）第二批	凤凰姜糖制作技艺	湘西土家族苗族自治州
77	（州级）第二批	保靖酱油制作技艺	湘西土家族苗族自治州
78	（州级）第二批	湘西榨油坊	湘西土家族苗族自治州
79	（州级）第二批	洗车河霉豆腐制作技艺	湘西土家族苗族自治州
80	（州级）第二批	苗市腊肉制作技艺	湘西土家族苗族自治州
81	（州级）第三批	黄金古茶制作技艺	湘西土家族苗族自治州
82	（州级）第三批	霉茶制作技艺	湘西土家族苗族自治州
83	（州级）第三批	杠子面传统制作技艺	湘西土家族苗族自治州
84	（州级）第三批	湘西酸菜（若习寨酸菜）制作技艺	湘西土家族苗族自治州
85	（州级）第三批	万坪豆腐制作技艺	湘西土家族苗族自治州
86	（州级）第三批	湘西酸肉（土家酢肉腌制）制作技艺	湘西土家族苗族自治州
87	（州级）第三批	万坪火腿制作技艺	湘西土家族苗族自治州
88	（州级）第三批	酱麦酱制作技艺	湘西土家族苗族自治州
89	（州级）第三批	乾州板鸭制作技艺	湘西土家族苗族自治州
90	（州级）第三批	龙山大头菜制作技艺	湘西土家族苗族自治州
91	（州级）第三批	苗家社饭制作技艺	湘西土家族苗族自治州
92	（州级）第四批	水田河酒传统酿制技艺	湘西土家族苗族自治州
93	（州级）第四批	套子粑粑传统制作技艺	湘西土家族苗族自治州
94	（州级）第五批	土家族擂茶	湘西土家族苗族自治州
95	（州级）第七批	葛四腊味	湘西土家族苗族自治州
96	（州级）第七批	花垣豆腐制作技艺	湘西土家族苗族自治州
97	（州级）第七批	土家族莓茶制作技艺	湘西土家族苗族自治州
98	（州级）第七批	苗家原浆酒酿造技艺	湘西土家族苗族自治州
99	（市级）第四批	湘乡蛋糕制作技艺	湘潭市

续表

序号	批次	名称	申报地区或单位
100	（市级）第二批	湘潭龙牌酱油（原生态）酿造技艺	湘潭市
101	（市级）第二批	灯芯糕制作技艺	湘潭市
102	（市级）第三批	韶山民间小窑酿酒工艺	湘潭市
103	（市级）第三批	韶山毛氏菜制作技艺	湘潭市
104	（市级）第四批	湘乡烘糕制作技艺	湘潭市
105	（市级）第四批	水府火焙鱼制作技艺	湘潭市
106	（市级）第四批	民间地缸酿米酒工艺	湘潭市
107	（市级）第一批	靖州雕花蜜饯	邵阳市
108	（市级）第二批	武冈卤菜制作技艺	邵阳市
109	（市级）第三批	万花茶	邵阳市
110	（市级）第三批	三叶虫茶	邵阳市
111	（市级）第三批	傩面制作技艺	邵阳市
112	（市级）第三批	武冈米花制作技艺	邵阳市
113	（市级）第四批	富田桥曾氏游浆豆腐制作技艺	娄底市
114	（市级）第四批	水酒酿制技艺	娄底市
115	（市级）第五批	光厚堂点浆豆腐制作技艺	娄底市
116	（市级）第六批	麻阳漏兜面制作技艺	怀化市
117	（市级）第四批	会同野生茶传统制作技艺	怀化市
118	（市级）第六批	洪江血粑鸭制作技艺	怀化市
119	（市级）第六批	靖州水腌菜制作技艺	怀化市
120	（市级）第六批	龙潭葛面制作技艺	怀化市
121	（市级）第六批	龙潭姜氏粑粑（广公糍粑）制作技艺	怀化市
122	（市级）第六批	芷江酸萝卜制作技艺	怀化市
123	（市级）第六批	衡阳糍粑传统生产技艺	衡阳市
124	（市级）第七批	台源乌莲传统制作技艺	衡阳市
125	（市级）第三批	常宁油茶榨油技艺	衡阳市
126	（市级）第四批	衡山豆腐制作技艺	衡阳市
127	（市级）第四批	衡东土菜烹饪技艺	衡阳市
128	（市级）第四批	雁峰酒酿造工艺	衡阳市
129	（市级）第四批	衡阳酃酒传统酿造工艺	衡阳市
130	（市级）第五批	南岳腐乳传统制作技艺	衡阳市
131	（市级）第五批	衡阳烧饼传统手工技艺	衡阳市
132	（市级）第五批	衡阳水磨元宵传统手工技艺	衡阳市
133	（市级）第五批	西渡湖子酒酿制技艺	衡阳市
134	（市级）第六批	常宁田尾豆油	衡阳市

续表

序号	批次	名称	申报地区或单位
135	（市级）第五批	嘉禾凌云豆腐制作技艺	郴州市
136	（市级）第五批	抖辣椒制作技艺	郴州市
137	（市级）第五批	东江鱼制作技艺	郴州市
138	（市级）第一批	玲珑茶制作技艺	郴州市
139	（市级）第三批	豪峰茶制作技艺	郴州市
140	（市级）第四批	栖凤渡鱼粉制作技艺	郴州市
141	（市级）第四批	桂阳坛子肉制作技艺	郴州市
142	（市级）第四批	永兴红薯酒传统酿造技艺	郴州市
143	（市级）第四批	嘉禾菜烹饪技艺	郴州市
144	（市级）第四批	汝城（上祝）板鸭制作技艺	郴州市
145	（市级）第四批	汝城硒山茶制作技艺	郴州市
146	（市级）第四批	桂东黄糍粑制作技艺	郴州市
147	（市级）第四批	宜章莽山蕨根糍粑制作技艺	郴州市
148	（市级）第五批	望羊麻花制作技艺	常德市
149	（市级）第五批	蒿子粑粑制作技艺	常德市
150	（市级）第二批	德山酒古法酿造技艺	常德市
151	（市级）第二批	武陵酒传统生产技艺	常德市
152	（市级）第二批	常德米粉制作技艺	常德市
153	（市级）第二批	桃源野茶王	常德市
154	（市级）第二批	太清“双上绿芽”茶手工制作技艺	常德市
155	（市级）第四批	传统木榨油制作技艺	常德市
156	（市级）第四批	花岩溪榨笋制作技艺	常德市
157	（市级）第四批	千张制作技艺	常德市

参考文献

[1] 苑利. 非物质文化遗产学 [M]. 北京：高等教育出版社，2009.
[2] 陈淑娇，白秀轩. 非物质文化遗产概论 [M]. 北京：中国人民大学出版社，2016.
[3] 李荣启. 非物质文化遗产保护研究文集 [C]. 北京：文化艺术出版社，2016.
[4] 王文章. 非物质文化遗产概论 [M]. 北京：文化艺术出版社，2016.
[5] 王文章. 非物质文化遗产保护研究 [M]. 北京：文化艺术出版社，2013.
[6] 聂荣华，万里. 湖湘文化通论 [M]. 长沙：湖南大学出版社，2014.
[7] 长沙市档案馆. 长沙旧志选刊·民国长沙市指南 [M]. 长沙：湖南人民出版社，2015.
[8] 祁承经. 湖南植物名录 [M]. 长沙：湖南科学技术出版社，1987.
[9] 长沙市地方志编纂委员会. 长沙市志：第十卷 [M]. 长沙：湖南人民出版社，1999.
[10] 罗莹，盛金朋. 湖湘饮食文化概论 [M]. 北京：中国轻工业出版社，2019.
[11] 盛金朋，肖冰. 湖湘特色食材 [M]. 北京：中国轻工业出版社，2019.
[12] 盛金朋，彭军炜. 湖南味道 [M]. 北京：中国轻工业出版社，2020.
[13] 长沙县历史文化丛书编委会. 长沙县历史文化丛书民俗卷 [M]. 长沙：湖南人民出版社，2018.
[14] 赵幸. 湖湘饮馔史话 [M]. 长沙：湖南科学技术出版社，2010.
[15] 彭子诚. 中国湘菜大典 [M]. 北京：中国轻工业出版社，2008.
[16] 湖南省质量技术监督局. 中国湘菜标准 [M]. 长沙：湖南科学技术出版社，2013.
[17] 石荫祥. 湘菜集锦 [M]. 长沙：湖南科学技术出版社，2006.
[18] 谢定源. 中国饮食文化史：长江中游地区卷 [M]. 北京：中国轻工业出版社，2013.
[19] 朱炳森. 宝庆特色美食 [M]. 北京：光明日报出版社，2016.
[20] 林立东. 武冈卤菜 [M]. 北京：中国电影出版社，2012.
[21] 蒋政平. 印象永州 [M]. 长沙：湖南人民出版社，2011.
[22] 冯祥发. 永州美食 [M]. 长沙：湖南文化音像出版社，2013.
[23] 东安县政协. 美食东安 [M]. 长沙：湖南科学技术出版社，2014.
[24] 政协祁阳县委员会. 祁阳美食 [M]. 长沙：湖南大学出版社，2014.
[25] 永州年鉴编委会. 永州年鉴2011 [M]. 长沙：湖南人民出版社，2011.
[26] 湖南省农业厅. 湖南省农作物品种志 [M]. 长沙：湖南科学技术出版社，1995.

[27] 国家质量监督检验检疫总局. 中国地理标志产品大典湖南卷 [M]. 北京：中国质检出版社，2015.
[28] 陈吉芳. 湖南省名特优新农品名录 [M]. 长沙：湖南科学技术出版社，2000.
[29] 谭仲池. 长沙通史：古代卷 [M]. 长沙：湖南教育出版社，2013.
[30] 涂建秋. 衡阳餐饮文化集锦 [M]. 北京：中国诗词楹联出版社，2015.
[31] 尹承前. 谭延闿诗稿 [M]. 长沙：湖南人民出版社，2014.
[32] 田仁利，伍秉纯. 湘西特色饮食 [M]. 北京：中央民族大学出版社，2009.
[33] 陈皮. 中国非物质文化遗产发展报告（2015）[R]. 北京：社会科学文献出版社，2015.
[34] 李虎. 论传承人流动与少数民族非物质文化遗产保护 [J]. 中南民族大学学报（人文社会科学版）：2008，38（05）：46-50
[35] 彭军炜. 湘菜非物质文化遗产生产性保护研究 [J]. 现代职业教育：2019，(12).
[36] 李华成. 论非物质文化遗产传承人制度之完善 [J]. 贵州师范大学学报（社会科学版）：2011，(4)：87-91.
[37] 赵克宽. 湘潭龙牌酱油 [J]. 中国调味品：1985（4）：2.
[38] 陈宏波. 老字号龙牌酱油名闻遐迩 [J]. 新湘评论：2003，(1)：45.
[39] 巴陵. 醴陵焙肉香 [J]. 乡镇论坛：2013，(36)：36-37.
[40] 余文宇. 深深怀念醴陵焙肉 [J]. 医食参考，2009，(9)：61.
[41] 彭军炜. 湖湘特色食材的整理与利用 [J]. 南宁职业技术学院学报：2020（3）.
[42] 彭军炜. 湘菜补益类药膳的开发途径与应用思考 [J]. 南宁职业技术学院学报：2020（4）.

后 记

讲好湘菜故事，弘扬湖湘饮食文化，除了研究湖湘饮食历史文化、特色食材文化、名人名菜名店文化和地方饮食文化外，湘菜非物质文化遗产的研究是必不可缺的，但真正系统研究湘菜非物质文化遗产的文献资料几乎没有，湘菜非物质文化遗产仿佛一直散落于湖湘大地各个市州村落。

2017年11月，湖南省商业技师学院烹饪学院牵头组织教材编写委员会，启动了“湘菜非物质文化遗产教材”的编写工作。教材的编写先后经历了多次研讨，最初的思路是围绕大湘菜理念，除了湘菜、湘点、风味小吃、湘菜风味食品、调味品外，还要将湘酒、湘茶以及湖南饮食习俗等非物质文化遗产一并囊括进来，为此，编委会又专门组织调研，发现其中困难重重，其一是湘菜非物质文化遗产教材是一项新生事物，参考资源少，很多项目必须实地调研，其二是因为大部分湘菜非物质文化遗产都处于生产性保护状态，其核心技艺涉及商业侵权问题很难公布开来。

根据职业学校烹饪专业所开设课程的实际情况，编委会转变思路，缩小研究范围，先将已经被政府评定的湘菜非物质文化遗产进行挖掘整理，编写一本湘菜非物质文化遗产概论教材，湘酒、湘茶以及湖南饮食习俗非物质文化遗产研究则放在修订版或者等时机成熟后再编写，其目的并不是通过教材的学习就能使读者掌握好湘菜非物质文化遗产的核心技艺，而是以湘菜非物质文化遗产的历史文化、技艺特点、食俗、社会影响等方面学习为重点。

《湘菜非物质文化遗产概论》教材进入课堂，让更多的烹饪专业学生关注湘菜非物质文化遗产，加深对湖湘饮食文化内涵的认识，并感悟湘菜非物质文化遗产所隐藏的执着专注、持之以恒、敬业、诚信、精益求精等精神价值。因此，本教材为思政教育内容融入专业课程做出了大胆探索，丰富了学校“三全育人”的内容。

湘菜非物质文化遗产的研究任重而道远，我们仅是一个开端，希望日后有更多的湘菜研究学者、专家加入到湘菜非物质文化遗产的研究中，让湘菜非物质文化遗产研究成果发挥更大价值。而本教材能够按时出版，也得益于湖南餐饮业知名企业、百年老店和众多湘菜大师们的鼎力支持，在此深表感谢！

本教材系湖南省人社厅技工教育课题《基于产教融合的技工院校“三全育人”研究与实践》研究成果，课题编号为JYKT202015。

编　者

2020年7月